創業綜合虛擬
仿真實訓

主　編　張永智　羅勇　詹鐵柱
副主編　黃先德

松燁文化

前 言

在高等學校開展創新創業教育,積極鼓勵高校學生自主創業,是教育系統深入學習、實踐科學發展觀,服務於創新型國家建設的重大戰略舉措;是深化高等教育教學改革, 培養學生創新精神和實踐能力的重要途徑;

本書體現了以下特點:第一,虛擬現實創業全過程,自主實訓的創業教育思想,以解決問題為系統的總驅動力,互動的教學模式,提供方便學生、教師交流的環境,鍛煉學生的團隊合作能力和組織能力,同時,方便導師對學生進行分析、指導、評價。第二,創業的知識和能力的集中培訓營,從創業能力要求的全過程的知識去培訓學生,通過學習,能獲得創業中全面的知識,還可以從案例中分析、感悟前輩創業的得與失。第三,創業思維和商業模式的塑造基地,以創業實踐為載體,以任務實訓為手段,以學生為中心,角色式扮演推演創業全過程;案例學習、創業計劃書的團隊仿真訓練模式,幫助學生根據自己的特點挖掘創業的念頭、點子,為創業奠定基礎。第四,著重培養學生的創業思維能力、綜合的計劃統籌能力、決策能力、團隊協作能力,瞭解創

业理论知识，通过创业虚拟仿真活动，提升学生的各方面的能力。第五，通过创业者的企业经营管理竞技，在虚拟环境中，仿真市场环境进行竞技比赛，提升他们的分析问题、解决问题的能力，让学生的创业实践活动综合能力提升。

通过创业虚拟仿真实训，学生创业综合能力将在以下几个方面得到培养和提升：第一，知识层面。通过实训，学生对社会和市场环境有了全面瞭解，拓展了企业经营管理知识面。第二，思维方法。实训培养了学生运用知识的能力、综合分析问题的能力。第三，虚拟仿真技术能力。经济管理类实验的主要实验设备是电脑、软件、网路等，通过训练，能够提高学生互联网运用能力，为以互联网为主体创业打下基础。第四，创业能力的提升。创业就是一种创新，通过虚拟仿真实训能提升学生的行为能力、决策能力和承担风险能力。

本书第一部分「基础篇」主要讲述了：第一，通过认识创业，瞭解创业相关的基础知识，为创业做好各方面的准备。第二，创业论坛交流。为学生提供一个学习的平台，共同交流的平台，创业故事和感悟的分享平台。第三，创业思维训练。几千个创业经典案例，经典的案例分析以及前辈同学的经典分析，将打开你思想的源泉，拓展自己的思路，为解决创业潜在问题和困难做好充分的思想、心理准备。第四，创业项目调研与选择。通过对创业项目信息收集分析、项目的选择、项目盈利模式等方面进行论述，创业者通过实训项目的实践，能够真实地分析项目优劣，正确选择项目。

第二部分「创建企业篇」主要讲述了：第一，商业模式案例与画布训练；熟悉商业模式基本内容，为自己创业打下好基础。第二，创业计划书的格式、撰写要求。第三，创业融资。瞭解融资基本流程和渠道，为创业寻找必要的资金。第四，创业企业注册。在虚拟的环境中体验公司怎样选择注册地、企业命名原则和技巧，开办公司的程序，注册公司需要知道的法律问题。

第三部分「虚拟仿真企业经营管理篇」主要讲述了：第一，在虚拟市场环境中，仿真企业经营管理，瞭解市场环境（竞技规则）和决策内容，为即将模拟的企业经营管理决策打下良好基础。第二，经营管理创业虚拟仿真，从未来企业家的角度，虚拟市场环境，仿真创业中营运、管理的问题，在竞争的环境中去与同行业公司博弈，在博弈中使能力得到升华。

第四部分「创业实战篇」主要讲述了：第一，互联网时代，大学生怎样创业，创业行业有哪些。第二，网上开店模拟。通过在网上注册网店，实现创业者的自主经营。

通過自負盈虧的經營模擬，使學生對創業有真實的感受，基本熟悉創業所有的過程和相關知識技能。第三，學生熟悉瞭解創業類全國大賽基本流程，為參加競賽活動打下基礎。

本書是重慶工商大學虛擬仿真實訓課程教材之一，本教材按照創業實踐歷程的先后順序編寫，結構合理，層次清晰，內容豐富，易於閱讀。參與編寫工作的人員有：第一章，黃先德；第四章，詹鐵柱；第八章，張永智、李虹。其余章節由張永智編寫。

由於編寫時間倉促，書中難免有疏漏之處，請讀者不吝指正。

編　者

目 錄

第一篇　基礎篇

第一章　創業基礎 ……………………………………………………（3）
第一節　創業基礎知識 ……………………………………………（3）
第二節　創業精神——案例分析與討論 …………………………（8）
第三節　創業能力測評實訓 ………………………………………（14）

第二章　創業項目選擇與市場分析 …………………………………（42）
第一節　創業項目基礎知識 ………………………………………（42）
第二節　創業項目選擇與分析 ……………………………………（55）
第三節　創業項目虛擬仿真實訓 …………………………………（71）

第三章　角色扮演式創業團隊組建 …………………………………（84）
第一節　創業團隊及其組建 ………………………………………（84）
第二節　角色扮演式創業團隊組建實訓 …………………………（93）

第二篇　創建企業篇

第四章　創業商業模式設計與畫布實訓 ……………………………（101）
第一節　商業模式概述 ……………………………………………（101）
第二節　商業模式創新案例 ………………………………………（108）
第三節　創業商業模式實訓 ………………………………………（113）

第五章　創業計劃書 …………………………………………………（118）
第一節　創業計劃書概述 …………………………………………（118）
第二節　創業計劃書的撰寫與實訓 ………………………………（137）

第六章　創業融資 ……………………………………………………（149）
　　第一節　創業融資知識 ……………………………………………（149）
　　第二節　創業融資案例 ……………………………………………（161）
　　第三節　創業融資實訓 ……………………………………………（167）

第七章　虛擬仿真創設公司——企業註冊 …………………………（169）
　　第一節　創業公司註冊基礎 ………………………………………（170）
　　第二節　仿真創業公司註冊 ………………………………………（173）

第三篇　虛擬仿真創業企業經營管理篇

第八章　創業虛擬仿真企業經營管理競技 …………………………（193）
　　第一節　創業企業經營基礎 ………………………………………（193）
　　第二節　創業仿真企業經營決策競技實訓 ………………………（196）

第九章　創業仿真企業經營管理分析 ………………………………（230）
　　第一節　創業企業的經營管理 ……………………………………（230）
　　第二節　創業虛擬仿真企業經營管理競技分析 …………………（232）

第四篇　創業實戰篇

第十章　創業實戰 ……………………………………………………（255）
　　第一節　互聯網及其發展 …………………………………………（255）
　　第二節　互聯網開店實訓 …………………………………………（263）
　　第三節　創業實踐——創業大賽 …………………………………（289）

第一篇　基礎篇

大學生創業綜合素質是集意識、知識、能力和心理品質為一體的創業能力，包含了多方面的內容，各內容要素之間相互聯繫又彼此獨立。瞭解創業和學習創業是我們創業成功的基礎。第一，強烈的社會責任感。社會責任感和探索精神是企業家精神的實質。第二，堅定的創業意識。創業意識是創業的前提，對於大學生而言，濃厚的創業興趣、遠大的創業理想是必備的創業意識。第三，卓越的創業能力。創業能力是在創業活動中所需具備的能力和本領，主要包括創新能力、溝通能力、管理能力、決策能力以及領導能力等。第四，健康的創業心理。創業心理品質主要有：堅定的創業信念、不屈不撓的創業意志、能夠經受住挫折的勇氣、樂觀平和的心態和穩定的情緒等。第五，突出的創新能力。創新能力是個體運用一切已知信息，包括已有的知識和經驗等，產生某種獨特新穎的有社會或個人價值的產品的能力。只有具備了創新能力，才能在創業過程中開拓進取，取得成功。第六，充實的創業知識。創業知識主要包括創業方向的行業知識、經營管理知識和創業有關的政策、法律等方面的知識，也包括國內外經濟發展形勢、新技術革命的內容、企業管理知識、市場行銷知識以及企業家成功的經驗等，這些知識都是創業成功的知識保證。

第一章　創業基礎

　　小王是一位在校大學生，受到國家「大眾創業，萬眾創新」大趨勢的感召，很想實現自己創業的夢想。一想到創業，他發現自己很茫然：自己既沒有項目也沒有資金，應該怎麼辦？於是他找到了創業導師，導師叫他從閱讀本書開始。

第一節　創業基礎知識

一、創業

　　創業：「君子創業垂統，為可繼也。」——《孟子·梁惠王下》；
　　「先帝創業未半，而中道崩殂。」——諸葛亮《出師表》；
　　「開創基業。」——《辭海》1989年版；
　　「開創事業。」——《新華字典》。

（一）創業的定義

　　1. 創業可分為廣義和狹義兩種
　　（1）廣義的創業：人類一切帶有開拓意義的社會變革活動。它涉及的領域非常廣闊，無論政治、經濟、軍事和文化藝術事業，只要人們從事的是前無古人的事業，皆可稱之為創業。比如新中國成立、改革開放等。
　　（2）狹義的創業：個人或群體開展的以創造財富為目標的社會活動。也可以這樣說：創業者通過發現和開發利用創業機會，組織並配置各種資源提供特定的產品和服務，以創造價值的過程。
　　本書主要指狹義的創業，對創業的定義大致可以歸納為三種不同的類型，即價值說、功利說和實體說，三者的差異表現在對創業實質的理解上，即分別認為創業是「創造價值」「創造財富或利潤」和「創建企業」。
　　2. 創業各類表述
　　（1）價值說——創造價值
　　創業活動的創造性體現在價值的創造上。比如宋克勤認為，創業是創業者通過發現和識別商業機會，組織各種資源提供產品或服務，以創造價值的過程。創業包括創業者、商業機會、組織和資源等要素。
　　該定義重點在於強調「實現潛在價值」，強調了作為企業家或創業者的四個基本方面：創業包括一個創造過程、創業需要付出時間和努力、承擔風險和回報。

（2）功利說——創造財富或利潤

創業就是一個創造和累積財富的過程。此觀點認為創業是一個開創事業和累積財富的過程，認為創業活動具有開拓性、自主性和功利性等基本特徵。

（3）實體說——創建企業

創業需要一個承擔創業的實體，而通常這個實體就是企業。創業者依據所在國家或地區的相關法律法規進行註冊登記是創業過程的一個重要標誌。強調了創業與創新的區別，指出創業與創新並不是兩個可以互相等同的概念，儘管創業活動必然涉及創新，但創新並不必然是創業活動。

總之，創業是指發現和捕捉機會並由此而創辦企業，提供新的產品和服務從而創造財富的過程，或者說創業是發現、創造和利用商業機會，組合生產要素以謀求獲得商業成功的過程或活動。

(二) 創業的類型

創業類型按照不同的方法有不同的分法，一般主要有如下幾種：

1. 生存型創業和機會型創業

生存型創業（就業型創業）指創業行為出於沒有其他更好的選擇，即不得不參與創業活動來解決其所面臨的困難。生存型創業大多屬於複製型和模仿型創業，創業項目多集中在餐飲、美容美髮、商業零售、房地產經紀等比較容易進入的生活服務業，一般規模較小，競爭比較劇烈。對生存型創業者來說，要想做大做強，必須克服小富即安的惰性思想，善抓機遇，走機會型創業的道路。

機會型創業是創業者基於實現自我價值的強烈願望，在發現或創造新的市場機會下進行的創業活動。例如，政府工作人員辭職下海，現有企業的員工辭職，他們創建新的企業通常都屬於機會型創業。從事機會型創業的人通常不會選擇自我雇傭的形式，而是通常具有明確的創業夢想，進行了創業機會的識別和把握，有備而來。

2. 個人創業和團體創業

個人創業是指創業者獨立創辦自己的企業。其優點是產權清晰、獨立，利潤歸創業者所獨有，創業者按自己的思路來經營和發展自己的企業，無須考慮其他持股者的利益要求，避免他人對企業經營的干擾。缺點是創業者獨自承擔風險、創業資金籌備比較困難、財務壓力大、受個人才能限制。

團體創業是指創業者與他人共同創辦企業。優點是共擔風險，融資難得到緩解，有利於優勢互補，形成一定的團隊優勢。不足則是易產生利益衝突，易出現中途退場者，企業內部管理費用較高，對企業發展目標可能有分歧。

3. 獨立創業、企業內創業和公司附屬創業

獨立創業指創業者個人或創業團隊白手起家完全獨立地創建企業的創業活動。

企業內創業、公司創業或組織內創業指在大型企業裡，建立起內部市場和規模相對較小的自主或者半自主經營部門，以一種獨特的方式利用企業資源來生產產品，提供服務或技術的創業。通常情況下，企業內創業是由有創意的員工發起，在企業支持下承擔企業內部從事新項目的創業，並與企業分享創業成果。

公司附屬創業指由一家相對成熟的企業通過創建新的附屬企業進行的創業。

4. 複製型創業和冒險型創業

複製型創業指在現有經營模式的基礎上，簡單複製原有公司的經營模式所進行的創業。

冒險型創業是指創業難度大，有較高的失敗率，但一旦創業成功，投資回報也很高的創業類型。所有的創業活動都會有風險，只不過是風險程度不同而已。

(三) 創業的意義

我國人口眾多，每年要解決1,300萬人的就業問題。2015年，全國高校畢業生達到749萬人。目前，我國登記失業率大概為4%，實際失業率要超過這個數字。據統計，平均一個創業者可以帶動5個人就業，創業無論對社會及個人均意義重大。

(1) 使創業者獲得財富，實現個人理想。

(2) 促進經濟增長。創業活動與經濟增長呈正相關關係，創業活動越活躍的國家和地區，經濟增長速度就越快。

(3) 增加就業。自1980年以來，美國新增3,400多萬個就業崗位中，80%是新企業創造的。

(4) 推動創新。創業是新理論、新技術、新知識、新制度的孵化器，也是新理論、新技術、新知識、新制度轉化成現實生產力的轉化器。

(5) 促進社會文明進步。

二、創業應該具備的能力

創業是一個不斷被篩選淘汰的過程，那些經歷了市場考驗幸存下來的創業者或多或少都有一些共同的特質。

1. 務實與坦誠

創業者應該更好地對待周圍的人，誠實面對所有人，把「止於至善」當作創業的終極目標。時刻保持簡單，實事求是。有足夠的胸懷和氣度，知道自己堅持些什麼，可以放棄些什麼，懂得放棄和分享。瞭解自己的擅長之處和弱點，努力提升自己，對未知的事物保持虛心和敬畏。

2. 強烈的慾望

「欲」，實際就是一種生活目標，一種人生理想。創業者的慾望與普通人慾望的不同之處在於，他們的慾望往往超出他們的現實，往往需要他們打破現在的立足點，打破眼前的樊籠，才能夠實現。所以，創業者的慾望往往伴隨著行動力和犧牲精神。這不是普通人能夠做得到的。因為想得到，而憑自己現在的身分、地位、財富得不到，所以要去創業，要靠創業改變身分，提高地位，累積財富，這構成了許多創業者的人生「三部曲」。因為有慾望，而不甘心，繼而去創業，去行動，最后得到成功，這是大多數白手起家的創業者走過的共同道路。或許我們可以套用一句偉人的話：「慾望是創業的最大推動力。」

3. 忍耐力

在創業的路上，付出了怎樣的代價和努力，忍受了多少別人不能夠忍受的憋悶、

痛苦甚至是屈辱。對一般人來說，忍耐是一種美德，對創業者來說，忍耐卻是必須具備的品格。俗話說：「吃得菜根，百事可做。」對創業者來說，肉體上的折磨算不得什麼，精神上的折磨才是致命的，如果有心自己創業，一定要先在心裡問一問自己，面對從肉體到精神上的全面折磨，你有沒有那樣一種寵辱不驚的「定力」與「精神力」。如果沒有，那麼一定要小心。對有些人來說，一輩子給別人打工，做一個打工仔，是一個更合適的選擇。

4. 商業嗅覺

創業者的敏感，是對外界變化的敏感，尤其是對商業機會的快速反應。企業家能賺到錢不是出自偶然，而是源於他們的商業敏感。有些人的商業感覺是天生的，如胡雪岩，更多人的商業感覺則依靠后天培養。如果你有心做一個商人，你就應該像訓練獵犬一樣訓練自己的商業感覺。良好的商業感覺，是創業者成功的最好保證。

5. 善於分享

作為創業者，一定要懂得與他人分享。一個不懂得與他人分享的創業者，不可能將事業做大。只有老板舍得付出，舍得與員工分享，員工的生存需要、安全需要、尊重需要才能從老板這裡得到滿足。員工出於感激，同時也因為害怕失去眼前所獲得的一切，就會產生「自我實現的需要」，通過自我實現，為老板做更多的事，賺更多的錢，做更大的貢獻，回報老板。這樣就構成了一個企業的正向循環、良性循環。這應該是馬斯洛理論在企業層面的恰當解釋。分享不僅僅限於企業或團隊內部，對創業者來說，對外部的分享有時候同樣重要。

6. 自我反省

反省其實是一種學習能力。作為一個創業者，遭遇挫折、碰上低潮都是常有的事，在這種時候，反省能力和自我反省精神能夠很好地幫助你渡過難關。曾子說：「吾日三省吾身。」對創業者來說，問題不是一日三省四省吾身，而是應該時時刻刻警醒、反省自己，唯有如此，才能時刻保持清醒。創業者需要的是綜合素質，每一項素質都很重要，不可偏廢。缺少哪一項素質，將來都必然影響事業的發展。有些素質是天生的，但大多數素質可以通過后天的努力改善。如果你能夠從現在做起，培養自己的素質，創業成功一定指日可待。

三、創業虛擬仿真實訓平臺介紹

創業虛擬仿真主要就是培養創業和經營公司的能力。在培養經營公司能力方面，讓學生通過身臨其境的操作，獲得真實的工作環境中所需要的各種技能；在培養學生的創業能力方面，注重對學生進行獨立生存能力、自學與掌握信息的能力、動手操作能力、獨立思維和判斷能力以及其他相關的能力的培養。在進行真正創業之前，模擬實訓為學生運用所學知識提供了很好的鍛煉機會，大大提高創業的成功率。目前國內主要用於創業實訓教學或競賽的軟件平臺主要有如下幾種：

1. 創業之星

創業之星是一款在電腦上運行的模擬創業軟件，運用先進的計算機軟件與網路技術，結合嚴密和精心設計的商業模擬管理模型及企業決策博弈理論，全面模擬真實企業的創業營運管理過程。學生在虛擬商業社會中完成企業從註冊、創建、營運、管理

等所有決策。通過這種實訓課程，可以有效地將所學知識轉化為實際動手的能力，提升學生的綜合素質，增強學生的就業與創業能力。

創業之星軟件是為所有學生而不僅僅是部分學生提供一個創業實踐的訓練平臺。使創業教育真正落地。透過創業之星領先的商業模擬引擎，讓學生在虛擬創業空間裡，全面體驗創業的全過程，盡情釋放才智，揮灑創業激情，放飛創業夢想。

創業之星涵蓋了從計劃、準備到實施的創業全過程。創業之星主要包括三大部分功能模塊：創業測試、創業計劃、創業準備、創業實踐。

通過對真實企業的仿真模擬，所有參加訓練的學生分成若干小組，組建成若干虛擬公司，在同一市場環境下相互競爭與發展。每個小組的成員分別擔任虛擬公司的總經理、財務總監、行銷總監、生產總監、研發總監、人力資源總監等崗位，並承擔相關的管理工作，通過對市場環境與背景資料的分析討論，完成企業營運過程中的各項決策，包括戰略規劃、品牌設計、行銷策略、市場開發、產品計劃、生產規劃、融資策略、成本分析等。通過團隊成員的努力，使公司實現既定的戰略目標，並在所有公司中脫穎而出。

2. 創業之旅——大學生創業實戰模擬平臺系統（以下簡稱創業之旅）

創業之旅是由北京溢潤偉業軟件科技有限公司推出的一款大學生創業模擬實戰平臺，模擬現實創業的全過程。系統應用了計算機虛擬市場仿真技術（虛擬市場模擬器 virtual market generator）、模擬抽樣調查技術（simulation survey）、仿真市場博弈技術（simulation marketing game），仿真模擬了虛擬市場、市場調查和創業實戰的市場競爭。系統應用成熟的經濟學模型來計算模擬市場的變化，如市場需求反應模型、價格模型、廣告促銷市場反應模型、離散事件博弈模型等，使得利用此平臺能夠真正仿真模擬真實的創業過程。

學生在創業之旅實訓中模擬真實企業的創立過程，完成創業計劃書、辦理工商稅務登記註冊、模擬企業營運管理等管理決策。通過對真實創業環境的逼真模擬，幫助學生掌握在真實企業創業過程中可能遇到的各種情況與經營決策，並對出現的問題和營運結果進行分析與評估。

3. 大學生創業實訓系統

大學生創業實訓系統分為四大板塊：創業前期準備、創業能力塑造、創立我的企業、經營我的企業。大學生創業實訓系統從瞭解創業、培養創業能力、體驗創業，到企業經營管理實訓，循序漸進地培養大學生創業所需要的各種知識和能力，並通過大量實訓讓大學生體驗創業的過程，訓練創業過程中及創業后的經營管理能力，培養大學生具備成功創業者的素質。

大學生創業實訓系統中體現的「自主學習」和「體驗式」教學設計理念獲得了教師和大學生的熱烈歡迎，為學生提供一個可以根據自己的創業需要而針對性學習和訓練的平臺，使學生可以把原有所學的各種創業相關知識滲透到創業實訓環節，成為繼傳統教學和案例教學之後的一種全新的培訓教學模式。

創業網作為網路中創業的基地，提供的是千千萬萬創業者所渴望的創業信息，同時提供了千千萬萬自主創業、自主就業的機會，諸如全國大學生創業服務網（http://cy.ncss.org.cn/）、中國大學生創業網（http://www.chinadxscy.com）等網路平臺等。

第二節　創業精神——案例分析與討論

人們常說：讀萬卷書不如行萬里路，行萬里路不如閱人無數，閱人無數不如沿著成功者的腳步。學習成功經驗是我們創業成功的重要內容。

案例一：阿里巴巴——馬雲

「阿里巴巴」網站服務的商人達到500萬，即使馬雲在睡夢中，「阿里巴巴」每天也為他創造100萬元的收入。

發現寶庫

作為國內最早b2b（商家對商家）網站的創始人，馬雲的名氣在國內遠沒有在國外響，雖然他沒有任何海外留學和工作的經歷。

2000年7月17日，他甚至成為了中國大陸第一位登上國際權威財經雜誌《福布斯》封面的企業家，《福布斯》雜誌的封面故事是這樣描寫他的：高高的顴骨，扭曲的頭髮，淘氣的露齒笑，一個5英尺（1英尺＝0.304,8米）高、100磅（1磅≈0.45千克）重的頑童模樣。

馬雲說，看了這期《福布斯》后，才知道「自己其實有多醜」。而且據馬雲自己講他還很笨。讀書時，他的成績從沒進過前三名。他的理想是上北大，但最后他只上了杭州師院，還是個專科，而且考了3年。第一年高考他數學考了1分，第二年19分。

馬雲后來常說自己的創業經歷至少可以證明：「如果我馬雲能夠創業成功，那麼我相信中國80%的年輕人都能創業成功。」

大學畢業后，馬雲當了6年半的英語老師。期間，他成立了杭州首家外文翻譯社，用業餘時間接了一些外貿單位的翻譯活。錢沒掙到多少，倒是闖出了一點名氣。1995年，「杭州英語最棒」的馬雲受浙江省交通廳委託到美國催討一筆債務。

結果是錢沒要到一分，倒讓馬雲發現了一個「寶庫」——在西雅圖，對計算機一竅不通的馬雲第一次上了互聯網。剛剛學會上網，他竟然就想到了為他的翻譯社做網上廣告，上午10點他把廣告發送上網，中午12點前他就收到了6封郵件，分別來自美國、德國和日本，說這是他們看到的有關中國的第一個網頁。「這裡有大大的生意可做！」馬雲當時就意識到互聯網是一座金礦。

噩夢般的討債之旅結束了，馬雲灰溜溜地回到了杭州，身上只剩下1美元和一個瘋狂的念頭。馬雲的想法是，把中國企業的資料集中起來，快遞到美國，由設計者做好網頁向全世界發布，利潤則來自向企業收取的費用。

馬雲相信「時不我待，舍我其誰」！他找了個學自動化的「拍檔」，加上妻子，一共三人，兩萬元啟動資金，租了間房，就開始創業了。這就是馬雲的第一家互聯網公司——海博網路，產品叫做「中國黃頁」。在早期的海外留學生當中，很多人都知道，互聯網上最早出現的以中國為主題的商業信息網站，正是「中國黃頁」。所以國外媒體稱馬雲為中國的「互聯網先生」（Mr.Internet）。

馬雲的口才很好。在以後的很長時間裡，杭州街頭的某個大排檔裡經常有一群人圍著一個叫馬雲的人，聽他口沫亂飛地推銷自己的「偉大」計劃。

那時候，很多人還不知互聯網為何物，他們稱馬雲為騙子。1995年他第一次上中央臺，有個編導跟記者說：這個人不像好人！其實在很多沒有互聯網的城市，馬雲一律被稱為「騙子」。但馬雲仍然像瘋子一樣不屈不撓，他天天都先這樣提醒自己：「互聯網是影響人類未來生活30年的3,000米長跑，你必須跑得像兔子一樣快，又要像烏龜一樣耐跑。」然後出門跟人侃互聯網，說服客戶。業務就這樣艱難地開展了起來。

1996年，馬雲的營業額不可思議地做到了700萬元！也就是這一年，互聯網漸漸普及了。這時馬雲受到了對外經濟貿易合作部的注意。1997年，馬雲被邀請到北京，加盟對外經濟貿易合作部的一個由聯合國發起的項目——edi中心，並參與開發對外經濟貿易合作部的官方站點以及後來的網上中國商品交易市場。在這個過程中，馬雲的商家對商家思路漸漸成熟：用電子商務為中小企業服務。他研究認為，互聯網上商業機構之間的業務量，比商業機構與消費者之間的業務量大得多。為什麼放棄大企業而選擇中小企業，馬雲打了個比方：「聽說過捕龍蝦致富的，沒聽說過捕鯨致富的。」

連網站的域名他都想好了——互聯網像一個無窮的寶藏，等待人們前去發掘，就像阿里巴巴用咒語打開的那個山洞。

1999年，馬雲回杭州創辦「阿里巴巴」網站。臨行前，他對他的夥伴們說：「我要回杭州創辦一家自己的公司，從零開始。願意同去的，只有500元工資；願留在北京的，可以介紹去收入很高的雅虎和新浪。」他說用3天時間給他們考慮，但不到5分鐘，夥伴們一致決定：「我們回杭州去，一起去！」

一傳十，十傳百，阿里巴巴網站在商業圈中聲名鵲起。然後，馬雲繼續揮舞著他那雙干柴般的大手，到世界各地演講：「b2b模式最終將改變全球幾千萬商人的生意方式，從而改變全球幾十億人的生活！」

他在吸引到大量客戶的同時也吸引了人才和風險投資。

臺灣人蔡崇信是全球著名的風險投資公司investab的亞洲代表，他聽說「阿里巴巴」之後立即飛赴杭州要求洽談投資。一番推心置腹之後，蔡崇信竟然出人意料地說：「馬雲，那邊我不幹了，我要加入『阿里巴巴』！」馬雲嚇了一跳：「不可能吧，我這兒只有500元人民幣的月薪啊！」但兩個月後，蔡崇信就任「阿里巴巴」的首席財務官（CFO）。後來蔡崇信的妻子告訴馬雲：「如果我不同意他加入，他一輩子都不會原諒我。」

這一事件引起華爾街一陣驚奇和震動。隨後以華爾街高盛為首的多家公司，毫不猶豫地向阿里巴巴投入了500萬美金。

高盛資金到位的第二天，馬雲馬不停蹄飛赴北京見一位神祕人物。見面才知，是成功投資了雅虎網站的「全球互聯網投資皇帝」、日本軟銀公司的董事長孫正義要求見面！面談僅6分鐘，孫正義就說：「馬雲，我一定要投資『阿里巴巴』！而且用我自己的錢。」2000年1月，雙方正式簽約，孫正義投入2,000萬美金。

一時，阿里巴巴聲名大震，造就了互聯網第四模式。有首歌唱道：「阿里巴巴是個快樂的青年！」馬雲也是個快樂的青年，他講述了一個中國版的天方夜譚。

現在「阿里巴巴」被業界公認為全球最優秀的商家對商家網站。來自國內外的點擊率和會員呈暴增之勢！一個想買1,000只羽毛球拍的美國人可以在「阿里巴巴」上

找到十幾家中國供應商；位於中國西藏和非洲加納的用戶，可以在「阿里巴巴」網站上走到一起，成交一筆只有在互聯網時代才可想像的生意。

2003年，「阿里巴巴」拓展了自己的業務，進入全球商務的高端領域。非典期間，「阿里巴巴」業務量增長了5~6倍。

「阿里巴巴」創造的奇跡引起了國際互聯網界的關注，其發展模式與雅虎門戶網站模式、亞馬遜商對客（b2c）模式和易趣的客對客（c2c）模式並列，被稱為「互聯網的第四模式」。阿里巴巴打開寶庫的咒語是「芝麻，開門吧！」馬雲的咒語是什麼？只要看看「阿里巴巴」的團隊就明白了。

「阿里巴巴」的管理層，絕對可以算得上超豪華陣容。孫正義和前世貿組織總干事薩瑟蘭是它的顧問；這裡聚集了來自16個國家和地區的網路精英，而且，越來越多的哈佛大學、斯坦福大學、耶魯大學的優秀人才正湧向阿里巴巴。

而尤為令人驚訝的是，創業5年，「阿里巴巴」從來沒有人提出來要走，公司最初的18個創業者，現在一個都不少。即使別的公司出3倍的工資，員工也不動心。馬雲還說風涼話：「同志們，3倍我看算了，如果5倍還可以考慮一下。」

對其中的奧妙，馬雲說得很簡單，「在『阿里巴巴』工作3年就等於讀了3年研究生，他將要帶走的是腦袋而不是口袋。」

馬雲認為自己是個擅長創業但不擅長守業的人，「最多干到40歲，我會離開『阿里巴巴』，去學校教MBA。如果成功了，我就去哈佛；如果失敗了，我就去北大。」

馬雲有個理想，到60歲的時候，和現在這幫做「阿里巴巴」的老家伙們站在路邊上，聽到喇叭裡說『『阿里巴巴』今年再度分紅，股票繼續往前衝，成為全球……」那時候的感覺才叫真正成功。

案例來源：淘寶論壇，https://bbs.taobao.com/catalog/thread/154528-261873866.htm。

案例討論：
1. 馬雲的故事說明了創業者應該具備的素質是什麼？
2. 你從這個故事中的啟迪是什麼？

案例二：徵途——史玉柱

狂熱的失誤

假設我們把史玉柱的這段歷史反過來審視，先檢討他的失敗，即「巨人」公司何以像一座地基不穩的大廈說倒就倒。現在一種比較被認同的分析便是歸咎於巨人的投資重大失誤，其主因便是那座名噪一時的樓高70層、涉及資金12億的巨人大廈。時至今日有人評論，巨人大廈是史玉柱有生以來第一個重大投資失誤，他根本沒有實力蓋一座全國最高的大廈，這是個人狂熱的一個典型之作。更讓人瞠目結舌的是，大廈從1994年2月動工到1996年7月，史玉柱竟未申請過一分錢的銀行貸款，全憑自有資金和賣樓花的錢支持，做房地產，竟將銀行攔在一邊。而這個自有資金，就是曾經令巨人風光一時的生物工程和電腦軟件產業。但誰都知道，以巨人在保健品和電腦軟件方面的產業實力根本不足以支撐住70層巨人大廈的建設。當史玉柱把保健品和電腦軟件產業的生產和廣告促銷的資金全部投入到大廈時，巨人大廈便抽干了巨人產業的血。

史玉柱在1994年接受記者採訪時說過一段話：這一個階段我看傳記、黨史比較多一

些，最深的感受是，辦一個企業與建立一個政黨、一個國家非常相像，從黨史中可以學到很多東西，越看越像。任何群體達到一定規模之後都必須建立嚴密的組織，組織對於團體的作用是非常大的，我認為現在的企業組織和新中國成立前四類軍事武裝相似。

二次創業

這是1995年記者採訪史玉柱時的一段對話，當時的史玉柱是這樣來介紹自己的想法的：

1994年是巨人集團富有轉折意義的一年，1～8月間巨人集團經營狀況處於徘徊狀態，甚至有少許倒退，9月下定決心進行全面改造後，10月份開始企業增長速度加快，員工隊伍以每月200～300人的速度增長。尤其是生物工程，腦黃金項目從零開始，9月份我們一個工廠都沒有，現在已有七八個工廠了。

也就是說我們進入了二次擴張時期。我們把它叫做二次創業，一段時間我思考著這樣一個問題，就是為什麼許多民營企業發展到一定時候，創業時的激情就消失了，開始了窩裡鬥，像我們巨人效益好一點，結果吃大鍋飯比國有企業還厲害，有人不再考慮為企業做貢獻，這個在1994年上半年非常明顯，開始我想從美國企業中找經驗來解決這個問題，但失敗了。美國管理模式不同，人家職業道德感非常強，比如說上班時間從不打私人電話，因為他們認為上班的時間是被企業所買下來的，我們做不到。后來我研究，這種問題在國內則有相當普遍性，一批民辦企業都有這個過程，正如民營企業許多都進行了二次創業一樣，「四通」「聯想」都已經涉及這樣的問題了，但真正做起來的很少。

所以我於1994年底提出了二次創業……也就是說，重新利用創業來激活企業人的創造性激情。

做好一個公司的第二次創業，關鍵還有一個人的因素，也就是那句名言：正確的路線確定之后，幹部就是決定的因素。幹部隊伍是一個企業發展的核心問題。我總是在思考這樣一個問題，就是為什麼年輕人在戰爭時代成長得非常快，二十幾歲就可以當師長軍長，就可以領兵打仗，在和平時期就相對成長期長多了。就是因為戰爭時期對於一個年輕人來說，有非常大的壓力，所以現在我們花了許多精力去研究如何訓練這支年輕隊伍，要給年輕人非常大的壓力。1994年下半年我們做了一次試驗，模擬戰爭氣候，當然我們不能說給他以生與死的壓力，但可以給他們一些在常規下不可能完成的壓力，迫使他們創造奇跡才能完成，如果創造出了奇跡可以得到可觀的獎金，如果不能創造奇跡將被免職，讓他在一年內做普通員工，一年後可以再次獲得機會。結果證明，三分之二的人創造了奇跡，這樣我們就有了一支很強的幹部隊伍。三個月前你見到他說話經常還說不到點子上，現在談起自己掌管的那個部門頭頭是道。

三大戰役

史玉柱把自己的企業發展稱之為打戰役，比如在1994年確立自己的三大主導產業時史玉柱就稱之為要打「三大戰役」，即電腦、藥品、保健品。的確，這三大戰役在1995年年初為史玉柱創造了奇跡。比如1994年年底開始的腦黃金戰役，在1995年1～3月，腦黃金的回款額居然做到了1.9個億。即使在保健品做得最好的時候，史玉柱也沒有忘記自己賴以起家的電腦軟件：

我們最主要的仍是計算機產業，從 1995 年 8 月份開始，進入了產品結構調整，我們做了以下幾項工作：今後產品以軟件為主，硬件將逐漸被拋棄，這是需要下大決心的。中國目前的計算機產業處於低谷時期，這裡主要有兩大因素：

一是國外大公司介入中國市場，令中國較大的計算機企業無處容身。二是國內出現幾十萬個小型計算機企業，相互競爭，相互殺價，這使得大型公司無力與之競爭。

所以我認為中國計算機產業要從低谷中走出來，必須要在中文軟件上突破。要按照我們的長處發展，至少要先占領國內的市場。中文軟件開發對於組織管理的要求很高，中國管理跟不上，而外國企業卻已開始踏足這一領域。中國目前圈套型的計算機企業都沒有離開中文軟件的開發，如四通公司的中文打字機其實就是一套漢字處理軟件。巨人也是靠巨人漢卡起來的。中文軟件的面很廣，不僅是文字處理，還包括教育軟件、商用軟件等領域。從各個方面推出幾個革命性的產品，創造出新的需求，就可將中國計算機產業從低谷中拯救出來。

案例來源：天極新聞，http://www.yesky.com/340/93840.shtml。

案例討論：

1. 史玉柱的經歷告訴了我們什麼？

案例三：眾里尋他千百度——李彥宏

古往今來之成大事業者，必經過三種境界。「昨夜西風凋碧樹。獨上高樓，望盡天涯路」乃第一境。「衣帶漸寬終不悔，為伊消得人憔悴」此第二境也。「眾里尋他千百度，驀然回首，那人卻在燈火闌珊處」為第三境界。千百勞作，終有所成，這是何等的令人喜出望外，但又恰恰屬於情理之中！在位於北京大學附近的百度公司總部，李彥宏（英文名 Robin）追憶人生點滴——人們只看到百度上市成功后的李彥宏，卻很少有人注意到，李彥宏在美國工作正得意之時，毅然放棄外國公司豐厚待遇和期權，回國創立了百度。他是一個一直都很成功，並且能不斷否定自己的成功從而獲得更大成功的人。

北大驕子

「我心理上比較穩定，越是大的場合發揮就越好。在高考的時候，通過正常發揮我應該是能考上北京大學，但不一定拿第一。」（他以山西陽泉市全市第一名的成績考上北京大學）

1968 年，李彥宏出生在山西陽泉一個普通的家庭。「小學的時候，考過戲劇學院，后來放棄了。現在覺得放棄也挺好，技術能帶來更大的影響力。」李彥宏回憶，年少時著迷過戲曲，曾被山西陽泉晉劇團錄取。但中學時代，李彥宏迴歸「主業」，全身心投入功課學習中。

1987 年，勤奮、刻苦的李彥宏以陽泉市第一名的成績考上了北京大學圖書情報專業。「北大自由的學術氛圍，為我形成獨立思考能力提供了很大的幫助。」李彥宏說。不過，身處象牙塔，幾多歡樂幾多愁。他離開陽泉邁進中國最高學府的激動心情，漸漸被圖書情報學的枯燥、乏味消融。規劃未來人生道路變得迫切。「那時候，中國的氛圍較為沉悶，大學畢業進入機關單位，已經是非常好的選擇了。在我看來，選擇出國是一條自然而然的道路。」「我是一個非常專注的人，一旦認定方向就不會改變，直到把它做好。」從大三開始，李彥宏心無旁騖，買來托福、美國研究生入學考試（GRE）

等書狂啃，過著「教室—圖書館—宿舍」三點一線的生活，目標是留學美國。

「我出國並不是一帆風順的。因為換專業，剛到美國學計算機，很多功課一開始都跟不上。有時和教授面談，由於較心急，談一些自己不是很瞭解的領域，結果那些教授就覺得我不行。」

1991年，李彥宏再一次擠過了獨木橋，收到美國布法羅紐約州立大學計算機系的錄取通知書。正值聖誕節，23歲的李彥宏背著行囊，穿雲破霧，踏上了人生的第二次徵程。美國布法羅紐約州立大學一年有6個月飄著雪。在這裡，他忍受過夜晚徹骨的冰冷。白天上課，晚上補習英語，編寫程序，經常忙碌到凌晨兩點。在這裡，他經歷過中國留學生初來乍到的所謂「世間總有公道，付出總有回報」。李彥宏骨子裡有著勤奮、堅韌、執著的精神，這使得他的專業技能得到飛速進步。在學校待了一年后，李彥宏順利進入日本松下公司實習。「這三個多月的實習，對我后來職業道路的選擇起了至關重要的作用。」李彥宏說。

馳騁硅谷

「硅谷給予我最大的感觸是，希望通過技術改變世界，改變生活。」

1994年暑假前，李彥宏收到華爾街一家公司———道·瓊斯子公司的聘書。「在實習結束后，研究成果得到這一領域最權威人物的賞識，相關論文發表在該行業最權威的刊物上，這對以后的博士論文也很有幫助。」李彥宏說，「但那時候，中國留學生中有一股風氣，就是讀博士的學生一旦找到工作就放棄學業。起先，我認為自己不會這樣做。但這家公司老板也是個技術專家，他對我的研究非常賞識，兩人大有相見恨晚的感覺。士為知己者死，於是我決心離開學校，接受這家公司高級顧問的職位。」在華爾街的三年半時間裡，李彥宏每天都跟即時更新的金融新聞打交道，先后擔任了道·瓊斯子公司高級顧問、《華爾街日報》網路版即時金融信息系統設計人員。

1997年，李彥宏離開了華爾街，前往硅谷著名搜索引擎公司搜信（Infoseek）公司。在硅谷，李彥宏親見了搜信在股市上的無限風光以及后來的慘淡。

1998年，李彥宏在自己撰寫的《硅谷商戰》中分析總結：「技術本身不是唯一的決定性因素，商戰策略才是決勝千里的關鍵；要允許失敗；讓好主意有條件孵化；要容忍有創造性的混亂；要有福同享……」這些典型的硅谷商戰經驗，后來被他得心應手地運用到了百度的創業中。

「在人生選擇道路上，我好像沒有很不順利的過程，只是面臨著一些選擇。」李彥宏說。從北大到布法羅到華爾街到硅谷，機遇來臨時，李彥宏不失時機地把握住了。這些多年的累積給他日后創建百度打下了堅實的根基。

歸國創業

「不要問現在加入商戰是否太晚，按照現在信息經濟的發展速度，誰又能夠承擔不參戰的責任呢？」李彥宏在海外的8年時間裡，中國互聯網界正發生著翻天覆地的變化。從1995年起，李彥宏每年都要回國進行考察。1999年，李彥宏認定環境成熟，到了該參戰的時候了，於是啓程回國。不知是巧合，還是機緣，又是一個聖誕節，李彥宏乘飛機從太平洋的東海岸重新回到了太平洋的西海岸，回到了人生的一個重要起點處———北京大學，悄無聲息地開始了創業。李彥宏在北大資源賓館租了兩間房，連同1個財會人員5個技術人員，以及合作夥伴徐勇，一共八人，開始創建百度公司。

接著，李彥宏開始回美國找錢，本不愛開車的他整天開著車在舊金山的風險投資商之間遊說。最後他順利融到第一筆風險投資金120萬美元，比計劃的100萬美元還多。在百度成立的9個月之後，風險投資商德豐傑聯合美國國際數據集團（IDG）又向百度投入了1,000萬美元。

　　對於百度為何受風險資本青睞，李彥宏說：「投資者有一種信念，相信百度會越來越好。」事實上，在決定創業時，李彥宏在搜索引擎技術方面，已可以排在全世界前三位。而李彥宏的執著、專注和專業又在業內有口皆碑。加之百度根植的中國市場潛力巨大。三點因素結合，百度自然對投資者充滿了無限誘惑。李彥宏說：「那個時候融資相對容易，但是絕大部分企業還是融不到資。我們選到的這些投資人應該說是非常優秀的，非常能夠看到長遠目標。」

　　如今，百度已走過多年的時光，其間不乏驚心動魄、風雲變幻———激烈的董事會爭辯，合作夥伴徐勇的退出，商場無情的競爭等重重挑戰，都在不時地考驗和衝擊著李彥宏。但李彥宏一直保持淡定、從容，隨著資本不斷增加，技術的不斷成熟，百度有了一日千里的快速發展。2002年百度搜索引擎技術真正成熟。2003年百度流量比上一年增加了7倍。2004年百度品牌得到網民的廣泛認可。2005年百度成功上市。

　　「成功后的道路怎麼走？」記者問。

　　「用技術改變生活，仍是我不變的信念。上市只是成功的開始，真正的挑戰還在后面。」李彥宏回答。

　　案例來源：http://hb.qq.com/a/20150624/054477.htm.

案例討論：

1. 成功之路來源於什麼？
2. 選擇一個優秀的商業模式是我們工商類學生創業成功的必然趨勢嗎？

第三節　創業能力測評實訓

一、創業測評的理論基礎

　　創業人才測評就是綜合運用心理學、社會學、管理學和計算機科學等一系列先進科學方法，對創業者的基本素質進行測量和評價的活動。主要包括個性特徵、知識能力、發展潛力和身體素質四個方面。在人力資源管理中，用人單位對招聘的員工利用相對客觀手段對人的心理及能力素質進行測量和評價已經非常普遍了，在創業人才素質測評方面也是可行的，這是因為：

1. 個體的素質是穩定的

　　每個人有自己的個性和能力，其個性和能力是在獨特的成長經歷及社會生活中逐漸形成的。一旦形成，便具備相對穩定性。由於其穩定性，使得測評的結果有了一定的可置信度；否則，人才測評就沒有意義了。

2. 個體的素質是有差異的

　　我們知道大千世界，沒有兩片完全相同的樹葉。對於人的素質也是一樣的，人與

人之間的素質能力也是千差萬別的。這不僅表現在外形等生理結構上，也表現在個體心理方面。我們要注意，素質之間沒有優劣之分，只有是否合適的區別。我們可以測量哪種素質更適合（素質在一定範圍內能夠測量，而且能夠區分識別），這樣才能根據測評結果提供決策依據，測評才有現實價值。

3. 個體的素質是可以預測的

我們所說的素質，是看不見的，或者說是隱藏在個體身上具有一定抽象性的東西。但素質和其他被人們認識規律的事物一樣。規律是通過現象表現出來的，素質也有一定的表現形式，而且有相關性。雖然我們不能直接測量素質能力，但可通過表現出來的行為特徵來間接測量和評價。

4. 個體的素質是可以量化的

量化就是使測評結果表現為分數。有了分數，不僅使難以比較的素質轉化為等級分數，表現出數量特徵和質量特徵，使個體素質差異可以比較和評定，而且便於進行統一的數學處理和統計分析，為以后的人才測評標準制定提供歷史數據依據。

二、瞭解創業測評的方法

常用的測評方法主要有：履歷分析、心理測驗、筆試、面試、情景模擬和利用評價中心等。

1. 履歷分析

履歷分析又稱資歷評價技術，是通過對評價者的個人背景、工作與生活經歷進行分析，來判斷其對未來崗位適應性的一種人才評估方法，是相對獨立於心理測試技術、評價中心技術的一種獨立的人才評估技術。近年來這一方式越來越受到人力資源管理部門的重視，被廣泛地用於人員選拔等人力資源管理活動中。使用個人履歷資料，既可以用於初審個人簡歷，迅速排除明顯不合格的人員，也可以根據與工作要求相關性的高低，事先確定履歷中各項內容的權重，把申請人各項得分相加得總分，根據總分確定選擇決策。

2. 心理測驗

心理測驗是根據一定的法則和心理學原理，使用一定的操作程序給人的認知、行為、情感的心理活動予以量化。心理測驗是心理測量的工具，心理測量在心理諮詢中能幫助當事人瞭解自己的情緒、行為模式和人格特點。

常見的心理測驗按目的可以分為以下幾種：

（1）能力測驗：包括智力測驗和特殊能力測驗。前者主要測量人的智力水平，後者多用於升學、職業指導服務（如繪畫、音樂、手工技巧、文書才能、空間知覺能力等）。

（2）人格測驗：主要測量人的性格、氣質、興趣、態度等個性特徵和各種病理個性特徵。

（3）記憶測驗：包括短時間記憶測驗和長時間記憶測驗，主要用於外傷引起的記憶損害和老年人記憶減退。

（4）適應行為評定：評估人們社會適應技能，包括智慧、情感、動機、社交、運動等因素。

（5）職業諮詢測驗：近年來發展迅速的心理測驗，由於許多年輕人希望在未來競爭中既能發揮自己的潛能、氣質，又能適應自己的興趣、愛好，因此在擇業前往往求助心理學家。

在創業人才測評中，主要有大學生創業心理測評、創業智商測評、創業九型人格測評、創業綜合測評、創業成功指數測評等，從不同角度和方面形成對大學生創業者的綜合素質評價，以作參考。

3. 筆試

筆試是一種與面試對應的測試，是考核應聘者學識水平的重要工具。這種方法可以有效地測量應聘人的基本知識、專業知識、管理知識、綜合分析能力和文字表達能力等素質及能力的差異。

筆試在員工招聘測試中有相當大的作用，尤其是在大規模的員工招聘測試中，它可以一下子把員工的基本情況瞭解清楚，然后可以劃分出一個基本符合需要的界限。適用面廣，費用較少，可以大規模地運用。但是分析結果需要較多的人力，有時，被試者會投其所好，尤其是在個性測試中顯得更加明顯。

創業測評人才的筆試內容是：性格測試、智商測試和英語水平測試。筆試的優點表現在：一是經濟性；二是廣博性，筆試的試卷內容涵蓋面廣，容量大；三是客觀性。這是它最顯著的優點。考卷可以密封，主考人與被測者不必直接接觸，評卷又有可記錄的客觀的尺度，考試材料可以保存備查，這較好地體現了客觀、公平、公正原則。總之，採用筆試的方法，機會均等而且相對客觀，這是其他方法難以替代的。

4. 面試

面試是在特定的時間、地點所進行的有著預先精心設計的明確目的和程序的談話，是通過測試者與被測試者的面對面的觀察、交談，收集相關信息，從而瞭解被面試者的素質狀況、能力特徵以及動機的一種人事測量方法。面試是人才測評中常用的方法之一。這種測評技術與筆試、人事資料審核法等方法相比，顯得更為直觀和靈活，通過面試，可以判斷出人的某些屬性或者層面。它不僅可以評價出應聘者的學識水平和能力，還能評價出應聘者的才智以及個性心理特徵。

面試技術可分為結構化面試和非結構化面試兩種，結構化面試比非結構化面試具有更高的信度和效度。

5. 評價中心技術

評價中心是一種包含多種評價方法和形式的測評系統。它通過創設一種逼真的模擬管理系統或工作場景，將受測者納入該環境中，使其完成該系統下對應的各種工作。在這個過程中，主試者採取多種測評技術和方法，觀察和分析被試者在模擬的各種情景壓力下的心理行為表現及工作績效，以測量和評價被試者的各種管理能力和潛能素質。

評價中心技術具有如下特點：

（1）針對性：評價中心測評法模擬特定的工作條件和環境，並在特定的工作情景

和壓力下實施測評。根據不同層次人員的崗位要求和必備能力，設計不同的模擬情景，具有很強的針對性，避免「高分低能」傾向。

（2）全面性：評價中心突出的特點之一是多種測評技術與手段綜合運用，不僅能很好地反應被試人的實際工作能力，還可以測評其他方面的各種能力和素質。

（3）可靠性：測評中心由多個主試小組成員分別對被試人給予評價，減少了因被試人水平發揮不正常或個別主試人評價偏差而導致的測評結果失真。每項測驗後，請被試人說明測驗時的想法以及處理問題的理由。在此基礎上，主試人進一步評定被試人處理實際問題的能力和技巧，使評價結果的可靠性大大增加。

（4）動態性：將被試人置於動態的模擬工作情景中，模擬實際管理工作中瞬息萬變的情況，不斷對被試人發出各種隨機變化的信息，要求被試人在一定時間和一定情景壓力下作出決策，在動態環境中充分展示自己的能力和素質。

（5）預測性：評價中心具有識才於未顯之時的功能，模擬的工作環境為尚未進入這一層次的人員提供了一個發揮其才能與潛力的機會，對於測評人員的素質和能力具有一定的預測作用。同時，測評中心集測評與培訓功能於一體，為準確預測被試人的發展前途，並有重點地進行培養訓練提供了較為有效的手段和途徑。

三、創業虛擬仿真實訓基礎實訓

（一）實驗目的和任務

通過視頻、案例、學堂、書籍等教學手段，讓學生瞭解創業與創客內涵，通過「大眾創業，萬眾創新」視頻的學習瞭解，認識到大學生創業時代的趨勢從而堅定創業的信念。通過對創業者應該具備的能力瞭解和創業能力培養與測評實訓，讓創業者認識到自身創業潛質，為創業成功作好心理上的準備，同時提升創業者的分析能力。

（二）實訓內容和要求

1. 瞭解創業與創客；創業時代趨勢視頻觀看，瞭解時代發展趨勢。
2. 創業者應該具備的能力；創業與性格關係；創業動機。
3. 創業能力培養與測評方法；履歷分析、心理測驗、筆試、面試、情景模擬。
4. 創業能力培養與測評實訓，大學生創業測評軟件。

（三）實驗軟件、儀器設備及環境條件

1. 基礎知識閱讀，軟件系統虛擬測評；
2. 需要一個能連接的軟件，並能提供討論的場地。

（四）創業虛擬仿真實訓基礎實訓步驟

第一步，創業與創客。

1. 視頻：中央電視臺關於「大眾創業，萬眾創新」和創客視頻
（1）播放視頻（15分鐘）；
（2）學生討論創客在創業中的作用。

2. 認識國家提倡：「大眾創業，萬眾創新」對大學生的推力

網路調查分析大學生創業政策

第一，通過互聯網調查國家與重慶市政府出拾的鼓勵大學生創業各項政策；

第二，收集整理成冊；

第三，分析和評估大學生創業政策優勢。

第二步，創業基礎提升。

1. 登錄網路連結地：http://www.ctbu.edu.cn。

2. 實訓管理者設置

在第一次使用測評軟件系統時，要進行院系、班級、任課教師的設定，具體操作請參考軟件提供者的說明。系統管理員是平臺的總體管理者，一般由機房的管理員或者教研室主任擔任。管理員主要負責學院和教師用戶的管理。管理員功能分為學院管理、教師管理、學生管理、系統管理、我的個人專區。下圖為管理員操作界面（圖1-1）：

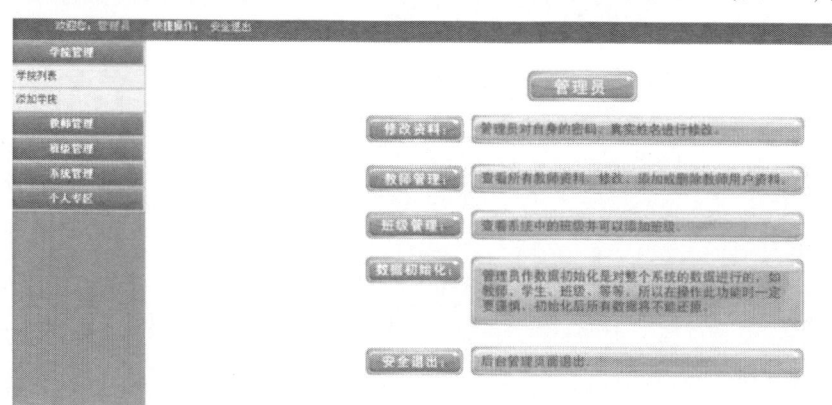

圖1-1

3. 學院管理

管理員可以對學院進行添加、修改、刪除。刪除后本學院的信息不能復原，請謹慎操作。

（1）添加學院

具體操作步驟：點擊「添加學院」後，顯示新建學院信息的窗口如下，管理員填寫學院的名稱和簡介，點擊提交保存，即學院建立完畢（圖1-2）。

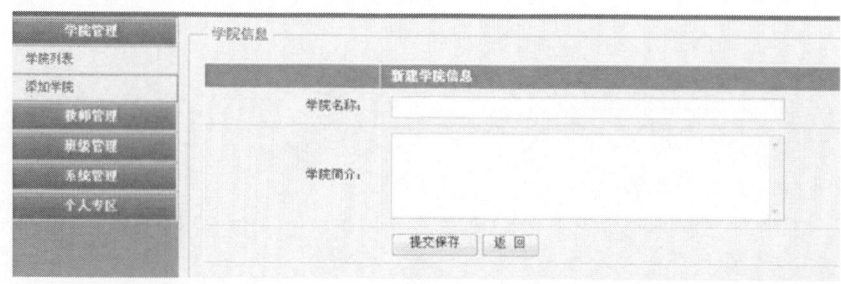

圖1-2

18

（2）修改學院

具體操作步驟：點擊學院列表，顯示列表下的所有學院，選中要修改的學院，點擊修改按鈕，顯示修改學院信息，將正確的學院信息填寫完畢後，點擊「提交保存」按鈕，即學院信息修改成功（圖1-3）。

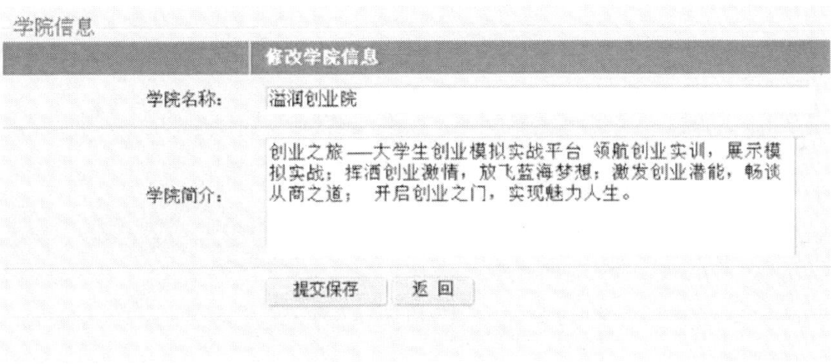

圖1-3

4. 教師管理

管理員可以對教師用戶資料進行查看、修改、添加、刪除。需注意：如果刪除教師，則該教師所屬的所有班級、學生及學生所做的模擬數據都將完全刪除，請謹慎使用此功能，系統會彈出警告信息，引起管理員的注意。

（1）添加教師

輸入登錄名、密碼、真實姓名等，點擊提交按鈕，教師添加成功（圖1-4）。

圖1-4

（2）修改和刪除功能

在教師列表中即可進行。操作步驟同學院的修改和刪除，在此不再做詳解。

5. 班級管理

管理員可以在系統中對班級進行查看、修改、刪除，班級名稱添加后不能修改；操作步驟：點擊「班級管理」模塊下的「添加班級」，系統會顯示以下界面，將信息填寫完畢后點擊「提交」按鈕，班級信息添加成功（圖1-5）。

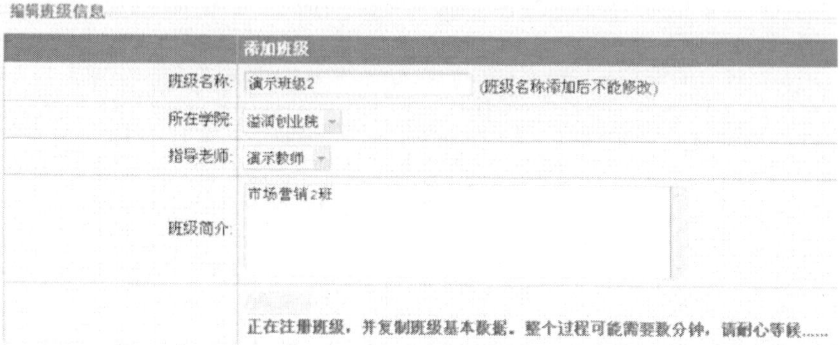

圖 1-5

教師端使用

在第一次使用時，通過實驗管理者分配的用戶名和密碼從教師入口登錄。

在登錄首頁面，教師根據管理員提供的初始用戶名和密碼，進行登錄，進入教師端頁面（圖1-6）：

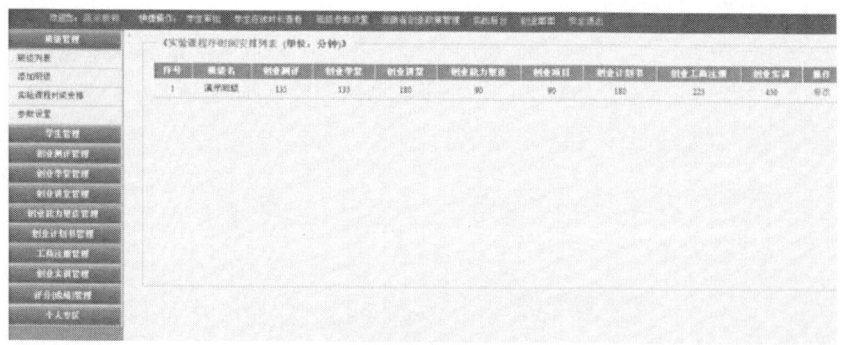

圖 1-6

（1）班級管理

教師可以在班級管理中添加、修改、刪除班級，班級名稱添加后不可做修改，添加時應注意操作得當。

操作步驟：點擊「班級管理」下的「班級列表」，即可顯示所有班級的列表，點擊修改按鈕，即可顯示以下界面，將修改的信息填寫完畢后，點擊「提交」按鈕，則修改成功（圖1-7）。

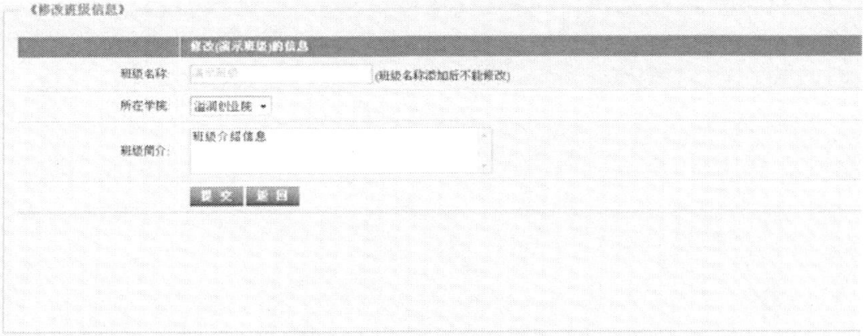

圖 1-7

（2）添加班級

點擊「班級管理」下的「添加班級」，顯示以下界面，輸入相應的班級信息，點擊「提交」按鈕，即可實現班級的添加。如下圖1-8所示：

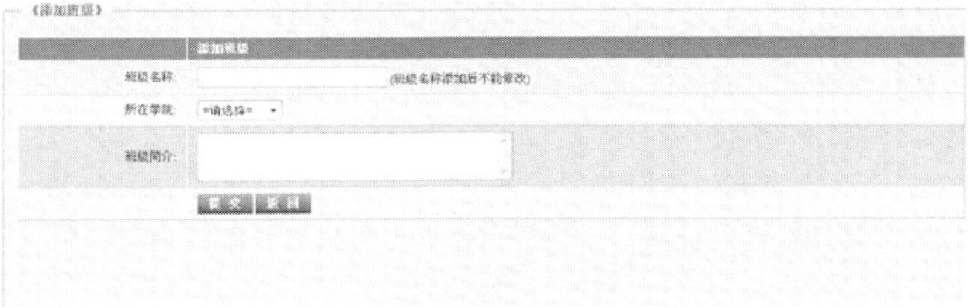

圖 1-8

（3）實驗課程時間安排

教師可以查看自己制定的課時安排，也可在此模塊下對參數以及課時進行修改，方便教師根據實際教課需要進行調整（圖1-9）。

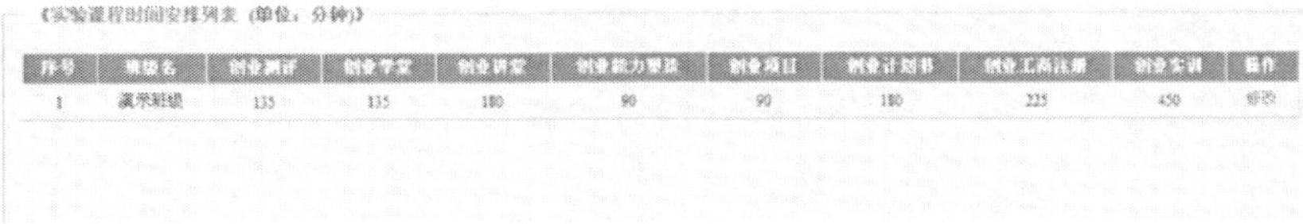

圖 1-9

點擊「修改」按鈕，即可顯示以下界面：教師點擊「開啓」，學生才可以在該班級下進行註冊，教師可以根據教學的需要，在自己將在課堂上講解的模塊點「√」，學生便可根據教師的講解進行實訓，其他未打「√」的模塊，學生不可使用。教師可以修改自己的課時安排的時間、修改評分的標準。

（4）班級參數設置

此功能模塊便於控制學生依據教師課時安排進行操作。教師可以任意開啓或關閉學生端操作模塊，並可以進行課時和評分參數的設置。

（5）學生查詢

在教師端左側學生管理模塊下，教師可以對學生進行查詢，並瞭解到所在班級的學生人數，以及學生的狀態（圖1-10）：

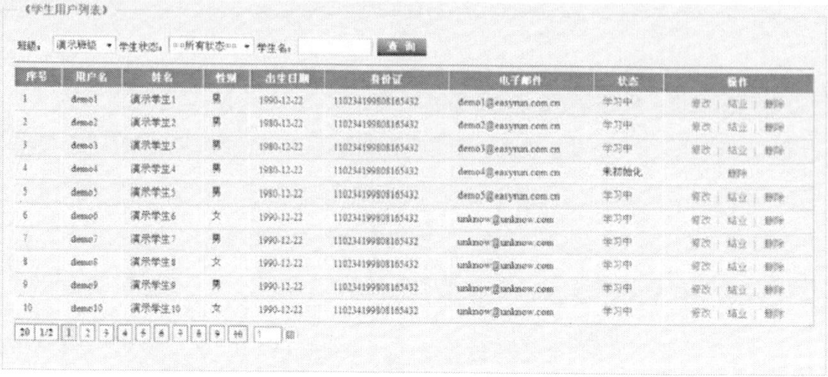

圖1-10

教師可以在該頁面查看學生的登錄名、真實姓名、密碼及其他個人信息，點擊「修改」按鈕，即可對學生信息進行修改。若不需要修改，點擊學生信息頁面的「返回」按鈕，返回學生用戶列表頁面。

（6）學生審核

教師可以在后臺對學生的狀態進行查詢；教師要對學生註冊用戶進行審核，審核后的學生才能在系統中進行實戰演練；圖1-11為學生審核界面：教師對未審核的學生，直接點擊「審核」按鈕，即可完成對學生的審核。

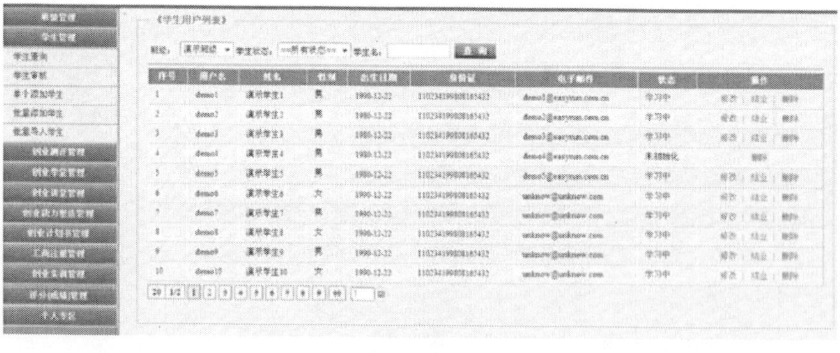

圖1-11

（7）單個添加、批量添加、批量導入學生

教師可以對學生進行單個添加、也可批量添加，如果教師有自製的Excel表格，也可以批量導入。下圖為三種添加方式的視圖：

單個添加：將學生的信息填寫完畢，點擊「提交」按鈕，即完成了學生用戶的添加（圖1-12）。

圖 1-12

批量添加：選擇要添加學生所在的班級，用戶名前綴，可以採取「stu」（即學生的英文縮寫），后綴長度根據教師要添加的人數來確定所填的數字，如此處填「1」，則生成的學生人數為「01-0XX」，若填寫「2」，則生成的學生人數為「001-00XX」，生成學生人數即是本次要添加的學生總數（圖 1-13）。

圖 1-13

批量導入：選擇要添加學生所在的班級，點擊「預覽」按鈕，導入要添加的學生的 Excel 表格。下圖為批量導入學生的界面（圖 1-14）。

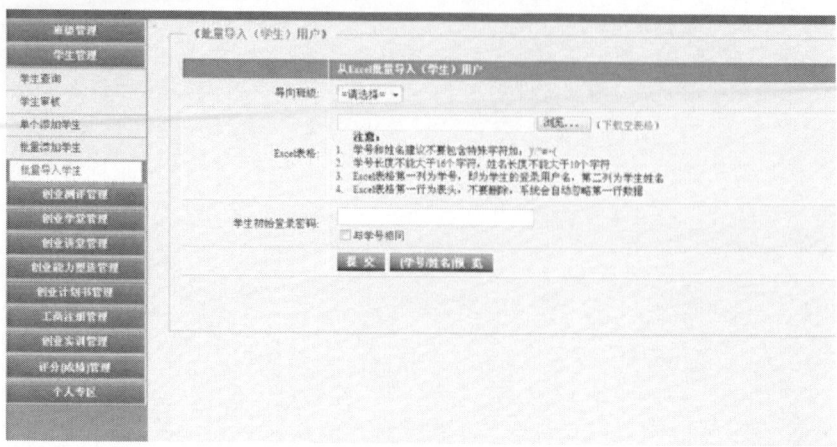

圖 1-14

第三步，虛擬仿真驗證性實訓(學習、視頻、文章閱讀、書籍推薦、文章評論)。
1. 創業學堂（圖 1-15、圖 1-16）

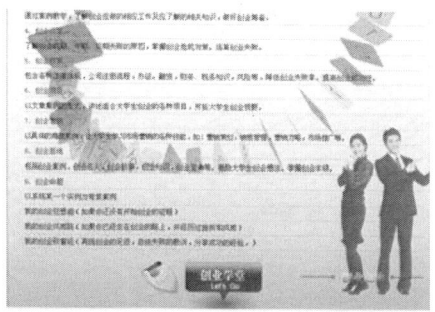

圖 1-15　創業學堂界面

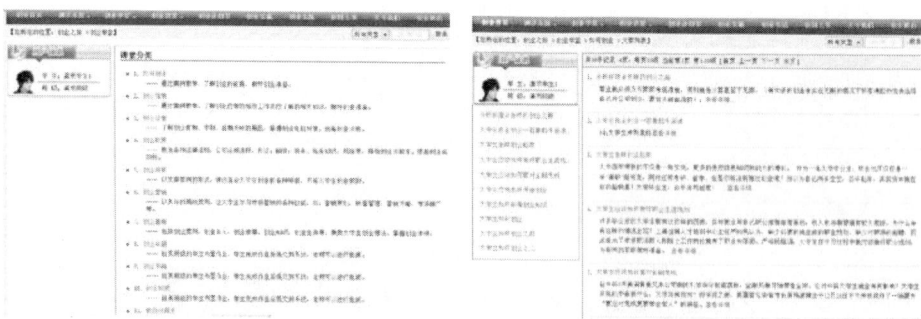

圖 1-16　如何創業

第一章 創業基礎

2. 文章閱讀（圖 1-17）

圖 1-17　對文章的評論

3. 創業視頻（圖 1-18）

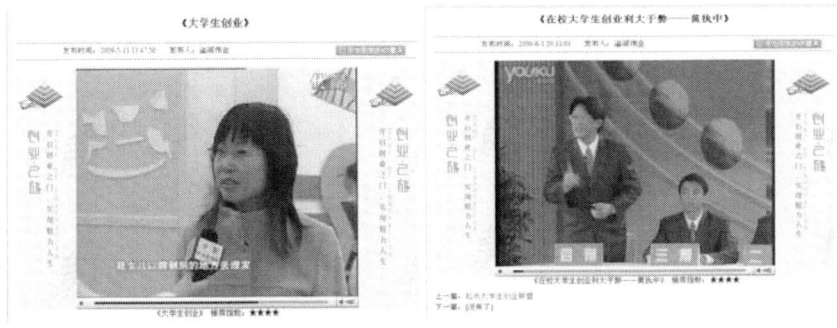

圖 1-18

4. 創業書籍（圖1-19）

圖1-19

5. 創業講堂（圖1-20至圖1-22）

圖1-20　創業講堂

圖 1-21　講堂題庫

圖 1-22　創業講堂文章

第四步，創業力測評。

1. 創業之旅登錄界面

登錄創業模擬實訓平臺（圖 1-23）。

圖 1-23

2. 創業潛質測評

進入創業潛質測評系統（圖1-24）。

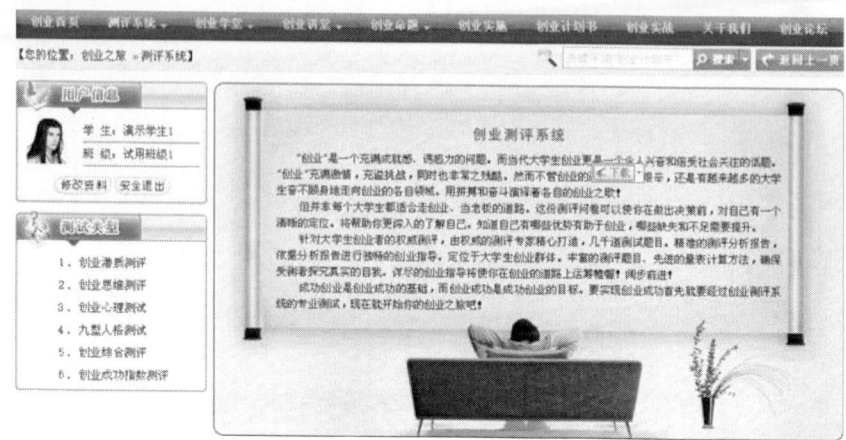

圖1-24

系統以FLASH畫軸方式展開測評過程：

第一，性格偏向（圖1-25）。

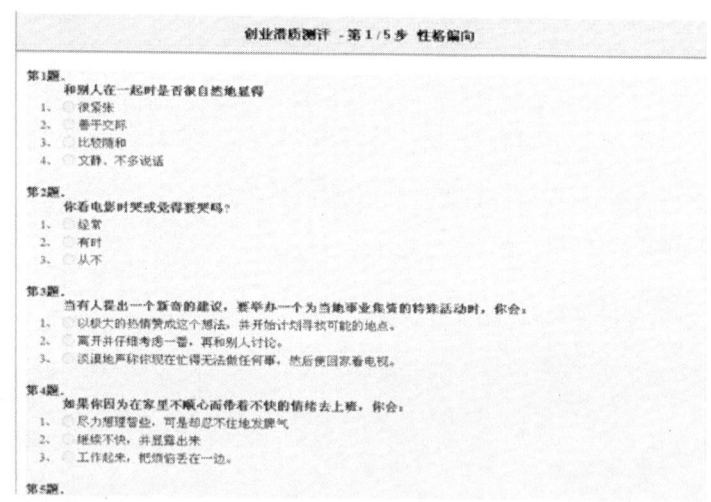

圖1-25

第二，知識水平測試（圖1-26）。

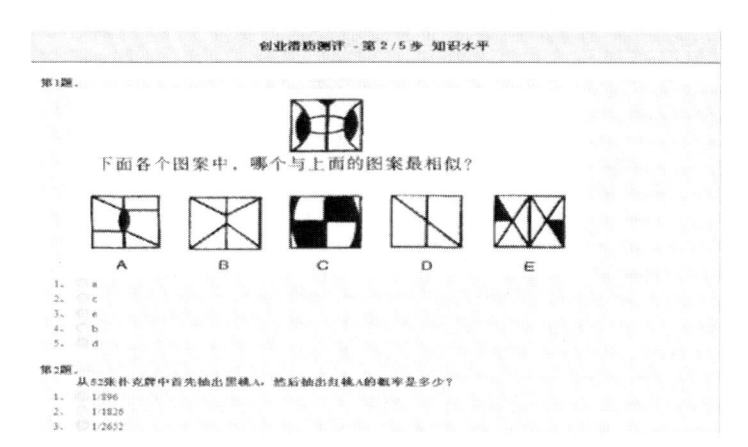

圖 1-26

第三，學習能力測評（圖 1-27）。

圖 1-27

第四，創業思維測評（圖 1-28）。

圖 1-28

第五，可塑性（圖1-29）。

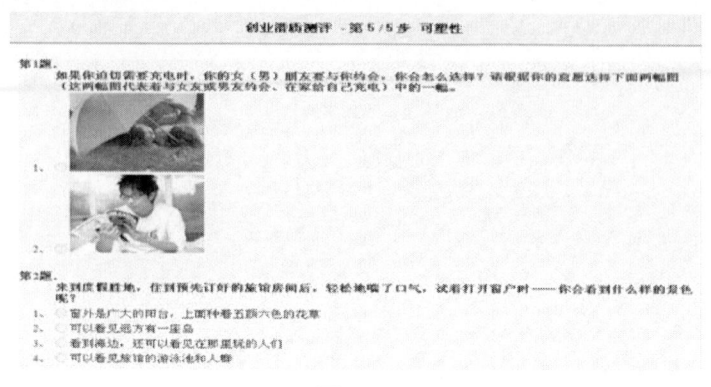

圖1-29

測評結果（圖1-30）：

圖1-30

3. 創業思維測評（圖1-31）

圖1-31

測評結果：（圖 1-32）

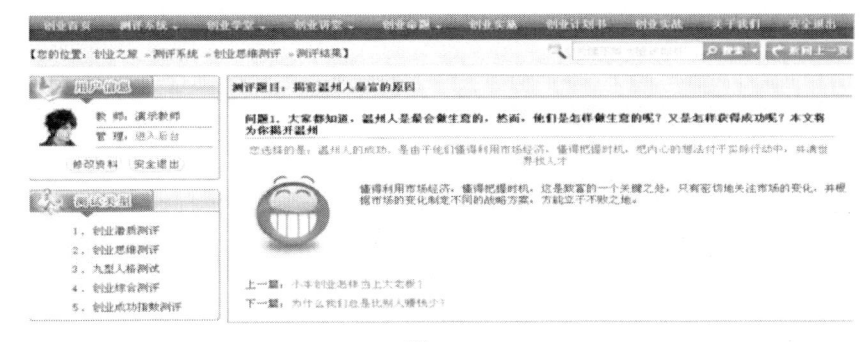

圖 1-32

創業排行榜（圖 1-33）：

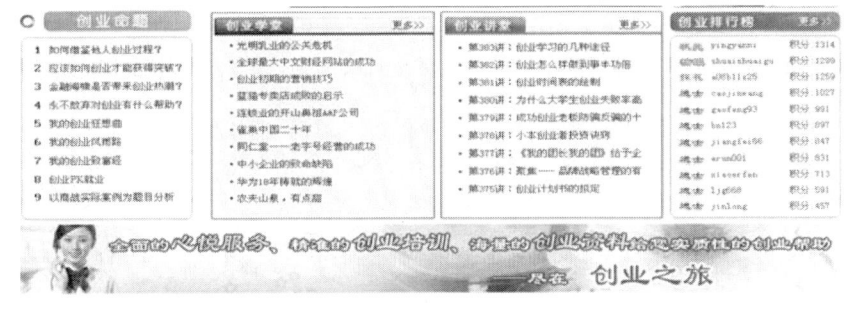

圖 1-33

4. 創業九型人格測評（圖 1-34）

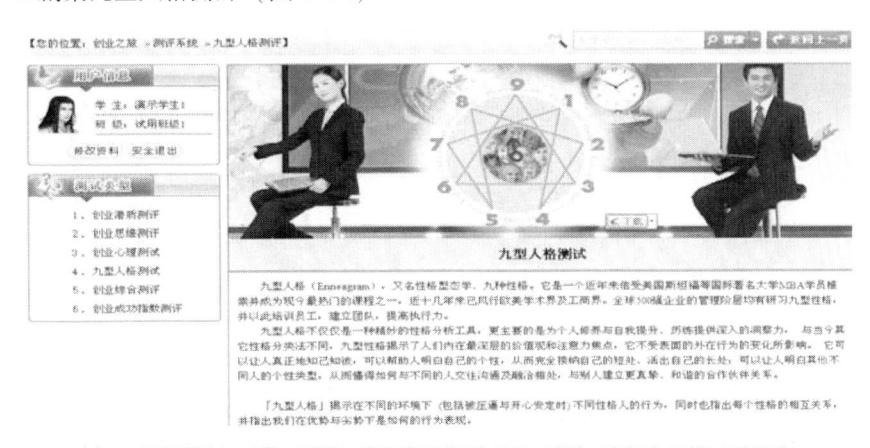

圖 1-34

測試結果（圖1-35）：

圖 1-35

5. 創業智商測評

共39題，採取動畫（FLASH）形式，系統自動出題、評分（圖1-36）。

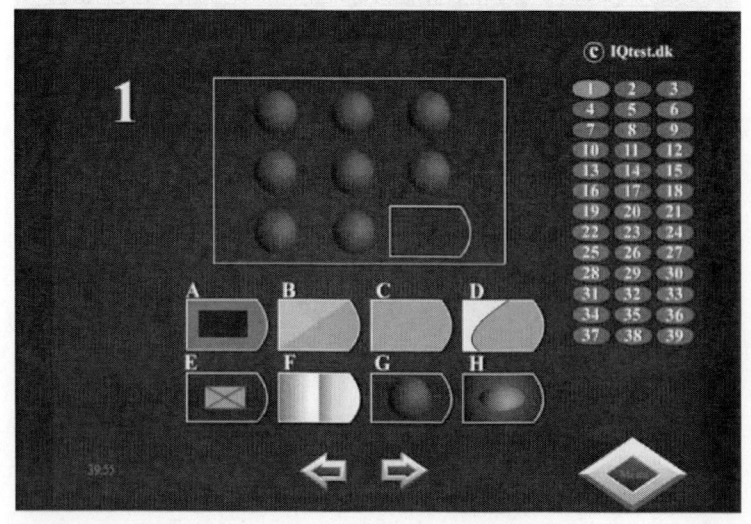

圖 1-36

測試結果（圖 1-37）：

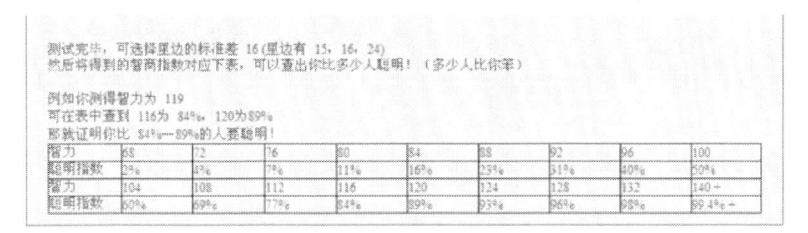

圖 1-37

6. 創業心理測評之一（圖 1-38）

這是一份來自英國的權威測評，受測者數以億計，其準確率之高超出想像。

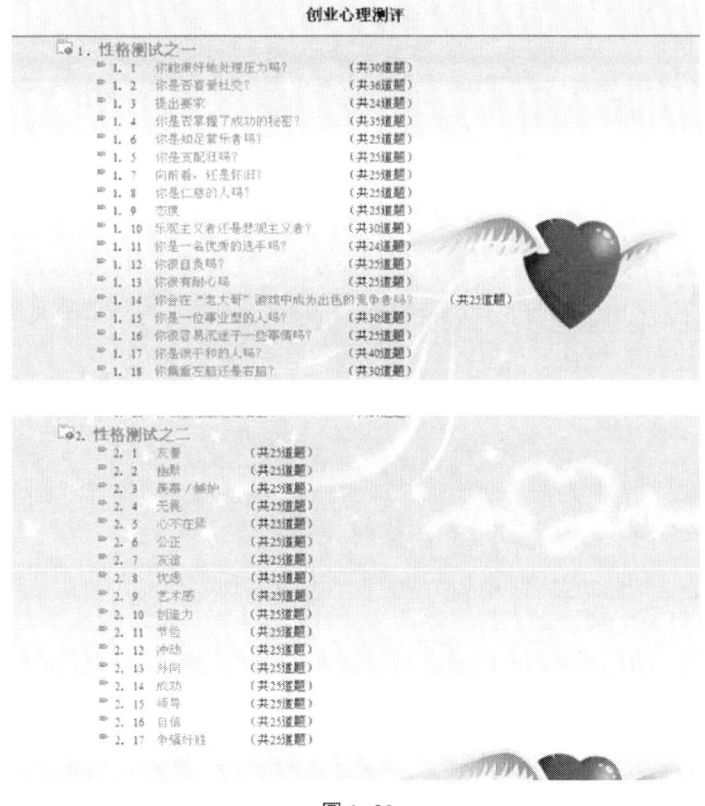

圖 1-38

第一，創業心理測評過程（圖 1-39）。

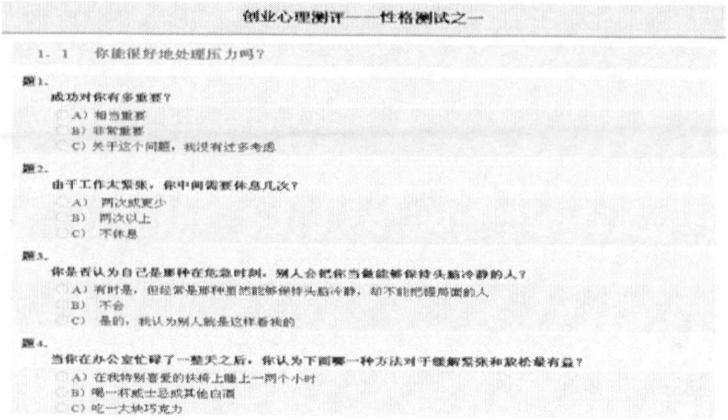

创业心理测评——性格测试之一

1. 1　你能很好地处理压力吗？

题1.

成功对你有多重要？

A）相当重要

B）非常重要

C）关于这个问题，我没有过多考虑

题2.

由于工作太紧张，你中间需要休息几次？

A）两次或更少

B）两次以上

C）不休息

题3.

你是否认为自己是那种在危急时刻，别人会把你当做能够保持头脑冷静的人？

A）有时是，但经常是那种虽然能够保持头脑冷静，却不能把握局面的人

B）不会

C）是的，我认为别人就是这样看我的

题4.

当你在办公室忙碌了一整天之后，你认为下面哪一种方法对于缓解紧张和放松最有益？

A）在我特别喜爱的扶椅上睡上一两个小时

B）喝一杯威士忌或其他白酒

C）吃一大块巧克力

圖 1-39

第二，創業心理測評結果（圖 1-40）。

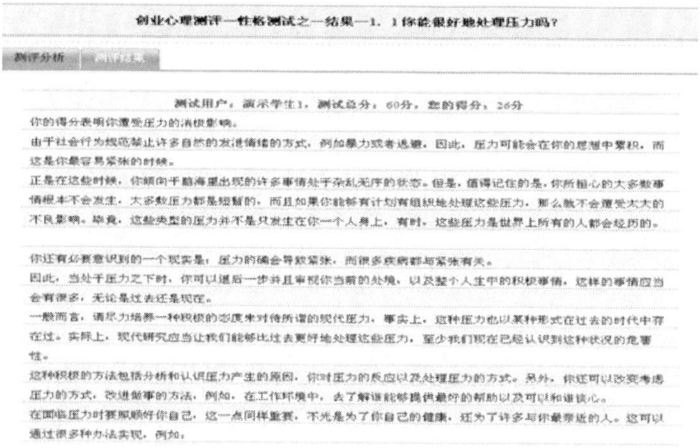

创业心理测评—性格测试之一结果—1. 1你能很好地处理压力吗？

测评分析　测评结果

测试用户：演示学生1，测试总分：60分，您的得分：26分

你的得分表明你遭受压力的消极影响。

由于社会行为规范禁止许多自然的发泄情绪的方式，例如暴力或者逃避。因此，压力可能会在你的思潮中累积。而这是你最容易紧张的时候。

正是在这些时候，你倾向于脑海里出现的许多事情处于杂乱无序的状态。但是，值得记住的是，你所担心的大多数事情根本不会发生，大多数压力都是短暂的，而且如果你能够有计划有组织地处理这些压力，那么就不会遭受太大的不良影响。毕竟，这些典型的压力并不是只发生在你一个人身上，有时，这些压力是世界上所有的人都会经历的。

你还有必要意识到的一个现实是：压力的确会导致紧张，而很多疾病都与紧张有关。

因此，当处于压力之下时，你可以退后一步并且审视你当前的处境，以及整个人生中的积极事情，这样的事情应当会有很多，无论是过去还是现在。

一般而言，请尽力培养一种积极的态度来对待所谓的现代压力，事实上，这种压力也以某种形式在过去的时代中存在过。实际上，现代研究应当让我们能够比过去更好地处理这些压力，至少我们现在已经认识到这种状况的危害性。

这种积极的方法包括分析和认识压力产生的原因，你对压力的反应以及处理压力的方式。另外，你还可以改变考虑压力的方式，改进做事的方法，例如，在工作环境中，去了解谁能够提供最好的帮助以及可以和谁谈心。

在面临压力时要照顾好你自己，这一点同样重要，不光是为了你自己的健康，还为了许多与你最亲近的人。这可以通过很多种办法实现，例如：

圖 1-40

第三，測評分析（圖 1-41）。

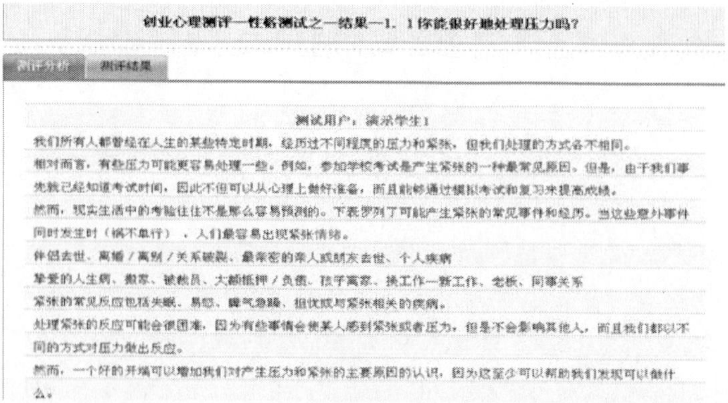

创业心理测评—性格测试之一结果—1. 1你能很好地处理压力吗？

测评分析　测评结果

测试用户：演示学生1

我们所有人都曾经在人生的某些特定时期，经历过不同程度的压力和紧张，但我们处理的方式各不相同。

相对而言，有些压力可能更容易处理一些，例如，参加学校考试是产生紧张的一种最常见原因。但是，由于我们事先就已经知道考试时间，因此不但可以从心理上做好准备，而且能够通过模拟考试和复习来提高成绩。

然而，现实生活中的考验往往不是那么容易预测的。下表罗列了可能产生紧张的常见事件和经历。当这些意外事件同时发生时（祸不单行），人们最容易出现紧张情绪。

伴侣去世、离婚／离别／关系破裂、最亲密的亲人或朋友去世、个人疾病

挚爱的人生病、搬家、被裁员、大额抵押／负债、孩子离家、换工作—新工作、老板、同事关系

紧张的常见反应包括失眠、易怒、脾气急躁、担忧或与紧张相关的疾病。

处理紧张的反应可能会很困难，因为有些事情会使某人感到紧张或者压力，但是不会影响其他人，而且我们都以不同的方式对压力做出反应。

然而，一个好的开端可以增加我们对产生压力和紧张的主要原因的认识，因为这至少可以帮助我们发现可以做什么。

圖 1-41

7. 創業心理測評之二（圖1-42）

圖1-42

創業心理測評過程之二（圖1-43）：

圖1-43

創業心理測評之二測評結果（圖1-44）：

圖 1-44

性格測試—你能很好的處理壓力嗎？（圖 1-45）

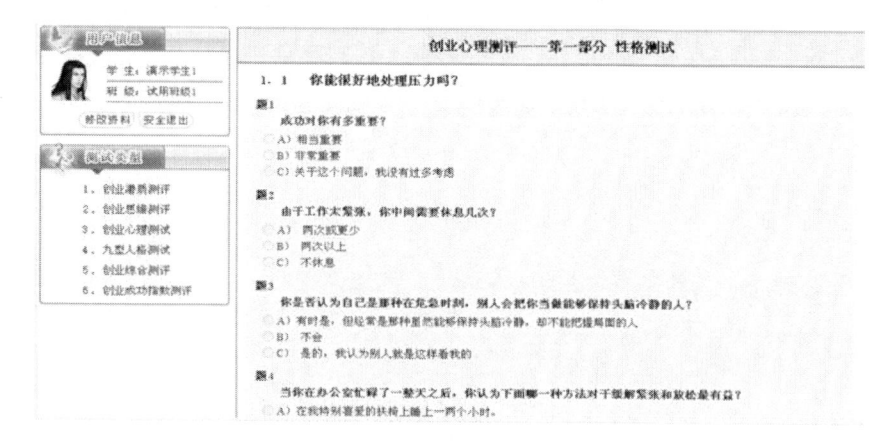

圖 1-45

測評分析（圖 1-46）：

圖 1-46

測評結果（圖1-47）：

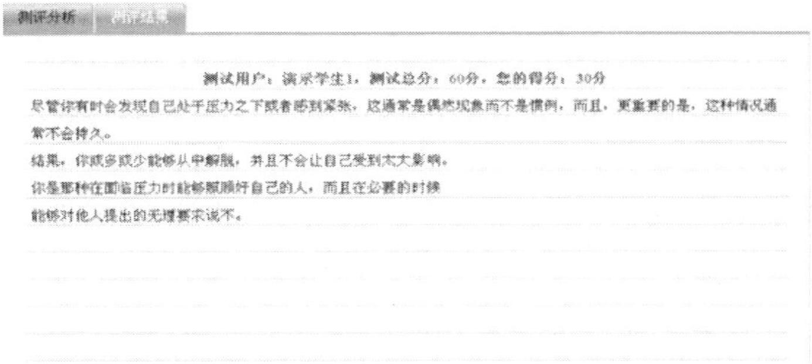

圖1-47

你是否喜歡社交？（圖1-48）

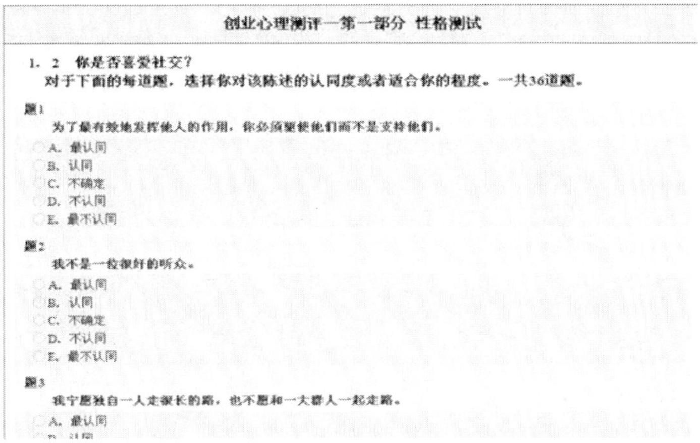

圖1-48

測評結果（圖1-49）：

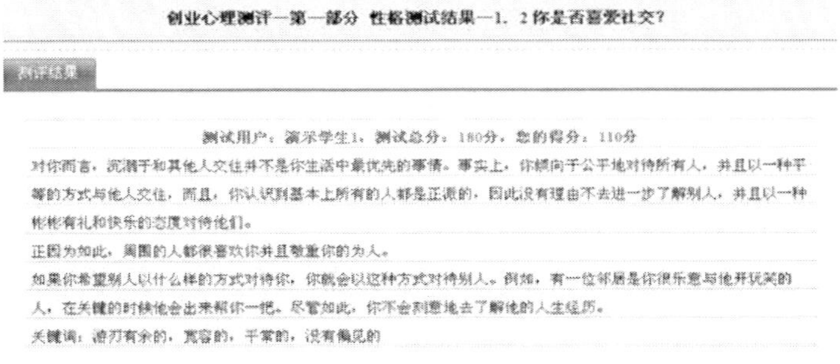

圖1-49

8. 創業綜合測評（圖1-50）

圖1-50

創業成功指數測評（圖1-51）

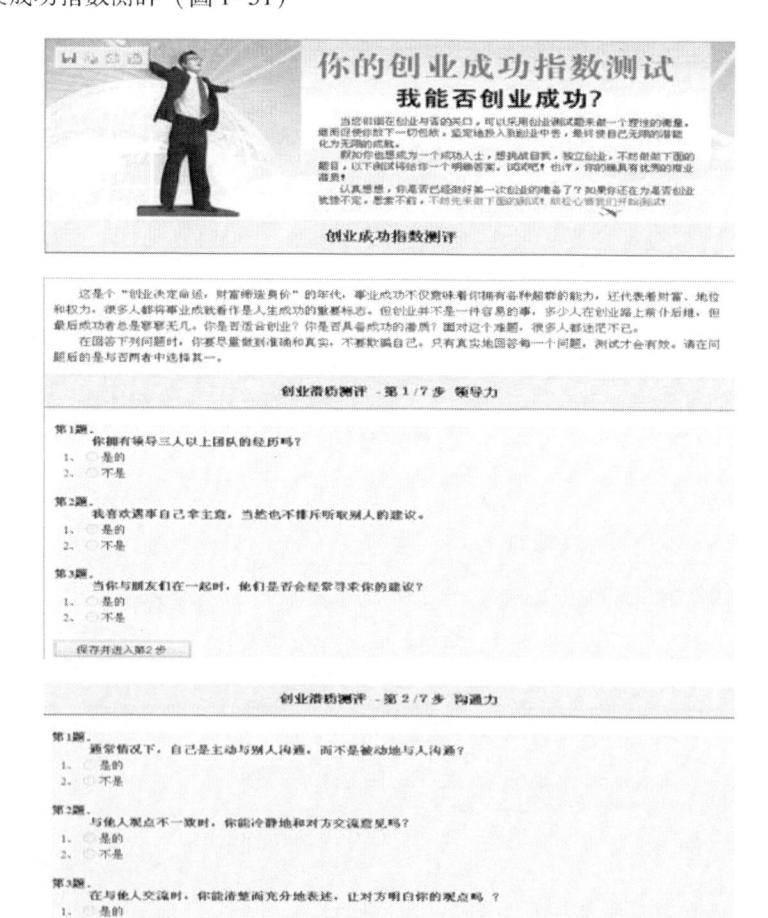

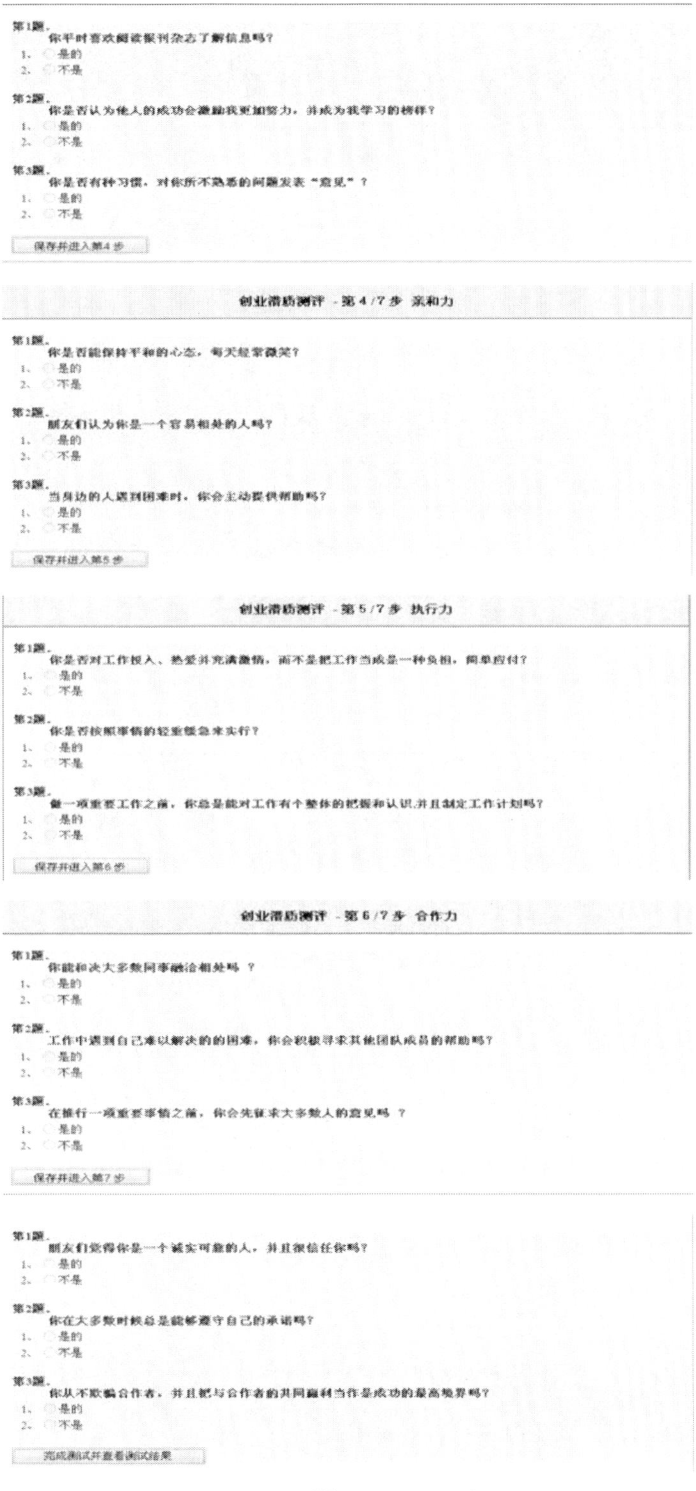

第1題．
你平时喜欢阅读报刊杂志了解信息吗？
1、○ 是的
2、○ 不是

第2題．
你是否认为他人的成功会激励我更加努力，并成为我学习的榜样？
1、○ 是的
2、○ 不是

第3題．
你是否有种习惯，对你所不熟悉的问题发表"意见"？
1、○ 是的
2、○ 不是

[保存并进入第4步]

创业潜质测评 - 第4/7步 亲和力

第1題．
你是否能保持平和的心态，每天经常微笑？
1、○ 是的
2、○ 不是

第2題．
朋友们认为你是一个容易相处的人吗？
1、○ 是的
2、○ 不是

第3題．
当身边的人遇到困难时，你会主动提供帮助吗？
1、○ 是的
2、○ 不是

[保存并进入第5步]

创业潜质测评 - 第5/7步 执行力

第1題．
你是否对工作投入、热爱并充满激情，而不是把工作当成是一种负担，简单应付？
1、○ 是的
2、○ 不是

第2題．
你是否按照事情的轻重缓急来实行？
1、○ 是的
2、○ 不是

第3題．
做一项重要工作之前，你总是能对工作有个整体的把握和认识，并且制定工作计划吗？
1、○ 是的
2、○ 不是

[保存并进入第6步]

创业潜质测评 - 第6/7步 合作力

第1題．
你能和大多数同事融洽相处吗？
1、○ 是的
2、○ 不是

第2題．
工作中遇到自己难以解决的困难，你会积极寻求其他团队成员的帮助吗？
1、○ 是的
2、○ 不是

第3題．
在推行一项重要事情之前，你会先征求大多数人的意见吗？
1、○ 是的
2、○ 不是

[保存并进入第7步]

第1題．
朋友们觉得你是一个诚实可靠的人，并且很信任你吗？
1、○ 是的
2、○ 不是

第2題．
你在大多数时候总是能够遵守自己的承诺吗？
1、○ 是的
2、○ 不是

第3題．
你从不欺骗合作者，并且把与合作者的共同赢利当作是成功的最高境界吗？
1、○ 是的
2、○ 不是

[完成测试并查看测试结果]

圖 1-51

創業成功指數測評結果（圖 1-52）：

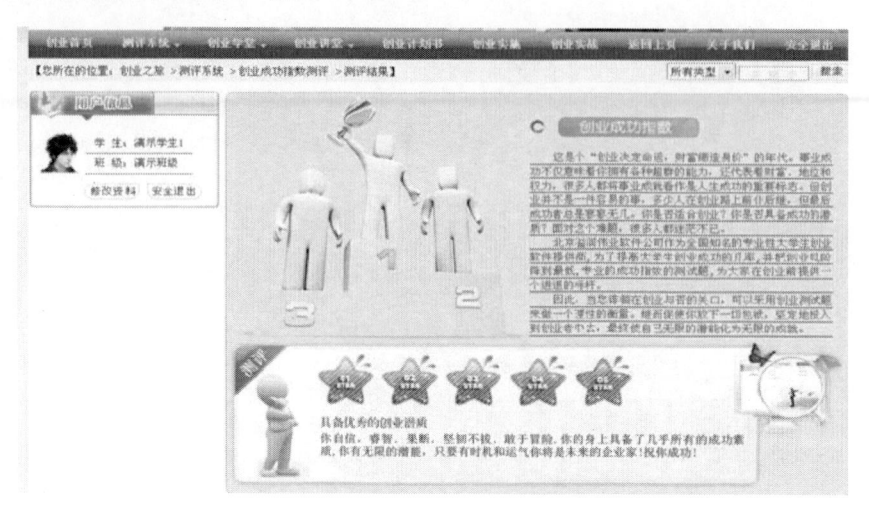

圖 1-52

四、實訓記錄與數據處理要求

數據記錄表格：

表 1-1

≪創業測評實訓≫					
實驗項目名稱		實驗時間		實驗地點	
實驗類型		實驗設備			
實驗要求	1 2				
實驗步驟	實驗內容				完成情況
1 2 3					
數據處理情況					

五、實訓中注意事項

1. 注意實訓視頻中關鍵詞和經典案例的收集、分析整理；

2. 注意實訓中案例分析一般規律，從現象入手瞭解事物本質，從而得出一些規律性內容，進而提升自己分析問題和解決問題的能力。

六、創業精神總結實訓報告（自己課余完成）

以小組或個人為單位，提交 2,000 字左右的報告書。

討論與思考

1. 我們為什麼要創業？創業目的是什麼？

2. 在「大眾創業，萬眾創新」大背景下，我們大學生應該怎樣抓住這次機會來實現自己的創業夢想？

3. 你打算提升自己的創業意識嗎？你能長時間地保持創業激情嗎？你能承受創業初期的風險嗎？

4. 你最崇拜的創業者是誰？你能從他的經歷中說出他的三個創業精神嗎？你最欣賞他創業精神中的哪一點？你有信心超越他嗎？

5. 你將如何培育自己的創業精神？

6. 討論：開始創業，是否需要改變一個人的心態、生活和工作方式？在彌補一個人創業條件不足方面，應該怎麼做。

7. 討論分析，列舉你熟悉的創業成功和失敗的人和事，結合本章節內容，你覺得從他們的案例中學到了什麼？還有哪些需要改進？你如果創業應該怎麼做？

第二章　創業項目選擇與市場分析

小王通過創業基礎學習和自身創業能力測評，激發了自己的創業激情；他找到導師，準備創業。導師看著他問：你的創業項目是什麼？從什麼地方來？能比較分析項目優劣嗎？帶著此問題，他開始第二階段旅行。

第一節　創業項目基礎知識

一、創業項目

（一）項目

項目是指一系列獨特的、複雜的並相互關聯的活動，這些活動有著一個明確的目標或目的，必須在特定的時間、預算、資源限定內，依據規範完成。項目通常有以下一些基本特徵：項目開發是為了實現一個或一組特定目標；項目受到預算、時間和資源的限制；項目的複雜性和一次性；項目是以客戶為中心的。

項目參數包括項目範圍、質量、成本、時間、資源。以下活動都可以稱為一個項目：

開發一項新產品計劃

舉行一項大型活動（如策劃組織婚禮、大型國際會議等）

策劃一次自駕遊旅遊

企業資源計劃（ERP）的諮詢、開發、實施與培訓

（二）創業項目

創業項目是指創業時選擇的一個，能實現自我價值、具有一定市場前景和經濟效益的活動，是創業的切入點，創業項目的選擇正確與否直接關係到創業的興衰成敗。

創業是發現市場機會，尋找市場項目的過程，通過項目投資來滿足市場需求。對於一個成功的創業者，就是要善於尋找項目，發現商機。創業項目分類如下：

（1）從觀念上來看，創業項目分為傳統創業、新興創業以及最新興起的微創業。

（2）從方法上來看，創業項目分為實業創業和網路創業。

（3）從投資上來看，創業項目分為無本創業、小本創業、微創業等。

（4）從方式上來看，創業項目分為自主創業、加盟創業、體驗式培訓創業和創業方案指導創業。

自主創業需要資金鏈、人員、場地、產品等多項內容的系統化規劃，創業起步較高，風險較大；加盟方式的創業比較普遍，而且比較正統、專業、規模化。但同時創業者也需要從資金和經驗問題，客觀地考慮選擇加盟項目。

二、創業項目信息獲取

創業信息獲取，是創業成功的關鍵，信息來源是多渠道的，我們對信息的取捨最為重要。對信息取捨應該是前瞻性的，俗話說：「生意人要有三只眼，看天看地看久遠。」我們的信息來源主要有以下幾個方面：

（一）從日常生活中調研創業信息

有句話叫：處處留心皆學問。學問就是信息，處處留心，處處有信息，處處就有發財的機會。在日常創業中，多數是對信息處理感覺到束手無策，原因是他們不知道哪裡去找信息，哪些信息是有用的。另一種情況就是面對眾多的信息，不知去偽存真，去粗取精，正確地使用信息是我們把握機遇，創業成功的關鍵因素。

創業小故事 2.1

蔣瑞麗一碗湯讓他創業成功。蔣瑞麗是一位普通的南京市民，下崗後一直沒有工作，創業無門。由於她的家在南京市婦幼保健醫院附近，產婦是一個最大的消費群體。絕大多數家屬為了產婦和寶寶的健康，也為了產婦生產時能夠順利，生產後恢復更快，在營養品上通常是不計價錢，只認好的，有營養的，安全的，蔣瑞麗抓住了產婦和家屬的這一心理，實現了她的創業的夢想。成為南京有名的湯嫂。

1996 年，上海保溫瓶廠花費了 10 年時間，消耗了大量的人力和物力，終於試驗成功了以鎂代銀的鍍膜技術，生產出來後本想市場前景一片光明。結果在廣交會上才發現早在 1929 年就由英國的一家公司試驗成功。

被稱為香港「假髮之父」的華裔富商劉文漢，則是在餐桌上憑一句話的信息而發家的。1955 的一天，劉文漢在美國克利蘭市的一家餐館裡和兩個美國商人共進午餐。席間，他們談到如何開創一門新副業，使之在美國得到暢銷，其中一個美國商人開玩笑似的說了兩個字「假髮」。劉文漢反問一句：「假髮？」那人點點頭說：「假髮。」言者無意，聽者有心。當時連假髮是什麼都不知道的劉文漢憑著他敏銳的感覺和聰明的頭腦，認為假髮會給他帶來財富。於是他千方百計地找到當時在香港、九龍獨一無二的造型師，經過假髮師的幫助，劉文漢生產出品質優良的假髮。劉文漢的假髮製造業為他開創了史無前例的黃金時代，香港也差不多在一夜之間成為假髮製造業之都！

每一個人都是一個信息源，人們在日常生活中吸引著信息，也在傳播著信息。尤其是與你選擇項目有關的消費者，同行業從業人員，及相關企業的行銷人員，往往能夠提供大量的、直接的寶貴信息。你的熟人、親戚、朋友、老同學、老部下、老戰友、老同事、童年的夥伴、現在的鄰居、從前的客戶、一個俱樂部的成員等都是你的信息源。

(二) 從現代傳媒獲取信息

計算機網路等媒體，攜帶的信息量大、面廣、新。現代傳媒和信息工具十分發達，讓人應接不暇，廣播、電視、報紙、雜誌、統計報表，很多有價值的信息，可能是在你不經意的時候發現的，做個有心人，你會從現代傳媒和信息工具中發現許多有價值的信息。真所謂「踏破鐵鞋無覓處，得來全不費工夫」。武漢市衛生局一職工，在瀏覽衛生與健康小報時，無意中讀到一則消息：湖北荊門一老中醫，潛心研究數十年，終於研製成一種中藥配方，對一直沒有特效藥的幽門杆菌有奇效。他讀到這一消息後，立即聯想到，患胃病的人那麼多，為什麼不將這種藥生產出來投放市場呢？他拉了三個志同道合的人立即奔赴荊門，將老中醫的藥方買下，又湊了幾千元錢，辭職南下到珠海辦廠。幾年後他們的產品「麗珠得樂」家喻戶曉，暢銷全國。「世上無難事，只怕有心人」，只要你做個有心人，就會從現有傳媒中獲取大量有價值的信息。

如果可能的話，你可以訂幾份與你開展的業務有關的報刊、雜誌，建立幾條固定的信息渠道。比如搞行銷的，可以訂《市場報》《經濟信息報》；搞外貿的可以定《國際商報》《外經貿信息》等；搞裁剪的可以訂《服裝與裁剪》雜誌；搞股票的要訂有關證券的報刊；搞裝修的不妨訂《家具與生活》《現代裝修》等雜誌；搞食品的可以訂《食品衛生》雜誌，等等，有針對性地獲取傳媒信息，不僅能為你提供商務信息，而且會為你不斷提供各類專業知識，行業發展動態，使你開闊眼界。

(三) 從官方或官方服務機構獲取信息

地方政府或政府服務機構是信息的重要來源。如工商、稅務、統計、物價、經濟計劃部門、消費者協會、新聞機構等部門，這些部門處於社會經濟生活的關鍵地位，信息來源更具權威性。獲得這些政府機關的信息一般有三種方式：一是從它定期或不定期的公告或公開發布的消息獲得；二是從它的信息服務中心以及有關定期或不定期編印的信息資源查詢獲得；三是通過有針對性的走訪和諮詢獲得。政府的一項政策出抬或一些政府行為的實施將會對你的業務產生很大影響。政府支持或鼓勵要辦的事情，你仔細研究評估後，應盡快去辦。

比如，在北方有一個城市，市民普遍反應吃早飯難，市政府號召國家、集體、個人一起想辦法，解決市民吃早點難的問題，動作快的生意人立即行動，有一個個體飯店老闆馬上添置了幾輛食品車，辦起了流動早點車，方便了市民，又取得了良好的經濟效益，並被新聞媒體宣傳報導。他借勢發揮，為一些單位職工早午用餐和外來旅遊人員提供快餐，一年下來，流動快餐車的收入，遠遠高於他辦飯店的收入。現在，每天都可以看到他印有特色標誌的快餐車穿梭於大街小巷。

同時，還要特別注意政府的一些管理政策和措施的出抬，以使你早有準備，規範經營行為。如物價大檢查、食品衛生大檢查、文化音像市場大檢查、技術監督和工商部門的打假行為等，雖然這些都是一些政府經常性的行為，但每次採取行動前，政府都會通過不同渠道發布信息，如某個領導人講話，某次會議報導，某次新聞專訪等，如果你不注意這方面的信息，沒有準備，面對突如其來的檢查會很被動，或者會有不應有的損失。因此，不能只埋頭做生意，還應關心國家大事，至少是關心你所在城市

與社區的政府行為,重視這方面的信息來源,會使你的生意平安順利。

(四) 從圖書館、書店、專利情報所、檔案館、郵電局獲取信息

從圖書館和書店你可以借到和買到有關信息資料,如行業法規、政策、專業知識和經營策略、企業名錄、行業分類、概況、發展趨勢、前景預測及各類統計資料。

從專利局、情報所、檔案館可以查到你所需求的技術資料、企業資料、國內外各類機構、科研單位資料、最新科技成果等有用信息。

從郵電局你可以買到完整的電話號碼簿。幾萬甚至幾十萬個電話號碼的用戶都是你的潛在顧客。如果你有辦法,你還可以獲得手機號碼資料,這些手機持有者是你從事高檔消費業務和發展消費會員的潛在顧客。

創業小故事 2.2
氣味圖書館初探嗅覺產業

王志和林雨喜結連理緣於一瓶「老式圖書館」味道的香水。這瓶香水來自北京三里屯一家名叫「Demeter」氣味圖書館的香水店,據說是把平裝書、灰塵與霉味三種氣味混合在一起,製作成了老式圖書館的氣味。王志就是用這股味道,讓林雨回想起了高中時代一起泡在學校那座舊圖書館的青澀時光,備受感動。氣味圖書館位於三里屯,布置非常簡潔,純白色的木質展示櫃和牆壁,300個貼著奇怪名字的試聞盒,上面寫著雨后花園、灰塵、洗衣間、海、大麻花等氣味名。每瓶30毫升,售價285元。

「好多次經過這家店,看名字還以為是書店,偶然間發現它竟然是香水店,來過一次之后就愛上這家店了。」顧客劉欣說話間正在試聞各種香水,「爽身粉,味道聞起來暖暖的。」店員介紹,混搭不同的味道,還能模仿各種生活場景,比如爆米花、灰塵、泡泡糖、膠皮和鐵銹味混合起來,據說就會產生老式電影院的氣味;香草冰激凌、蠟筆、培樂多彩泥混合起來,會產生童年的味道。

1985年出生的婁楠石是氣味圖書館的創始人。她16歲便遠赴新西蘭,畢業於奧克蘭大學當代藝術系。畢業後她曾經賣過古董表、服裝,入股過傳媒公司,做過報紙編輯。她也想過開室內設計公司,但由於競爭激烈並且市場空間有限,婁楠石覺得「不如另闢蹊徑,研究一下視覺以外的感官」。

一個偶然的機會,楠石接觸到了「Demeter Fragrance Library」這個擁有將近300種味道的香水品牌。經過一番研究,2008年,婁楠石從新西蘭回國後跟朋友合夥在香港成立了氣味圖書館公司。「我們希望能夠打造嗅覺產業,希望能夠搜集國外的各種與氣味有關的產品,並把它們帶到中國。」回想起當初的構想,婁楠石覺得自己很幸運地「瞄準」了一個潛力行業。

2008年聖誕節前,婁楠石在新西蘭成立了團隊,從開始尋找最適合的產品,到選定Demeter作為公司經營的第一種產品,他們花了8個月時間來做調研和前期準備。2009年4月,婁楠石拿到了Demeter大中華區的代理權,「當時對方的要求有一本書那麼厚,甚至具體到怎麼擺放香水」。幾經波折,Demeter最後非常滿意婁楠石團隊的策劃方案。2009年11月17日,氣味圖書館第一家店在三里屯Village開張,緊接著,上海第一家氣味體驗店也在世博會開幕之前開業。截至今年10月在沈陽、長春、上海、

杭州、成都、重慶、貴陽、深圳、臺中等多地開設了14家店鋪。開店之后生意一直火爆，「三里屯店平均每天銷售30瓶以上，每平方米產生的效益是周邊店的兩三倍」。獨特的味道吸引了不少「80后」「90后」，時尚明星周迅、何靈、鐘麗緹、小S也成了店裡的常客。「上海田子坊店的生意更好」。

今年，Demeter的首席執行官在看了上海田子坊店之后說，他這一輩子最開心的事情之一，就是看到Demeter產品以一種全新的方式被陳列在上海。那一刻，婁楠石覺得創業所付出的所有努力都值了。某種程度上，依託一個擁有深厚根基的知名品牌僅僅是婁楠石成功的第一步，在此基礎上的不斷創新也許才是讓Demeter在中國煥發活力的根本所在。

婁楠石把他們的創業團隊定位為：「研究嗅覺，運用五感」。他們是傳達和挖掘氣味的人。在招聘過程中，他們既不看學歷，也不會在意來者是否有過相關的工作經驗。他們的團隊裡既有曾經的建築師、經紀人、工業設計師、電影人、攝影師、音樂人、媒體人，也有淘寶業主、自由職業者等。她的公司也沒有朝九晚五，沒有按部就班，大家走到一起只因為「氣味相投」。據介紹，Demeter在美國只是面向小眾市場，因為當地對香水的需求主要還是遮蓋體味，而這並非Demeter所長。但在香水以「玩」為主的中國，它模擬氣味的本事有可能會更受歡迎，而且它足夠有趣，能引起國內顧客對氣味的好奇心，用來培養「嗅覺消費習慣」再好不過。氣味圖書館體驗店的裝修方案都由北京總部提出，基本上都照著圖書館和實驗室兩種風格來設計，陳列用的家具也都是統一的白色。齊刷刷的五六排藥劑師櫃子，每一格裡都陳列著一種不同的氣味。為了呼應圖書館的氣氛，香水包裝也被設計成精裝書的形式。新穎、創意的細節體現得淋漓盡致。

(摘自《中國青年報》2010年12月30日)

(五) 從各類商會、行業協會、技術專業委員會等民間商業和群眾團體獲得信息

無論你是否參加各類商會、協會和群眾團體，這些機構都會有償或無償地為你提供商業信息，比如香港貿發局及其駐各地辦事處，公告歡迎客戶查詢它的信息，這些信息包括香港企業名錄和世界各國企業名錄，世界各地舉辦的各類展覽會，交易會的資料。各類商會也會向你提供所屬行業名錄和一些活動資料。當然，你最好加入一些商會或協會，或某種有用的信息網路，你將獲得穩定的、固定的信息來源。

(六) 從各類交易會、展覽會、商場及批發零售交易市場、集貿市場直接獲得信息

每一個地區和城市，或者行業都會定期不定期地舉辦各種商品展覽會、交易會、洽談會。會議期間，參展單位眾多，商賈雲集，置身其中你會發現無數商機。很多特約經銷、專營、代購、代銷業務都是在交易會期間，接觸並達成共識的。因為參展單位參展時間有限，會期過后，要長期開拓市場，必須與當地經營企業合作，利用當地企業優勢和渠道拓展其商品市場。通過交易會，你會獲得大量有用的產品信息、技術信息、價格信息和客戶資料。這是非常難得的獲取信息的渠道和機會。

你還可以到各類商場、批發零售市場和集貿市場觀察瞭解、詢問，直接獲得有關

商品種類、質量、開關、產地、價格等情況，瞭解到哪些商品熱銷，哪些商品滯銷，顧客的購買動機和購買行為。比如有一個精明的生意人，他在逛商場時發現外地的某種熱水器和浴缸暢銷，便立即打出了某種熱水器和浴缸的專業維修服務招牌，並主動與生產廠家聯繫，以其良好的服務和誠意，贏得生產廠家的信任，不僅同意特約維修，而且也同意其經銷廠家的產品和配件。

你也可以以一個打工者或顧客身分經常光顧你競爭對手的店鋪，瞭解他經銷或服務的特色、商品價格質量。從而獲得一手信息。

三、認識企業

項目的實現載體是企業，我們就應該瞭解它。

（一）認識企業

什麼是企業？

企業在現代漢語中的基本用法，主要指獨立的盈利性組織，它是以盈利為目的而進行商品生產和交換活動的經濟組織。在 20 世紀後期中國大陸改革開放與現代化建設，以及信息技術領域新概念大量湧入的背景下，「企業」一詞的用法有所變化，並不限於商業性或盈利組織（本書下文僅指以盈利為目的的企業）。

企業是從動態的角度看，企業是一個個人或一個群體，以盈利為目的而進行的商品生產和交換活動。一個企業既要從市場上採購商品（產品或服務），又要在市場上向顧客出售其生產加工的商品（產品或服務）。

這些經營活動形成了實物商品流和貨幣資金流：

（1）商品流——指從市場購買商品（設備、原料等），並向市場銷售商品（產品、服務等）的商品活動流。

（2）資金流——指資金支付（原材料費用、修理費用、租金等）和資金流入（銷售收入回款等）的資金活動流。

由於企業的目的是盈利，因此，流入企業的資金應多於流出的資金。一個經營成功的企業，可以連續多年通過有效的經營循環，不間斷地進行採購、生產、銷售活動。

（二）從企業創辦者的角度分析自己

企業的成敗取決於你自己。在你決定創業之前，應該分析評價一下自己，看看你自己是否具有創業的素質、技能和物質條件。成功的創業者之所以成功，不是因為他們走運，而是因為他們工作努力，並具有經營企業的素質和能力。思考以下問題並判斷你成功的可能性有多大。

承諾：要想成功，你得對你的企業要有所承諾，也就是說你得把你的企業看得非常重要，要全身心投入。你願意加班加點地工作嗎？

動機：如果你是真心想創辦企業，成功的可能性就大得多。你要問問自己，你為什麼想創辦自己的企業？如果你僅僅想有些事情可做，你創業成功的可能性就不大。

誠實：如果你做事不重信譽，名聲會不太好，這對你創辦企業是不利的，會對你的生意產生負面影響。

健康：你必須健康。沒有健康的身體，你將無法兌現自己對企業的承諾。要知道，為企業操勞會影響你的健康，你要衡量一下你的身體條件，是否適應辦企業的需要。

風險：世上沒有絕對保險的生意，失敗的風險隨時可能發生。你必須具有冒險精神，甘願承擔風險，但又不能盲目地去冒險。先看看你可以冒什麼樣的風險。

決策：在你辦企業的過程中，你必須做出許多決定。當要做出對企業有重大影響的決定而又難以抉擇時，你必須果斷。也許你不得不辭退勤勞而忠誠的員工，只要有必要，就得這麼做，不要都發不出工資了，還礙於情面保留雇員。

家庭狀況：辦企業將占用你很多時間，因此，得到家庭的支持尤其重要。你要徵求家庭成員的意見，如果他們同意你的創業想法，支持你的創業計劃，你就會有強有力的后盾。

技術能力：這是你生產產品或提供服務所需要的實用技能。技能的類型將取決於你計劃創辦的企業的類型。

企業管理技能：這是指經營你的企業所需要的技能。市場行銷技能固然重要，但把握其他經營企業的技能也很必要，如成本核算和做帳方面的技能等。

相關行業知識：對生意特點的認識和瞭解是最重要的，懂行就更容易成功。

創業小故事 2.3

大四學生艱苦創業兩年賺三百萬

他曾報考 7 所藝術類學校，專業成績全部進前 10 名，因為英語成績而未被錄取，如今卻能和世界各地的名模交談自如；他是一個從泰順山溝裡走出來的學生，大四還未畢業，就已經擁有兩家公司，月收入近 30 萬，身價過 300 萬；他的目標是全國各地都有自己的品牌專賣店，大街小巷裡都可以看到自己設計的服裝。他是如何成為百萬富翁的？成功背後有多少曲折、艱辛的故事？

浙江工程學院服裝設計與行銷商務專業大四學生擁有華泰服裝品牌策劃公司、法國豪雯服飾有限公司兩家公司，以及上海一個攝影基地（合夥）、杭派服飾城一個展示廳品牌專賣店已經遍及蘭州、西安、成都、重慶、哈爾濱、鄭州、南京等地共 900 多平方米，80 多臺縫紉機，150 多號工人。在臨近西湖的一座半新的樓房裡，好不容易才找到「豪雯服飾」四個紅字。辦公室不大，裡面掛滿了各式衣服，辦公桌上放了一本《由小做大——李嘉誠》。記者對吳立杰的採訪就在這簡陋的辦公室進行。吳立杰給記者的印象是：藍色的牛仔，黑色的 T 恤，平頭，淡藍色眼鏡，乾淨利落，看上去還是一副學生模樣，但是談起話來卻有幾分老練，內向、穩重、話語不多。

勤能補拙

剛進入大學開機關機都不知道。「我家住在泰順的一個山村，雖然父母做一點瓷器生意，但是自己不出去闖一闖，真的很難有出頭之日。」一直以來，吳立杰就有出去闖一番事業的決心。「記得剛進大學的時候，上電腦課，好多同學對電腦操作已經很熟練，而自己連開機關機都不清楚，都要請教同學。那個時候，流行泡網吧，我也不會弄，更不知道 QQ 是什麼東西，有一次在同學的 QQ 上和不認識的人聊天，她問我叫什麼名字，我竟然把真名告訴了她，因此被同學嘲笑。現在想想真的不可思議。」之後，

吳立杰痛下決心：要學好計算機。向老哥借了幾千塊錢買了電腦之後，又從新華書店買來了Coreldraw、3Dmax、Photoshop等設計類的書籍自學。「那個時候，不懂就問，問同學，問老師，虛心很重要。」三個月後，吳立杰已經能熟練運用這些軟件。之後就到兩家服裝公司兼職。

「上大學的費用都是自己賺的。給兩家公司做兼職，不但給他們做服裝設計，還學面料、進貨等知識，少的時候一個月拿400元，多的時候可以拿3,400多元。」吳立杰將自己兼職的收入再投入到學習、比賽當中。在這期間，吳立杰又拼命參加國內、國際比賽，並且在第二屆中央電視臺腦白金杯、中華杯、國際服裝設計大賽上獲獎。學校的櫥櫃裡，經常可以看到吳立杰獲獎的作品。

苦不堪言

在沙發上睡了一年多。大二暑假，吳立杰就在工商部門登記註冊了華泰服裝品牌策劃公司，立志為自己的理想奮鬥，這也為他日後成功創辦服裝公司埋下伏筆。「那個時候，學校在杭州的下沙，公司在朝暉的中山花園，每天早上六七點鐘從沙發上爬起來，然后走到杭州大廈附近坐328路公交車到學校上課，上完課馬上趕到公司。」吳說，「上課時，我非常專心，一般老師要求5月1日之前交作業，4月1日我就把作業交上去了。有一次老師要求交5張作業，我交了27張。完成任務後，就可以回公司做自己的東西。」從此吳立杰也告別了寢室生活。「晚上一般做設計做得很晚，沒有12點前睡覺的。為了省錢，就睡在公司的一張沙發上，一睡就是一年多，沙發都睡得凹進去了。一開始家裡人問我，我生怕家人擔心，都不敢說。」吳立杰笑了，「現在想想，值！」三個月入不敷出備受煎熬。公司開張後，並沒有想像中的那麼順利，三個月時間，只有出沒有進。「做兼職和自己管理公司不一樣，兼職不用擔心業務，而自己做企業，最大的困難就是沒有業務。」吳立杰經歷了三個月的煎熬。「中山花園的租金每個月都要5,000多元，加上人頭費、電腦等設備費，投入大約有30多萬元，這些錢都是父母做小生意的本錢，而每月開支非常大。一開始信心滿懷，但三個月後，連一個生意都沒有接到，心裡真的很慌，從來都沒那麼慌過。」吳立杰開始擔心自己的公司。幸好家裡人的全力支持，給了他勇氣。

步履維艱

第一個方案跑了28趟。為了減少開支，吳立杰每次出去談業務都是擠公交車。「但又不能表現出自己是坐公交車去的，否則人家會看不起你，每次快到人家公司的時候，先盡可能擦去身上的臭汗。」公司開張後，吳立杰就利用大一時在外面做兼職的經驗，主動出擊，尋求業務。只要大品牌能夠拿下，小品牌肯定會跟著上來，所以，一開始的目標就是先搞定一家大品牌公司，於是他鎖定了「三彩服飾」。「『三彩服飾』在杭州是一家非常有名的企業。」吳立杰說。「你有什麼經驗？老總不在！下次再說吧！」對於像吳立杰這樣學生模樣的人，一個小兵就把他擋在了門外，見到老總都要經過好幾關。「『三彩服飾』在石橋路那邊，當時正好是8月份，天氣非常熱，從公司過去要轉三趟公交車，到了那邊還見不到老總，就連一個企劃經理也見不到。」說起那時談業務的情景，吳立杰記憶猶新。那時往往一去就要花上幾個小時。虛心，軟磨硬泡，溝通，吳立杰的思想、策劃方案總算進入了企劃經理的視線。「為了第一個生意，接連跑

了 28 趟，而且每次都是自己過去。他們說模特不行，趕緊換模特資料；外景不行，就換外景。反正隨叫隨到，最多的一次，一天跑了 3 趟。」吳立杰認為，讓企業覺得自己很認真非常重要。

有心計

在大型品牌公司偷學精華。在「華泰」做的事情，就是和企業的老總、企劃人員溝通，還會接觸一些模特經紀公司。「一個大品牌搞定後，有了成功範例，做事就方便許多。后來他的公司還成功地給鱷魚、歌瑞詩芬等品牌公司做了策劃。其實，那個時候學了很多東西，包括大公司的運作、進貨、銷售、管理等。」吳立杰的笑中帶有一絲詭異，「做企劃其實更多的是偷學大公司的精華。」「高考的時候，報了 7 所藝術類學校，專業排名都在前 10 名，就是讓英語拖了后腿。」

四、有一個好的創業構想

如果你確實認為你適合創辦企業，也真正想辦企業，那麼，這一步你將考慮你打算辦什麼樣的企業，也就是你要為自己選擇並設立一個好的企業構思。

一個成功的企業需要正確的理念和好的構思。合理而又周密的企業構思可以避免日后的失望和損失。如果你的構思不合理，無論你投入多少時間和金錢，企業注定是會失敗的。

(一) 瞭解企業類型

當你決定要創辦企業時，你會發現，要選擇一個合適的項目或一個行當來做，十分困難。因為可以做的行當太多，讓你無從入手。其實，企業有很多種類型，但是，主要可以分為以下四種類型：

1. 貿易企業

貿易企業從事商品的買賣活動，它們從製造商或批發商處購買商品，再把商品賣給顧客和其他企業。其中，零售商從批發商或製造商處購買商品，賣給顧客。所有把商品賣給最終消費者的商店都是零售商，而批發商則是從製造企業購買商品，然后再賣給零售商。如蔬菜、水產、瓜果、文具、日用品批發中心等都是批發商。

2. 製造企業

製造企業生產實物產品。如果你打算開一家企業生產並銷售磚瓦、家具、化妝品或野菜罐頭，那麼你擁有的就是一家製造企業。

3. 服務企業

服務企業不出售任何產品，也不製造產品。服務企業提供服務，或提供勞務。如房屋裝修、郵件快遞、搬家公司、家庭服務、法律諮詢、技術培訓等行當都是服務企業。

4. 農、林、牧、漁業企業

這類企業利用土地或水域進行生產。種植或飼養的產品多種多樣，可能是種果樹，也可能是養珍珠。

也許你覺得有些企業其實不完全符合上述分類。如果你準備開辦一個汽車修理廠，

你開辦的就是服務企業，因為你所提供的是維修勞務服務。汽車修理廠也可能同時出售汽油、機油、輪胎和零配件，這就是說你也兼做零售業。所以，要以主要經營內容來決定一個企業的經營類型。

當把企業進行了上述分類後，你可能會覺得你適合於開辦某一類企業，你的思路會更加集中起來。當然，各類企業有不同的特點，你要認真分析，以便你掌握成功經營這些企業的要素。

（二）分析企業成功的要素

要想使企業成功，你必須對企業的每個方面進行分析，以求在每一方面你所提供的產品或服務都是最好的。不同的企業類型有不同的特點，你要考慮以下重要因素：

貿易企業：地段和外觀好、銷售方法好、商品選擇面寬、商品價格合理、庫存可靠、尊重顧客。

服務企業：服務及時、服務質量好、地點合適、顧客滿意、對顧客誠實、服務收費合理、售後服務可靠。

製造企業：生產組織有效、工廠佈局合理、原料供應有效、生產效率高、產品質量好、浪費現象少。

農、林、牧、漁業企業：有效利用土地和水源、不過度使用地力和水源、出售新鮮產品、降低種植養殖成本、恢復草場森林植被、向市場運輸產品、保護土地和水資源。

無論是什麼類型的企業都應該做到：真誠服務顧客，真誠愛員工。

企業創辦原則：志向要大、計算要精、規模要小。

立志計劃開辦一個新企業時，計算要精，規模要小。別忘了在第一步裡提到的問題：你可以用多少錢來創辦你的企業。銀行一般不會給新企業貸款，除非你有存款，或有銀行願意接受的擔保品或抵押品。

如果你沒有多少錢，卻打算開兩家商店、雇10名員工、買一輛汽車，這顯然是不實際，也是不明智的。創業初期，從小做起、實事求是、量力而行，會有以下好處：

- 你可以不放棄原來的工作，用業餘時間辦自己的企業，直到企業運轉穩定為止。
- 你的配偶可以繼續從事原有的工作，以後再加入你的企業。
- 租賃設備比購置設備穩妥、合算。
- 需要人手時，先雇非全時員工，再雇全時員工。
- 先購買二手設備，以後再更新。
- 逐步拓展新的業務領域，避免因財務困難而陷入困境。
- 根據利潤的增長情況，制定業務擴展計劃。

（三）如何挖掘出好的企業構思

你應當沿著兩條途徑同時開發你的企業構思。一個好的企業構思必須包含兩個方面：①必須有市場機會。②你必須具有利用這個機會的技能和資源。

1. 你周圍有哪些市場機會

企業以提供產品或服務來滿足他人的需要，並以解決人們的問題來求得自己的生

存與發展。在思考怎樣創辦企業時，有一個很有用的方法，就是去體會人們為滿足自己的需要，或解決各自的問題時所遇到的難處。你可以從以下這些方面展開你的思路：

・你自己遇到過的問題——想一想你在當地買東西和需要服務時，曾碰到過什麼問題。

・工作中的問題——在你為一家機構工作時，你也許注意到，由於某種服務跟不上或材料不足而影響你完成工作任務。

・其他人遇到過的問題——通過傾聽其他人的抱怨，瞭解他們的需求和問題。

・你所在的社區缺少什麼——在你生活的地區進行調研，看看人們缺少哪些服務。

人們遇到的問題和未滿足的需要為新的商機提供了線索。優秀的創業者善於從他人的問題中發現商機：

・如果人們無法獲得所需要的產品或服務，這對創業者來說顯然是一個填補空白的商業機會。

・如果現有的企業提供的服務很差，對於新企業來說這是一個提供更佳服務的競爭機會。

・如果價格上漲很快，以至於人們連日常用品的價格都難以承受，那麼就存在機遇。可以去尋找更便宜的貨源，或不那麼貴的替代品，或成本更低、效率更高的分銷系統。

2. 你能夠抓住這些機會嗎

當你建立了一個創辦企業的構思時，首先要判斷一下它在當地是否存在發展的機會。然後你要確定自己是否有能力利用這些機會。瞭解自己的能力和興趣有助於你決定開辦什麼類型的企業。你要是不會烤麵包，就不大可能想開麵包房。在第一步裡，你已經審視了你自己的技術能力。

創業小故事2.4

24歲大學生在校期間創辦三家公司賺上千萬

第一桶金：高中時辦培訓班

穿著襯衫、打著領帶、戴著眼鏡的他看起來睿智、穩重。昨日，記者見到龔世威時，就感覺到他超乎年齡的成熟，很難想像這位管理著三家公司的老總還是個不滿24歲的在校大學生。

龔世威是湖北黃岡黃梅人，小學五年級時跟隨父母來武漢定居。

「高中時，別的同學都愛看武俠小說，我卻天天看創業書籍，想著要創業。」龔世威說，2003年，他參加完高考后，就和兩個同學找到武漢的一家知名培訓學校，成功說服了學校領導答應他們以這所培訓學校的名義創辦暑期補習班。之后，他又找到另一家培訓學校，商議由他負責師資和招生，學校提供宿舍。短短兩個月，龔世威就掙得了幾千元。

分期付款賣MP3賺了10多萬

2003年夏天，龔世威考入華中科技大學武昌分校工程管理專業。

「當年聖誕節的時候，大伙想賺點錢出去玩，就想到在學校賣菸花。」懷揣著向一

位廣東同學借來的700塊錢，龔世威的菸花生意只進行了3天，就賺了3,000多元。

「這次嘗試成功后，我對自己充滿了信心。」龔世威說，2004年他成立了紅頂科技公司。這時，校園裡流行起了MP3，但多數大學生的購買力弱，看的人遠遠比買的人多。龔世威利用部分廠商年底急著清償回款的心理，找到商家協商，採取分期付款的方式進到MP3，然后在學校推出分期付款購機業務。

只要是本校的同學，出示相關學生證和身分證，付40%的首期，就可以帶一個MP3回家。后來，他還在其他學校增開了銷售點，經營範圍也擴展到手機、電腦等，最后，還推出了「零首付」業務。這一次，他賺了10多萬。

為畢業生辦托運獲利30萬

由於工作太忙，龔世威在大二的時候選擇了休學一年。這個時候，他也迎來了創業的第一次大轉折——成立自己的物流公司。

龔世威說，2006年夏天，他發現學校的畢業生離校時，都在賤賣自己的生活、學習用品。一打聽才知道是因為托運不便。「當時只有郵政和中鐵開通了托運業務，收費比較高，但生意非常好。」

經過市場調查，他發現物流公司利潤非常高，市場前景也很好。龔世威高薪從其他物流公司挖來專業人員，瞭解全部運作流程后，買來一輛貨車，註冊成立了物流公司。「經過一年運作，公司已經盈利30多萬元，有全職員工50多人。」龔世威驕傲地說。

銀通卡：一年銷售額突破3,000萬元

2006年年底，他偶然得知央行一直封閉的預付費卡業務即將逐步放開，3於是開始積極爭取。2006年，龔世威成立了自己的第三家公司——武漢銀商通科技有限公司，獲得與銀通卡的合作機會。

在銀通卡裡存入現金，可以在指定的商場、超市、酒店裡刷卡消費，還可以享受一定的折扣。在他的努力下，銀通卡迅速在武漢市鋪開。目前，銀通卡可以在航空、百貨、休閒等二十多個行業、三百多個場所刷卡消費。

龔世威說：「去年，我們的銷售額就突破了三千萬大關。今年預計銷售會超過1億元。到明年將突破3個億。」

談到今后的奮鬥目標，龔世威說，進大學時，他給自己定下的創業目標是進入中國企業500強。「從現在的資產和經營來看，達到這個目標應該沒有問題。」龔世威很自信。

「大學生創業最難的就是融資和管理。在和別人談生意的時候，首先要想到別人的利益。只有這樣人家才會很願意跟你談，給你提供幫助。」

「創業要敢想敢做敢闖，有衝勁；要能夠放得下面子，從小事做起；不能盲從，得認真考慮；最后，還要注重對心態的調整。」

「選擇正確的創業行業非常重要，我所經營的無一例外都是高利潤行業。利潤點高的行業，雖然競爭大，但機遇也很多。」

「大學生創業一定會和課業有所衝突，要協調好它們之間的關係。大學生應該有選擇性地多讀一些書，如果為了創業把學習放棄了，很不應該。」

（四）驗證你的企業構思

在你已經有了你創辦企業的構思，並落實到文字上之後，你還需要對它進行檢驗。你需要知道它是否可行，經得起推敲；是否能夠使你的企業具有競爭力和盈利能力。

測試企業構思的一種方式是進行 SWOT 分析——即優勢、劣勢、機會、威脅分析法。

1. SWOT 分析

SWOT 由優勢（Strength）、劣勢（Weakness）、機會（Opportunity）、威脅（Threat）四個英文單詞的第一個字母組合而成。

進行 SWOT 分析時，要考慮你自己的企業，並寫下自己企業的所有優勢、劣勢、機會和威脅。

優勢和劣勢是分析存在於企業內部的你可以改變的因素：

· 優勢是指你企業的長處。例如，你的產品比競爭對手的好；你的商店的位置非常有利；你的員工技術水平很高等。

· 劣勢是指你企業的弱點。例如，你的產品比競爭對手的貴；沒有足夠的資金按自己的願望做廣告；你無法像競爭對手那樣提供綜合性的系列服務等。

機會和威脅是你需要瞭解存在於企業外部的你無法施加影響的因素：

· 機會是指周邊地區存在的對企業有利的事情。例如，你想製作的產品越來越流行；附近沒有和你類似的商店；因為許多新的住宅小區正在這個地區建設，潛在顧客的數量將會上升等。

· 威脅是指周邊地區存在的對你企業不利的事情。例如，在這個地區有生產同樣產品的其他企業；原材料價格上漲將導致你出售的商品價格上升；你不知道你的產品還能流行多久等。

2. SWOT 分析的結果

當你做完 SWOT 分析后，你應該能評估你的企業構思，並做出決定：

· 堅持自己的企業構思並進行全面的可行性研究

· 修改原來的企業構思

· 完全放棄這個企業構思

切記：你必須運用 SWOT 分析法對自己的企業構思進行獨立分析，並獨立做出判斷。不要依賴老師或專家，老師和專家只是告訴你如何進行分析，最終的判斷（決策）必須由你自己做出。

小結

你應該花更多的時間斟酌創辦企業的構思，而不是把時間花在盤算開辦企業的任何具體活動上。一個不好的企業構思會導致企業失敗，而一個出色的企業構思意味著企業的成功。

企業有多種類型，大致可以歸為貿易（零售、批發）、製造、服務以及農、林、牧、漁業企業。為了使你的企業創辦成功，你一定要肯定你已經考慮到了所要創辦的

企業的各個方面。

當你計劃開辦企業時，不要想太多，這點很重要。不要好高騖遠，背上不必要的沉重債務。否則，一旦由於某種原因使企業不景氣，債務會把你的企業拖垮。在企業有了發展的基礎上，再計劃擴大業務也不晚。如果你心氣太高，銀行多半不會給你貸款。

在將你的想法轉變為實際企業之前，要收集信息並制訂計劃，評估一下你的企業是否會成功。創業計劃是一份詳細描述企業方案各個方面的書面文件。它將幫助你認真思考並找出你創辦企業想法中的劣勢。

第二節　創業項目選擇與分析

一份創業調查報告顯示：80%的創業者在創業前期都感到確定創業項目「十分頭疼」「很難抉擇」；在創業失敗的案例中，有60%的人覺得是因為「創業項目不對」或「創業項目選擇失誤」；而在成功創業人群中，70%的人都認為是「良好的創業項目成就了自己的事業」。選擇項目既然如此重要，那麼究竟該如何選擇項目呢？創業項目選擇的正確與否直接關係到創業的成敗。如何選擇創業項目，是所有創業者面臨的一個難題。

一、如何選擇創業項目

在我看來沒有最好的創業項目，只有最適合的創業項目。對於創業者而言，不僅要尋找創業項目，還要判定創業項目的好壞和是否適合自己，我認為選擇創業項目要做到五個原則。

(一) 要選擇國家政策鼓勵和支持，並有發展前景的行業

想開創自己的事業，就要知道哪些行業是國家政策鼓勵和支持的，哪些是允許的，哪些是限制的等。我們要選擇國家政策鼓勵和支持，並有發展前景的行業。根據社會學家和經濟學家的預測，隨著中國市場經濟的發展和經濟結構的調整，各行業在社會發展中的地位和發展潛力也在發生變化。某些行業社會需求的加大促進了這些行業的蓬勃發展，並成為未來社會發展的主導產業。據有關專家指出，21世紀有巨大發展潛力的行業主要有：網路信息諮詢與服務業、生物製藥和保健、房地產開發業、社會保險業、家用汽車製造業、郵政與電訊業、老年醫療保健品業、婦女兒童用品業、旅遊休閒及相關產業、建築與裝潢業、餐飲業、娛樂與服務業。

(二) 要認真進行市場調研，適應社會需求

有的創業者認為，辦企業是為了賺錢，什麼行當賺錢，熱門，就搞什麼行當，這種想法是不正確的。創業者必須樹立這樣一個觀點，即「企業是為解決顧客的問題而存在的」。沒有滿意的顧客就沒有公司的存在。項目的選擇必須以市場為導向。就是說搞什麼項目不能憑自己的想像和願望，而要從社會需要出發。要知道社會需求，就要

作調查，特別是第一次創業，創業者更是要作詳細的瞭解，要瞭解市場需要什麼？需要多少？你的顧客是誰？誰會來購買你的產品或服務？競爭對手有哪些等。市場調研是正確決策的重要前提。我有個親戚在一小區附近購買了一個店面，想開一個餐飲店。他一到小區深入考察后發現該小區規模還不大，而且已有一家餐飲店，經營狀況比較穩定。按照現有人口，一家餐飲店已經足夠。這裡的居民不少是外地來的大學生，連一間小商店也沒有，居民抱怨購物難。於是，我的這位親戚改為開小百貨店，結果開業后生意紅火，很受居民歡迎。「製造滿足顧客需要的產品和服務，是永遠成功的秘訣」。

　　顧客的需求有現實需求和潛在需求之分。作為一個成功創業者，不僅要瞭解、滿足顧客的現實需求，適應市場，更要創造需求，創造市場。

　　為了創辦能盈利的新企業，識別機會的最好辦法就是傾聽你周圍人們的不滿、抱怨和困難。人們所抱有的每一個問題都可能意味著一個潛在的生意機會，越是難以解決的問題，可能帶來的機會就越大。我們創辦的企業如果能解決一般人抱怨的問題，關注社會特殊群體的困難，或者著力為其他企業解決問題，那麼成功的可能性就越大。

(三) 要充分利用優勢和長處，干自己有興趣的、熟悉的事

　　市場是一個海洋，有人管創業叫下海。我們每個人都是滄海一粟，是獨具自己特點的一粟。每一個人都有自己的長處、優勢。比如：有的人對某一行業、某一領域、某種產品比較熟悉；有的人在技術上有專長；有的人有某種興趣愛好；有的人善於公關和溝通等。這就是自己的長處，能充分自己的長處和優勢，選擇自己有興趣、熟悉的事，創業就成功了一半。

　　1. 分析自己

　　創業項目是不是你自己喜歡做的？如果不是自己喜歡做的事情，那麼在該創業項目中是否具有別人難以企及的技術高度、資源優勢、進入壁壘或其他人難以模仿的競爭力？是否具有在跌到后重來的勇氣？

　　你可以根據自己的創業基礎和條件，認識自己的優勢、強項、興趣、知識累積與結構、性格與心理特徵等，並找出自己適合創業的個人素質和能力以及外部條件。

　　分析自己的創業動機和目的，對自己適合做的項目以及應當做的創業模式，應當分析：促使你創業的主要原因是什麼？你通過創業想實現的創收目標是多少？你願意付出多少時間、精力和努力來從事創業？這些分析能對自己創業有一個基本的瞭解。

創業小故事 2.5

脫下「套裝」換「農裝」種田種出新名堂

萌生「農業創想」

　　眼前的她，腳穿黑靴，身著呢絨大衣，打扮挺時髦。剛過而立之年的她從小在松江新洪鎮長大，但早就和「春播秋收」脫了干系。從上海師範大學電子信息工程專業畢業后，顧慧華進了一家日資企業從事農業機械引進，每天朝九晚五，去日本培訓，過著典型的白領生活。脫下套裝換農裝，有點偶然，卻並不偶然。2005 年，公司把一批日本農業機械引進到崇明，她負責機械使用的技術指導。可她發現，那裡種田的都

是五六十歲的人，不願學習操作「新式武器」，固執於自己的「老法」種田，顧慧華很受觸動，「我在日本時看到很多年輕人在種地，有個種植並經營『久留米黃瓜』的社長，就是剛從劍橋大學畢業的男青年。不像國內，大學畢業了都爭著去做白領；自己創業，也總扎堆在IT、電子商務。」

不斷接觸國外農業，顧慧華漸漸看清了「商機」：「食品安全越來越受重視，而農產品種植是食品安全的第一步，如何選土、如何栽培、如何減少甚至不用化肥、農藥，都需要年輕人帶著新觀念、新技術來做。」2007年7月，她辭職回到松江新洪鎮，成立了上海森鮮蔬菜專業合作社、上海贏久農業科技發展有限公司，承租了標準化蔬菜基地內的20畝大棚，開始了自己的「農業創想」。

拿酸奶餵黃瓜

顧慧華創業，走的是「精品農業」的全新路子——給黃瓜喝酸奶，給草莓聽交響樂……「五彩奧運南瓜」「迷你冬瓜」「巧克力番茄」，她的田裡有十幾種綠色無公害蔬果。在鄉親們投來的驚異目光下，她承租的土地從200畝（1畝≈666.67平方米）擴大到800畝；今年下半年將建立「配送中心」，第一家「蔬果實體店」打算開在「新天地」。

在新浜，她每天穿套運動裝，看似剛從健身房出來，不過看她鞋子、褲子和指甲上的泥土，就知道是在田裡忙。走進草莓棚，顧慧華一指腦袋耷拉著的草莓說：「別以為它們僵掉了，這是在睡覺。一般3月10日到4月10日是草莓的『休眠期』，之後就睡醒了、長開了，變得嬌艷欲滴。」顧慧華的黃瓜更享福——「一到夏天，我就給黃瓜喝酸奶，全面補充營養。」那些封口不嚴、不能出廠的酸奶，她批發來餵黃瓜。

顧慧華樂呵呵地說，這些奇招都是從世界各地的新式農民那裡搜羅來的。「今年我準備在草莓、黃瓜、生菜棚裡裝音響，放莫扎特、貝多芬的交響樂。音樂，蔬果聽了開心，種田人也開心，從城裡來玩農家樂的人邊採摘邊聽更開心。」

定下「新鮮」規矩

創業種田，最難的是「市場行銷」。「讓國外的種苗在國內結出好果，這花了我一年時間。不過這不是最難的，種得好賣不掉最傷心。」顧慧華的田裡，土是從丹麥進口的，種子是從荷蘭、美國、日本進口的，有價格補貼的化肥她不用，專買對人體無害的生物制劑，這都增加了種植成本。

「剛開始，我開著小車到上海市區，挨家挨戶地把一箱箱蔬果送給人家吃。」第一年虧了20萬，但市場逐漸打開；第二年，顧慧華就建立起了行銷網路。

顧慧華定下了「3小時內從田裡到客戶」的「新鮮」規矩，所以她的蔬果不進超市賣場，沒有中間環節。「我的客戶主要是酒店、公司，他們提前預訂，我隨摘隨送。」雖然「時令蔬果禮盒」一盒100元，不過客戶要的正是「新鮮、安全」，每天至少能賣出50盒；節假日，會接到上百份訂單。

對顧慧華這一套，鄉親們原本一點不買帳——「一個女大學生，田都沒下過，懂啥叫種菜？」可不出半年，又鮮又甜的黃瓜、又大又粉的南瓜引得大家紛紛跑來求教。顧慧華有選擇地把蘆笋、甘藍等幾種蔬菜分包給數十家農戶種，她負責提供種苗、技術指導、質量控制和產品銷售，既擴大了種植規模，也幫其他農戶增加了收益。

尋找年輕夥伴

今年，已經拿到「園藝師」證書的顧慧華又報名就讀復旦大學工商管理碩士（EMBA）班，想把現代企業管理、行銷理論與自己的技術和經驗「嫁接」。

新式農業，要年輕人一起幹。去年，顧慧華從四川農業大學招聘來兩名大學生當技術員，還讓他們去山東西瓜種植基地培訓。今年將在大棚內搞的「電子管理系統」，也由大學生負責。可要在上海招大學生種田，難。「今年我已經招了4個上海的大學畢業生，卻不知道他們會不會來報到。我知道農村的條件不如城市，恐怕他們不願意來。」其實顧慧華當初回鄉，鄉裡人也很不理解，說她「沒出息，肯定是在城裡找不到工作了」。

儘管如此，顧慧華仍將「年輕人」定為公司主力。「我今年準備和幾家日本產品的供應商一起，在上海市區開20家直營點；下半年，要去祖國臺灣和日本一些地方考察引進新的優良種子和農業技術；將來，我還要把我們的種子和技術引出去。」顧慧華說，她的「農業創想」需要更多年輕朋友一同來實現。大學生具有專業技術知識和國際視野，能夠拓寬創業領域，當然更重要的是識別機會的能力。農業要升級，而年輕人遠離農村了，眼下種田的多是五六十歲的人，這正是擁有新知識、新技能和新想法的年輕人的機會，顧慧華正是看準了這樣的市場需求，在廣闊的農業領域大展宏圖。

（摘自文匯報．2009年03月17日）

經濟學家保羅・羅默（Paul Romer）在談到「創意」時有這樣的觀點，我們不習慣把創意稱為「經濟商品」，但它確實是我們生產的，而且是最重要的產品……只要人們利用資源，並以更有價值的方式進行資源重組，經濟就會取得發展……要想獲得「更有價值的方式」，靠的不僅是「東西多」，還要有更好的「配方」。與設計師或專家相比，一個擁有多種技能和掌握各方面知識的人往往能夠提出更好的創意並加以實施。

2. 研究自己的項目

要找到一個適合自己的項目，就要全面瞭解，確立自己的項目是否符合自己的情況。主要從以下方面選擇：如果是自己熟悉的行業；可以利用自己的優勢資源；發揮自己的特長；在自己可以籌措的資金投資範圍內，選擇在自己適合的區域經營；選擇的項目一定要有創新，用四句話概括為：「別人沒有的；先於人發現的；與人不同的；強人之處的。」

3. 選擇創業商業模式

確定一種特色的創業模式，是成功的重要條件。建立一種創業模式取決於自己的以下幾方面：

你的個人條件和資源；

你的創業目標。

可以探討自己選擇的創業模式，根據模式提出的問題有：

（1）你是否有能力自行開發或掌握自己未來企業的產品和經營的各個方面？

（2）你創業經商，是要把企業做大做強，還是只滿足於能夠養活自己，比打工仔多賺點錢？能否通過調研，識別招商（加盟、代理、出售）項目的真偽？

這些問題如果你回答是「是」可以選擇任何創業模式。如果答案是否定的,可以選擇產品的代理或特許加盟。

創業小故事 2.6

研究生開網店做成中國「最牛內衣王」

研究生開網店兩年做到銷售額過億元,對於一個創業才半年、需要與眾多網店競爭的大學生創業團隊來說,這個目標聽起來像是「不可能完成的任務」,但解礫顯得比這還要野心勃勃:「凡客誠品每個月的銷售額是 1.2 億元,Mr. ing 的一件單品可以在 4 個小時內賣掉 7,800 件。兩年時間還有點長,如果我們做得好應該可以提前實現。」

解礫是武漢科技大學文法學院二年級碩士生,也是純派生活(武漢)科技有限公司董事長。他和創業團隊從賣保暖內衣起步,在淘寶網上的半年銷售額達 590 多萬元,公司員工增加至 29 人,被稱為「最牛內衣王」。

大學學的是計算機,碩士學的行政管理,解礫從一開始就把創業方向鎖定在兩者的最佳結合——電子商務。創業之前他做過研究,大學生創業的失敗率高達 90%。除了資金問題外,沒有創業團隊也是其中重要的原因。積極參與大學裡的社團活動不僅使解礫鍛煉了能力,也讓他認識了一批志同道合的朋友,最終組成了 8 人的創業團隊。

2009 年 7 月 17 日,公司完成註冊之后研究生開網店並沒有馬上開業,而是開始了市場調研,研究淘寶的不同店鋪。調研發現網上購物,賣得最好的就是服裝,而其中做得最薄弱的是保暖內衣。當時在淘寶網上賣保暖內衣的商家都是一邊開實體店、一邊開網店,沒有專業化的團隊。他認為機會就在這裡。

通過在紡織業工作的父親介紹,解礫和俞兆林公司達成合作協議。2009 年 9 月 9 日,他們的網店正式在淘寶商城營業。公司的 10 萬元啓動資金主要來源於解礫以前在淘寶網上賣書的積蓄。買電腦、租房子,公司的架子一搭起來,10 萬元就用得所剩無幾了。前幾個月,大家都沒有拿工資。為了節約租金,倉庫不得不租在三樓和四樓,貨品來了,所有人都下樓當搬運工。

網上購物,首先是要能讓人來。為了吸引人氣,內衣王他們在網上大量做廣告;其次人來了要留得住,那就要提高客戶的回頭率。通過專業的產品描述、簡約的店鋪裝修風格、積極的客戶反饋、細緻的客戶關懷系統、快速有效的售後系統,他們的業務量快速增長。

剛開始與他們合作的公司只是抱著試試看的心態,並沒有寄予很大希望,沒想到他們 10 月份的銷售成績就讓合作者刮目相看了,最多一天的銷售額超過當時武漢所有商場的銷售總和。他們的網店兩個月達到皇冠等級,月銷售額過百萬元,創造了淘寶網上商城的紀錄。

就在大家為每天增長的銷售業績興奮不已時,危機悄然而至。

公司一直使用的都是淘寶網提供的平臺,后臺沒有技術支持。進入 11 月份,由於天氣開始轉冷,保暖內衣的訂單量不斷增大,最后達到每天 10 萬元的銷售額。員工每天從早晨 8 點一直忙到夜裡 2 點仍忙不過來。庫存不夠造成發貨延遲,客戶的抱怨越來越多,公司的 400 電話被打爆,原本就薄弱的資金鏈也幾度斷裂。

「內衣王」解礫打了一個形象的比喻，顧客太多，超市的收銀員忙不過來了，一開始可以通過增加收銀員來解決，但增加收銀員能應付增加的 100 個顧客，卻應付不了一起進店購物的 1 萬個顧客。為此，他們不得不停業。

停業 3 天，公司特別給客戶發致歉函，受影響的每筆訂單都優惠 15 元，基本不賺錢。3 天損失了幾十萬元。那三天三夜，解礫沒有睡覺，現在回想起來依然覺得「欲哭無淚」。

這件事給瞭解礫很大的觸動，不能光靠淘寶網提供的服務，必須開發自己的後臺系統。他認為電子商務最後拼的不是管理，也不是行銷，出奇制勝的是技術。從觀察麥當勞得到啟示，解礫將公司的營運方式進行了改進，改變過去員工單獨接單、單獨銷售的舊方式，將產品訂單、驗單、審單、包裝等各環節全部流水化作業，每一道工序的員工都各司其職。他和創業夥伴的專業特長再次發揮出來，從行政中心、營運中心，到倉儲中心，再到財務管理，他們開發出了一整套系統管理軟件，運行效率大大提高。

雖然公司剛剛起步，但解礫在方方面面力求規範，不僅制定了一份厚達 38 頁的員工手冊，還從一開始就為員工購買社會保險，規定了帶薪休假、定期培訓等待遇。

為什麼這麼做？解礫說，按照社會學家馬克思·韋伯的觀點，權威可以分為三種類型：傳統世襲型、個人魅力型以及法理型。他希望自己能成為法理型的「權威」，建立的是對規則的服從，而不是對個人的服從。他認為公司要發展，避免「創業易，守業難」的問題，必須留住核心團隊。他考慮將來設立事業部制，讓核心團隊的每個成員都能有發展的平臺。

從最初的臨時代理俞兆林內衣品牌，過渡到主要代理純派系列服裝，公司還是受制於供貨商，將來則要整合包括生產在內的產業鏈，開創自己的「普艾尚品」男士正裝品牌。據悉，他們已經到浙江、廣東、江蘇等地考察合作廠家。

電子商務由於其涉入門檻較低，成本較小，愈來愈多地成為大學生創業起步的首選，選擇合適的項目取決於創業者對市場的判斷，通過電子商務活動，初涉創業的大學生同樣能夠學會創業管理經驗，累積創業財富，為創業者掘取第一桶金提供機會。無論是文化創意產業，還是網上開店，只要認準機會，看準項目，資金投入少、需求量大，能夠滿足現代人多彩生活的需要，這樣小項目往往適合大學生實現創業。

(摘自《中國青年報》2010 年 07 月 26 日)

(四) 要量力而行，從干小事，求小利做起

創業是一種有風險的投資，必須遵循量力而行的原則，對於下崗失業人員來說，是拿自己的血汗錢去創業，應該盡量避免風險大的事情，而應該將為數不多的資金投到風險較小，規模也較小的事業中去，先賺小錢，再賺大錢，聚沙成塔，滾動發展。

古今中外，許許多多企業家開始搞的都是不起眼的小本買賣，然后不斷擴大發展的。微軟的比爾·蓋茨起步時只有 3 個人，一種產品，年收入 16,000 美元。在我們身邊，改革開放這 30 多年來，從不起眼的小事做起，逐漸滾動，逐步累積而富甲一方的人也有得是。「拖鞋大王」胡志勇創業成功的經歷對想創業的人是很好的啟示。1994

年原在一家船舶公司任防疫工作的胡志勇下崗了。他選擇了擺攤頭，做點小生意，從城隍廟福佑街批來襪子，玩具等日用品到集市設攤買賣。幾個月下來他發現每年4~7月，拖鞋特別好銷，3、4元一雙批發來，7、8元一雙賣出。他想拖鞋屬於小商品又是易耗品，一個夏天一過，第二年又有市場需求，風險較少。於是他集中全部資金，去做拖鞋生意。當年到福建直接批貨，這是1996年。下海后，他的公司成為福建一家規模很大的拖鞋生產廠家，在4、5兩個月就賣掉16萬雙拖鞋。自此他的拖鞋生意越做越大，目前他的通盈鞋業公司從過去的一個小攤子發展到在10多家百貨公司有自己的專櫃，並擁有300多家較穩定的二級代理商，還註冊了自己的「千里馬」商標，在大超市銷售。6年他共賣掉1,000多萬雙拖鞋，現在供應上海拖鞋市場30%~40%的貨源。俗話說「不以善小而不為」，創業也要從干小事，求小利做起。

(五) 要堅持創新，做到「人無我有，人有我優，人優我特」

創新是企業的生命，管理大師湯姆·彼得斯認為「商業世界變化無常，持續創新才是唯一的生存策略」。創新也是創業成功的關鍵。創新的概念是著名經濟學家熊彼特提出的，他將其定義為「企業家對生產要素的重新組合」，它包括以下五種情況：①開發新產品或改造老產品；②新闢一個新的市場；③採用一種新的生產方法；④獲得原料或半成品的新的供給來源；⑤實行一種新的企業組織形式。對創業者來說，創新更具緊迫性、重要性。這是因為：第一，目前市場上不是缺一般的商品，一般的勞務，而缺的是特殊的商品，特殊的服務。創業者只有加強市場調研，刺激和創造需求，生產適合需求的新的具有特色的產品和服務，才能使企業得以生存發展。第二，一般下崗失業創業的行當，投資較小，容易進入但是競爭十分激烈。只有創新，才能在產品和服務上形成競爭優勢。

有人說：「現在市場競爭如此激烈，就業形勢如此嚴峻，創業談何容易。」這說法不能說沒有一點道理。但如仔細推敲也並非完全在理。事實上，只要存在尚未被滿足的需要，就會有創業的機會，而人們未被滿足的需要可以說是無限的，因此，商機也是無限的。比如，據悉，目前世界市場上的產品有一百萬餘種，而國內僅十八萬種。目前我國供求平衡，或供大於求的是實物產品，而在服務領域存在許多「供不應求」的現象，人們在生活中也有諸多的抱怨和不便。這說明只要善於觀察，善於創新，機會就在創業者的身邊，路就在你的腳下。

以上簡單地向介紹了選擇創業項目要注意的五個原則，創業項目的選擇最終是要由創業者自己決定的。創業者可以廣泛聽取專家、成功企業家的建議，結合自己的調查研究使自己的決策更切實可行。

二、項目的考察與甄別

在市場經濟環境中，一個項目必須經過市場的檢驗方能證明其具有價值。項目實施前可以從以下幾個方面進行考察與甄別。

(一) 正當性

對項目方正當性的考察主要包括：

（1）項目方是否有工商登記，項目方的工商登記是否在有效期內；

（2）有的項目方可能會拿著別人的執照蒙騙，所以投資者還需要辨別項目方所持執照是否為項目方本人所有，如果項目方提供了資料，要注意資料中的企業名稱與其提供的營業執照上的企業名稱、經營範圍是否一致，如果不一致，需要項目方做出合理解釋。簽約時，要與營業執照上的法人簽約，加蓋營業執照上的法人公章。為安全起見，可進一步向發照當地工商機關查詢。

（3）按國家對加盟連鎖的有關規定，項目方必須滿足「2+1」的條件（2個直營店，經營1年以上），才可以進行對外招商，這是國家為保護投資者利益出抬的專門政策。

（二）可信性

鑒於加盟連鎖中騙局連連發生，部分投資者損失慘重，在考慮加盟之前，有必要對項目方進行可信性考察。考察的內容主要包括：

（1）項目方提供的辦公地址是否真實，是否與營業執照上的地址一致。不久前，幾個湖北人在北京大學附近的一個寫字樓裡租了一個房間，辦了營業執照，然后打出旗號，進行項目招商，幾個月后便卷款而逃。這樣的事經常發生，屢見不鮮，所以，投資者還需要考察項目方企業的存續期，已經經營了多長時間。一般來說，一個企業經營存續期越長，從業歷史越久，就越可靠。必要的時候，可以向所在物業查詢項目方的租賃期限，交了多長時間的租金，到什麼時候為止，還可以查詢項目方是否按期繳納房屋租金；從對項目方註冊資金的大小，也可以看出其實力和承擔違約責任的能力，這都是很細緻的工作。

（2）項目方是否經營過別的企業，進行過別的項目招商，結果如何。一些騙子習慣於打一槍換一個地方，已經形成一種經營「模式」，一定會留下蛛絲馬跡，只要投資者夠細心，就不難看出破綻。

（3）一些項目方很樂意在口頭和廣告、資料上宣傳已加盟者的數字，這個數字往往很大，以增加對投資者的吸引力，要注意考察其真實性。

（4）一些項目方常常宣傳自己獲獎的情況，什麼「十佳」「最優」「白金」「白銀」「最具吸引力」「投資者最滿意」等，這些獎項往往由某些行業機構、招商組委會和媒體頒發。其中很多是只要你給錢，就給你發獎狀，錢給得越多，獎狀的名稱就越唬人。這種頒獎授匾完全是買賣，不值得信任。

（三）風險性

為了讓項目做到「保賺不賠」，投資者一定要對項目的風險性進行充分的考察。考察的內容包括：

（1）對項目可行性的考察；

（2）對項目先行者的考察。當你看中一個連鎖加盟項目，可以考察該項目已加盟者的經營狀況，考察對象可由項目方提供，但最好由投資者自己選擇，在不告知對方的前提下，先以消費者的身分進行觀察。考察內容包括店址、每小時客戶流量、全天客戶流量、產品受歡迎程度、經營者的經營方式、雇員多少、業務熟練程度，估算其成本和投入產出。

（3）瞭解項目方在知識產權方面（技術、商標等）和品牌方面是否存在糾紛，是否擁有完全的所有權；

（4）瞭解項目方的禁忌，在什麼情況下可能被解除加盟連鎖資格，瞭解項目方所設禁忌是否合情合理，在合同中要明確這些細節，如果合同中沒有這些內容，可以補充合同進行說明；必要時還要明確已交費用的退還問題，如在什麼情況下投資者退出加盟，項目方必須退還保證金，這些要在合同中寫清楚。對於要求加盟者一次交清若干期限費用，比如一次交齊2~3年管理費、服務費的項目方，投資者須保持警惕，防止對方在收錢後卷款走人，或在事情不順利時溜之大吉。為提高投資的安全性，投資者可與項目方商量分期付款的辦法，比如學會技術時交多少費用，拿到設備時交多少費用，生產出合格產品時交多少費用等。

（四）持續性

對於投資者來說，好不容易選對了一個項目，當然希望能夠比較長時間地經營，給自己帶來效益，為此，投資者還需要對項目方的運作進行可持續性方面的考察，內容包括：

（1）項目方運作是否規範，包括行為規範和章程規範。行為規範：是否有統一的內外標誌；操作流程是否規範；工藝流程是否規範，服務流程是否規範等，是否對加盟者提供統一規範的培訓，培訓的項目、時間、培訓是否收費，收費的標準。章程規範：項目方是否提供統一的操作手冊、服務手冊、管理手冊、培訓手冊，手冊的編製是否規範，是否切實可行，是否便於執行，是否不讓人產生歧義。

（2）如需配送，配送設備是否完整、是否先進，是否有統一的配送中心，配送人員的素質如何、管理如何，配送中心是否能及時回應加盟者的要求，配送原材料是否經常短缺，配送價格是否合理、是否變化無常。一些項目方收很少的加盟費，將利潤點全部放在后期的原材料配送上，這很正常，但隨著投資者的投入越來越多，已經不能輕易脫身，項目方在配送原輔材料的時候隨意要價，價碼越來越高，條件越來越苛刻，以致令加盟者產生被勒索的感覺，這就很不正常。還有一種是項目方不給你配送，你所需要的原材料很容易自己找到，那麼，對於這樣的項目一定要提高警惕。這說明這個項目的門檻很低，被模仿的可能性很大，可能要面對競爭泛濫的局面。一般這樣的項目，都缺乏可持續發展的潛力。

（五）擴張性

誰都希望生意越做越大，如果一個項目做上三五年，仍舊只能是七八平方米的店面，每個月幾千元的收入，就說明這樣的項目缺乏擴張性。擴張性來自兩個方面，一是項目方是否擁有將事業做大的決心，是否擁有長期的戰略規劃，這是從高層次說。從低層次說，項目方在市場擴張上是否能夠為投資者提供強有力的支持。加盟連鎖項目大多集中於快速消費品、餐飲、小食品、時尚飾品、保健品、新潮家居用品、新潮電子、小家電、社區服務性產品如洗衣、美容美髮等，普遍對廣告的依賴性都非常強，項目方在廣告投放上是否能持續，是否能使廣告覆蓋一定範圍，必要的時候，項目方能否提供強有力的促銷支持，如物質方面的支持和政策方面的支持。這些都對投資者

63

的擴大經營起著直接的影響。一是項目方能否持續提高自己品牌的價值，則對投資者能否進行有效的擴張起著間接的影響；二是項目方產品創新的能力也決定著投資者跟隨成長的結果，有些項目方在一個項目推出後，數年不見推出新的項目，舊的項目也不見改進創新，市場只能逐漸萎縮。

（六）延伸性

在對項目方進行考察的時候，除了要考察項目主導人的人品、性格、經歷、知識結構、擁有的企業資源和社會資源外，還要著重考察項目方的團隊。在各種招商會上，我們可以看到，不少招商團隊是由草臺班子臨時拼湊成的，用系紅領巾的手法打領帶，一雙皮鞋3年不擦，一件西服油漬麻花，這樣的一個團隊，能為你未來的投資項目提供什麼樣的保證，不難想像。對項目方團隊的考察，一是考察團隊成員的素質、從業經歷、從業經驗、既往業績、圈內口碑；二是考察團隊在性格和專業上的互補性；三是團隊的穩定性。對於一些比較有經驗的投資者，通過對項目方團隊的察言觀色和對項目方的突襲式訪談，可以得出可靠的結論。

總的來說，對項目包括項目方的考察是一件非常細緻的事情，需要投資者有很好的耐心和足夠的敏感。為了投資安全，付出一些這樣的心力還是值得的。

三、創業項目的效益預測分析

企業經營管理就是創造更多的效益，創業項目的成功與否就在於效益。我們在確定創業項目時，就應該充分分析自己項目的效益，效益應該包括企業的收入（銷售）和開支（經營成本）。通過對收入和開支的分析來綜合全面分析企業是否盈利，從而得出科學的結論。

（一）創業項目的成本和收入

1. 直接成本

直接成本：就是指與銷售直接掛勾的成本，比如商品進貨成本或產品的原料成本。可以稱為可變成本，因為它與銷售額成正比，銷售額越高，直接成本就越多。

企業開始經營，就會產生直接成本，它包括：

（1）進貨成本：就是指產品生產所需要的原材料（或商品）進貨時的貨款；採購員所涉及的招待費、差旅費、貨物運輸的物流成本費（運輸、倉儲、分銷、配送等）。

（2）生產成本：產品生產所需要的原料和半成品貨款；生產所涉及的人員的勞動工資、水電氣費用、外加工成本或服務費用，產品外包中的服務費用。

（3）銷售成本：在銷售中的廣告宣傳、推廣發布會、差旅費、通訊費和人員工資收入，以及其他的獎勵措施（對銷售人員提成、招待費、攻關費）。

（4）稅費：與生產銷售有關的稅，如增值稅、營業稅、企業所得稅、城市維護建設稅、教育附加稅。

2. 間接成本

間接成本：就是與銷售不直接掛勾的成本，如人員的工資、場地租金等。這也稱為固定成本，是企業不管銷售多少都必須支付的費用成本，它不會因為銷售變化而變

化。它包括的內容有：

（1）經營場地租金：生產車間、店鋪、攤位、專櫃、寫字樓辦公室等項目的月租金。

（2）員工的薪酬：員工的工資、獎金、加班費、按照國家勞動保障制度規定的員工「三金」——住房公積金、養老保險金、失業金；「五險」——養老險、失業險、醫療險、生育險、工傷險成本。員工餐費、帶薪假期費用的支出。

（3）日常行銷費用：與銷售額無法直接掛勾的行銷費用，包括廣告及製作費；宣傳資料製作費、推廣宣傳涉及的人員或外包費用；銷售人員固定的差旅費、通訊費、交通費等費用補貼。

（4）其他維護費用：日常水電費、通訊、交通、辦公設備和用品及消耗品支出。

（5）開辦投入的攤支的設備折舊：前期開辦費、設備和家具投資、場地裝修、戶外廣告費用的折舊。

3. 其他的成本費用

在經營中會產生一些其他的費用：

（1）非按月支付的費用：設備、場地、戶外廣告費用、可以按月支付的大項間接費用，按照古往今來的期限和有效期，計算出月平均折舊費用，列入月經營成本中。

（2）個人財產的公用成本：你的房產、場地、設備、家具投入，應該按照市場價計算入的經營成本，並分攤到每個月的經營成本中。

（二）創業項目成本計算與評估

1. 收入與利潤計算

企業經營管理中，能夠正確地預先計算自己的成本，是有效創業和創業成功的重要因素。

（1）毛利計算

月經營效益是指你的月收益或利潤。計算方法是：

毛利是商品實現的不含稅收入剔除其不含稅成本的差額，因為增值稅是價稅分開的，所以特別強調的是不含稅，在現有進銷存系統中叫稅后毛利。

毛利計算的基本公式是：

毛利率＝（不含稅售價－不含稅進價）÷不含稅售價×100%

不含稅售價＝含稅售價÷（1+稅率）

不含稅進價＝含稅進價÷（1+稅率）

從一般納稅人購入非農產品，收購時取得增值稅專用發票，取得17%進項稅額，銷售按17%繳納銷項稅額。

從小規模納稅人購進非農產品，其從稅務局開出增值稅專用發票，取得4%進稅額，銷售按17%繳納銷項稅額。

從小規模納稅人購進非農產品，沒有取得增值稅專用發票，銷售時按17%繳納銷項稅額。

總的來說，增值稅是一種價外稅，它本身並不影響毛利率，影響毛利率的是不含

稅的進價和售價。要正確計算毛利率，只要根據其商品的屬性，按公式換算成不含稅進價和售價就可以了。

（2）淨利

淨利是指毛利減掉所有的費用及稅額所剩下的利潤。

（3）營業利潤是企業利潤的主要來源

它是指企業在銷售商品、提供勞務等日常活動中所產生的利潤。其內容為主營業務利潤和其他業務利潤扣除期間費用之後的餘額。其中主營業務利潤等於主營業務收入減去主營業務成本和主營業務應負擔的流轉稅，通常也稱為毛利。其他業務利潤是其他業務收入減去其他業務支出後的差額。

營業利潤＝主營業務利潤＋其他業務利潤－營業費用－管理費用－財務費用

（4）利潤分配

利潤分配是將企業實現的淨利潤，按照國家財務制度規定的分配形式和分配順序，在國家、企業和投資者之間進行的分配。利潤分配的過程與結果，是關係到所有者的合法權益能否得到保護，企業能否長期、穩定發展的重要問題，為此，企業必須加強利潤分配的管理和核算。利潤分配的順序：利潤分配的順序根據《中華人民共和國公司法》等有關法規的規定，企業當年實現的淨利潤一般應按照下列內容、順序和金額進行分配。

2. 盈虧平衡點（保本）計算

企業的盈虧平衡就是收支平衡，我們能夠從以下方面計算：

（1）根據固定費用、產品單價與變動成本計算保本產量的盈虧平衡點，如表2-1所示：

表2-1

項　目	單位	金額
固定成本/固定費用	元	20,000
產品單價	元	10
材料成本/變動成本	元	5
需要多少產量才能保本呢？		4,000
盈虧平衡點＝固定費用÷（產品單價－變動成本）		

（2）計算保本產量，根據產量與目標利潤計算最低售價為盈虧平衡點，如表2-2所示：

表2-2

生產多少臺產品保本？		
固定費用	萬元	2,700
產品單價/臺	元	800
單位變動成本/臺	元	600

表2-2(續)

盈虧平衡點/年需銷售	萬臺	13.5
計算最低售價為盈虧平衡點		
年產量	萬臺	12
目標利潤	萬元	40
產品最低售價	元	828.3333
[(固定費用+維持企業運轉的利潤)+(產量×單位變動成本)]÷產量		

（3）分析找出固定成本與變動成本，計算盈虧平衡點：收入-成本=利潤

收入-（固定成本+變動成本）=利潤

計算盈虧平衡點就是利潤為零的時候。

所以：收入-（固定成本+變動成本）=0

即是：收入-固定成本=變動成本

可在 Excel 中製表測算，如表 2-3 所示：

表 2-3　　　　　　　　　　　　　　　　　　　　　　　　　　　單位：元

收入	1,100	
固定成本	500	
變動成本	600	
利潤	0	收入-（固定成本+變動成本）=0
變動成本	600	收入-固定成本=變動成本

例如：每個產品銷售單價是 10 元，材料成本是 5 元，固定成本（租金、管理費等）是 20,000 元，那麼需要多少產量才能保本呢？

$10Y-20,000=5Y$，$Y=4,000$，只有產量高於這個數量才盈利，低於這個數量就虧損，所以這個產品的盈虧平衡點就是 4,000 元。

這是理想化了的，現實中，固定成本，如機器的折舊、場地的租金，管理人員的工資，變動成本，如產品的材料成本、計件工資、稅金，現實中還有半變動成本，如水電費、維修費。

在 Excel 中製表測算，如表 2-4 所示：

表 2-4

固定成本	元	20,000
產品單價	元	10
材料成本	元	5
需要多少產量才能保本呢？		4,000
盈虧平衡點=固定費用÷（產品單價-變動成本）		

（4）根據企業固定費用、產品單價、單位變動成本計算其盈虧平衡點：

某企業固定費用為2,700萬元，產品單價為800元/臺，單位變動成本600元/臺。計算其盈虧平衡點。

當年產量在12萬臺時，為實現目標利潤40萬元，最低銷售單價應定在多少？

盈虧平衡點 2,700萬÷（800-600）= 13.5（萬臺）

最低售價為 X

$(2,700+40)\div(X-600)=12$

解得 $X=828.33$（元）

因此最低售價為828.33元。

$(2,700+40)\div(X-600)=12$

該公式換為：$[(2700+40)+(12\times 600)]\div 12$

固定費用÷(產品單價-變動成本)= 盈虧平衡點

2,700萬÷(800-600)= 13.5（萬臺）

表 2-5

生產多少臺產品保本？		
固定費用	萬元	2,700
產品單價/臺	元	800
單位變動成本/臺	元	600
盈虧平衡點/年需銷售	萬臺	13.5

$(2,700+40)\div(X-600)=12$

求 $x=?$ 算式的計算過程

$(2,700+40)\div(X-600)=12$

$2,700+40=(X-600)\times 12$

$2,740=12X-7,200$

$2,740+7,200=12X$

$X=9,940\div 12$

$X=828.33$

表 2-6

計算最低售價為盈虧平衡點			
年產量	萬臺	12	條件之一：企業產能/即只能達到此產量
目標利潤	萬元	40	條件之二：需要這麼多利潤才能維持企業運轉
產品最低售價	元	828.333	盈虧平衡點：確定產品最低售價828.33元
[(固定費用+維持企業運轉的利潤)+(產量×單位變動成本)]÷產量			

（5）成本變動時如何求盈虧平衡點

假設初期投入600元，每年成本500元，成本逐年遞增5%；利潤為20%，銷售額

為動態變化，首年為 1,200 元，其后逐年增長為 30%、40%、20%、20%、20%……

請問有否求出盈虧平衡點時累計銷售額的公式？（不要分步計算，一條用 Y 代表累計營業額的等式）

計算盈虧平衡點時把初期的投入要加上去，即要求完全收回成本時的累計銷售額。

Y＝BX＋A

Y＝BX＋A

Y：表示銷售利潤 301.5 元

B：表示單件利潤 3 元

X：表示銷售數量 100 臺

A：表示成本 1.5 元

表 2-7　　　　　　　　　　　　　　　　　　　　　　　　　　　　　　單位：元

		1	2	3	4	5	6	7	8	合計
期初投入/年利潤+期初投入		600	840	1,152	1,536	1,992	2,520	3,120	3,792	
成本遞增率/每年成本	0.05	500	525	550	575	600	625	650	675	
銷售增長率/年銷售額	0.3	1,200	1,560	1,920	2,280	2,640	3,000	3,360	3,720	
利潤率/利潤	0.2	240	312	384	456	528	600	672	744	0

（三）創業項目選擇注意事項

1. 如何讓自己進行項目創業

如果是第一次創業，那麼你要放好 100% 的心態，做好失敗的準備。失敗是你的親人，你要懂得擁抱失敗，才能有機會成功。所以，第一次創業的話一定要選擇自己非常有興趣的事情來做，而且自己一定要親力親為地全身心投入。如果成功了那最好，是你自己的努力成果，好好享受這份人生喜悅吧。如果失敗了，那也沒關係，至少你學會了創業的經驗和懂得了更好的做好事情的方式。

2. 合夥創業如何選擇項目

合夥創業講究的是誠信和付出。這個就跟談一段感情一樣，付出不一定有回報，但是不付出肯定沒什麼好回報！而且，合夥創業至少要選擇個人非常感興趣，而且有技術的項目。如果是兩個人對這個項目都非常有興趣，而且也非常看好的話那是最好的。假設兩個人都覺得在自己所在的城市或者小區開一家電影院有前景。如果你是方案提出者，那麼你要首先做好這塊地區的市場調查，瞭解周邊的商業模式，調查周邊居民的消費水平，然後瞭解開電影院的流程和資金方面的問題。你可以一個人來做這些事情，如果工作量太大，可以做到一半再把方案給你的合夥人看。決定要開的話可以諮詢國內電影院加盟管理第一品牌的公司大影易諮詢。只要你提供你的想法和要求，剩下的事情都交給大影易就可以了。然後一起來完成後半部分。只有先付出了才能對得起自己的這份真誠，而且我相信你的合夥人也會看得到。

3. 如何選擇資金注入方式

如果你只是注入資金到一家公司，然後分得相應的股份，而且不參與公司的管理

和操作的話，那麼你應該要選擇一家有發展前景的公司（項目）。資金注入分為兩種情況：

（1）這個項目還沒啓動，只是有人把項目策劃書給你分享，希望你能入股。那麼你要瞭解這個項目是否有市場發展前景，可行性有多高。而且，還要預估項目多久時間可以開始走向正規盈利，更要注重的是后期還需不需要投資。然后，投資后預計多久可以盈利分紅，投資的本金多久可以返還。這些都是你需要瞭解的。

（2）這個項目已經開啓一段時間，這個項目遇到市場瓶頸需要注入資金來推動發展。這種項目你需要考察這個公司的管理問題，項目發展趨勢，合夥人的誠信度有多高，后期是否還需要追加資金等。

四、適合大學生創業的項目

在國家提出的「大眾創業、萬眾創新」的時代強音下，李克強總理提出「互聯網+」的具有時代特徵的創業新方向，適合大學生創業的項目有：

（一）電商類創業——網上創業

由於網路的便捷、高效、方便管理，部分創業者把選擇的方向定在了網上創業。網上創業的形式主要有兩種：

一是網上開店，如在淘寶、易趣上開家自己的網店，或者建立一個專門的電子商務網站。

二是善用信息搜集進行獲利，例如：有人在某家知名商務網上註冊，專門為供求雙方提供有償信息，而這些信息則全部來自免費的網路。

（二）做代理商

做某個商品的代理，不需要占用全職的時間，而且正職的工作還能累積較多的人脈，方便代理商品的銷售。

加盟代理對象的基本要求：

總部（特許人）應當擁有至少兩家經營時間超過一年的直營店（即「兩店一年」的原則）；特許人擁有合法的註冊商標、企業標誌、專利、專有技術等相關經營資質；特許人應當擁有成熟的經營模式，並具備為受許人持續提供經營指導、技術支持和業務培訓等服務的能力；「四化」，滿足連鎖經營管理的基本原則——標準化、簡單化、專業化、獨特化；有標準的建店規範手冊、視覺識別手冊（VI）、經營管理手冊；可複製性，連鎖的最大特徵之一就是具備可複製性；市場：有廣闊的市場前景。

（三）諮詢業

這是最常見的一種在職創業類型。通常是利用自己的聰明智慧、豐富的從業經驗或專業技能進行創業。

（四）委託投資

適合那些擁有一定資金，但個人缺少精力或時間的創業者。對於委託投資來說，一是要選擇好項目，這個項目應該滿足市場需求、市場優勢、市場差異、誠信度這四

個方面；二是選擇好合夥人，合夥人的品性是第一位的，一個誠信的合夥人是保證合作成功的關鍵，當然合夥人是否具有管理素質等也是非常重要的。

第三節　創業項目虛擬仿真實訓

一、實訓目的

通過實訓，使學生認識到項目選擇對創業企業具有的重要作用。創業項目，易於發現未被滿足的消費需求，尋找到市場的空白，正確地選擇目標市場。通過項目的選擇，創業者可以瞭解各類顧客的不同消費需求和變化趨勢，面對自己的創業目標，選擇相應的創業目標，有針對性地開展各類創業活動。

二、實訓要求

1. 教師要求

授課教師須精心準備，善於引導，充分調動學生的積極性；教師對學生觀察運用理論知識發現問題、分析問題、解決問題的能力進行全方位的考核；在實訓過程中，教師須進行必要指導，對討論內容講解重點突出，指導認真負責，回答問題耐心細緻，注重培養學生的創新能力。

2. 學生要求

精心進行創業項目和相關資料的準備；討論踴躍，神態自然，口齒清楚，語言流利；運用所學知識深入分析，展開討論，要求言之有理。

三、實訓設備

要求一個互聯網連接的多媒體實訓室。

四、實訓步驟

(一) 虛擬仿真項目推演

創業如同婚姻：沒有最好的項目，只有最合適的項目。那麼，當我們擁有著愛情一般的創業衝動的時候，究竟該怎麼樣去選擇適合自己的項目呢？

據中國創業招商網統計，90%的人曾經有過創業衝動，其中60%的會付諸實施，但是其中僅有10%的人會成功。那麼，為什麼會有這麼多人失敗呢？中國創業招商網最近展開了一次調查，結果發現：98%的失敗者是因為沒有選準合適的項目。俗話說得好「萬事開頭難」，選擇了一個好的項目，就成功了一半。

選擇創業項目有需要把握住以下幾個關鍵：第一是風險；第二是創業項目的真實可靠性；第三是實力；第四是信息渠道的暢通。

第一步，展開一大片創業項目。

根據你所熟悉的行業，或者你的親友熟悉的行業，結合社會熱點，盡可能多地展

開創業思路、點子、項目。頭腦風暴,加法原則,越多越細越好(表 2-8)。

表 2-8

創業項目展開因子	展開的創業項目
汽車進家庭是時代大趨勢,做汽車生意	汽車銷售、配件銷售
	汽車維修、改裝
	汽車美容、洗車
	開辦停車場
	生產汽車裝飾品、護杠
	辦汽車駕校、陪練部、汽車俱樂部
	汽車自駕遊公司

1. 由熱點機會展開創業項目(表 2-9)

表 2-9

社會熱點	市場具體化階段發展的創業思路	市場再結合階段發展的創業項目
網路時代到來	利用網路進行銷售及服務	網店、網路徵婚、網路學校
3G、4G 產品普及		
高檔住宅產業		
轎車走進家庭		
視覺產品增多		
計算機的家庭化		
教育的國際化		
兒童校外教育		
旅遊業		
健身業		
收入水平提高		
社會老齡化		
獨生子女		
環境污染		
食品安全		
大學生就業		
單親家庭		
農民工進城		
個體創業現象		
城市擴大化		
宗教興起		
文明病增多		
全民投資熱		

針對每一個熱點開發出 3 個以上創業點子（可自創熱點）。

2. 從不滿意中找創業思路

生活中有著諸多「不滿意」，而「不滿意」的背后意味著諸多「訴求」，這些訴求對創業者來說就意味著有諸多商機（表 2-10）。

表 2-10

類別	人們對什麼不滿意？	為什麼會產生不滿意？	發現的創業思路或點子
衣	衣服干洗	小區干洗店價格貴	開平價洗衣店
食			
住			
行			
玩			
其他			

需要一定難度或一定專業技術才能解決的不滿意，最具專業價值。

3. 按優勢資源展開創業項目（表 2-11）

表 2-11

我的優勢資源	按優勢資源展開的創業項目
強烈的創業願望 嫻熟的英語技能	開辦實用性英語學校（補充我國英語應試教育的不足）
	開辦英語家教公司
	開辦英語導遊服務公司
	為出國人員辦理仲介服務
	開辦雙語幼兒園
	開英語書店
	開英語歌曲發燒友影像店
	開辦企業英語服務設計公司（企業介紹、產品介紹、廣告）

第二步，開展市場調查，排除一大片，劃出一個圈。

創業者應該知道哪些事情是不能長期做的，哪些事情是能長期做的。把社會恆久需要的、已初露端倪的大趨勢劃進來。例如，由環境保護引發治理江河，導致關閉中小造紙廠，產生紙製品的供求不平衡，騰出了一片市場。如果用再生紙做資源去添補，會怎麼樣呢？

市場調查方法：觀察法、體驗法、詢問法、換位法、還有跟蹤調查、抽樣調查、

蹲點調查、問卷調查、網路調查、電話調查等。無論採取哪種調查，都要深入細緻，真實可靠。

創業困境調查。創業者初選項目後，要尋找附近同類企業進行調查，特別要對經營困難的同類企業進行調查（表2-12）。

表2-12

企業名稱		創業時間	
主營業務			
企業主要困境			
造成困境的原因			

規避創業陷阱。未經商機識別的創業思路和創業項目中十有八九是玫瑰色的創業陷阱，這一陷阱的可怕和可悲之處是：陷阱是由創業者自己滿懷激情挖掘的，然後創業者滿懷期望地跳下去，他們面帶微笑地下沉、下沉，直到墜入井底，摔得粉身碎骨才發現，這是一個陷阱。

森林法則

［狐狸進食原則］該項目所在的行業中是否有實力雄厚的霸主存在？他們為什麼不做該項目？
A. 沒發現； B. 不屑做； C. 太麻煩不好做； D. 有陷阱。
［螳螂撲食原則］該項目能否給消費者帶來立竿見影的利益點？項目教育期有多長？
A. 有立竿見影的利益點； B. 需要較長期的啓蒙教育才能夠顯現利益點。
［蛇吞象原則］你的資源能否養得起該創業項目？
A. 力所能及； B. 很勉強； C. 力所不及。
對該項目的評價：
A. 是好創業項目；B. 是一般創業項目；C. 說不清；D. 是陷阱

對該項目的處理
經過以上三原則的判斷和比較，對該項目的最終處理是：
A. 作為備選方案保留 B. 是創業陷阱去掉

生存法則

［夾縫生存空間］從夾縫生存空間的觀點看，該項目是：（請在以下各項中選擇）
A. 市場規模小的產品，大企業不願意做；B. 是多品種、小批量生產方式的產品，大企業嫌麻煩不願意做；C. 是小批量特殊專用產品，大企業不願意做；D. 是大企業認為信譽風險大的產品而不做。

該項目是否構成了「狹縫小生位」： 是 否
［空白生存空間］從空白生存空間的觀點看，該項目：（請填寫）
A. 創新點是：

B. 能夠填補的空白是：
C. 創新和填補空白帶給消費者的主要利益點是：
D. 預計該利益是否顯著而被消費者接受：
該項目是否構成了「空白小生位」：　　　　　是　　　否
［協作生存空間］從協作生存空間的觀點看，該項目：（請在以下各項中選擇）
A. 是大企業供應鏈上的一個鏈條；　B. 是連鎖經營方式；　C. 是品牌專賣方式。
該項目是否構成了「協作小生位」：　　　　　是　　　否
［專知生存空間］從專知生存空間的觀點看，該項目：（請在以下各項中選擇）
A. 具有獨特技術；B. 具有獨特工藝；C. 具有品牌專有；D. 具有別人做不來的標準化體系與行為規範。
該項目是否構成了「專知小生位」：　　　　　是　　　否
綜合評價從生存性角度看，該項目的生存性：　A. 強；　　B. 中；　　C. 弱。
從生存性角度對該項目的最終評價是：A. 作為備選方案保留；B. 是創業陷阱去掉。

第三步：列出一個順序。

把可能做的事情排列起來。回頭看看過去的 20 年中，做強、做長的企業是生存在哪些行業，很大程度上能夠證實行業與發展的聯繫。比如房地產、醫藥、保健品、證券、建材、裝修、交通、教育、通信等。那麼，就把大的範圍圈定在這裡，選出若干項。

第四步：項目商機評價指標體系表（表 2-13）。

表 2-13　　　　　　　　　第　　個創業項目

類別	指標	最有利標準 （給 5 分）	最不利標準 （給 1 分）	評價值				
				1	2	3	4	5
市場可行性	市場需求	產品有夾縫市場需求	顧客群已忠於其他品牌					
		能夠形成特定的顧客群	無特定的顧客群					
		產品的顧客利益點凸顯	產品顧客利益點不顯著					
	市場結構	銷售者數目少	銷售者數目多					
		銷售者規模小	銷售者規模大					
		分銷、進入和退出成本低	分銷、進入和退出成本高					
		買賣雙方信息不對等	買賣雙方信息對等					
		不依賴於規模經濟	依賴於規模經濟					
	市場規模	占市場份額很小就能獲得高收益	占市場較大份額收益也很低					
		新興、不穩定、多變	穩定、成熟、機會少					
		需求持續成長率在 30%~50%	需求持續增長低於 10%					

表2-13(續)

類別	指標	最有利標準（給5分）	最不利標準（給1分）	評價值 1	2	3	4	5
經濟可行性	稅后利潤	20%以上	低於5%					
	盈虧平衡	1年開始盈利	3年開始盈利					
	資本要求	中低水平資本	大資本量					
	承擔風險	項目財務風險小於創業者個人資產淨值	項目財務風險大於創業者個人資產淨值					
	機會成本	項目成本大於其他工作	項目成本小於或等於其他工作					
競爭優勢	成本	變動成本最低	變動成本較高					
		固定成本最低	固定成本較高					
		產品成本最低	產品成本較高					
		行銷成本最低	行銷成本較高					
	控制程度	市場分散，項目可對價格、成本、分銷渠道有中等或較強的控制力	已存在市場領導者，項目對價格、成本、分銷渠道等缺乏控制力					
		市場領導者能力已經飽和或革新速度很慢或怠慢顧客	市場的大玩家沒有疲倦和遲緩，始終保持旺盛的競爭力					
	進入壁壘	具有所有權壁壘優勢	無法把其他競爭者阻擋在行業外					
		具有法規壁壘優勢						
		具有技術壁壘優勢						
團隊適應性	人員	囊括業內明星的團隊	缺乏業內專家					
	個人履歷	在管理、技術、行銷和利潤等方面的履歷可滿足投資人的期望	缺乏經驗					
	互補技能	成員具備項目所需的人際關係技能、專業技能和解決問題的技能	不具備這些技能					
	壓力承受	創業者能夠接受高成長、高收益項目的壓力	對高成長、高收益的項目壓力感到恐慌					
戰略差異性	缺陷	沒有致命缺陷	有一個或兩個致命缺陷					
	服務	全新的服務標準	傳統服務標準					
	時機	恰當時機	半夜雞叫(早了)/熄燈號(晚了)					
	技術	具有突破性的所有權	沒有獨創技術					
	柔性	具有快速上馬、快速退出性	項目進入慢、退出難					
	渠道	低成本高效率的網路渠道	沒有很好的渠道					
	容錯空間	在計劃、收入、成本、時機等方面准許有較大誤差	項目容不得犯錯誤					

綜合評價

從商標評價指標體系角度，對該創業項目的最終評價是：

A. 具有商機保留　　B. 是創業陷阱去掉

第五步：切入一個點

成就事業的公認法則是集中和持續在已經縮小的範圍內，可做的事仍然很多，這時，比較優勢的道理是有用的——認真地審視自己的強項、優勢、興趣何在，可能同時有幾個，與他人比較哪個優勢是最有利的。這時，機會成本的概念也是有用的——同樣多的時間，同樣的付出，哪個能力所對應的事業會有更大的前景收益，比較中優勢會凸顯出來。

表 2-14　　　　　　　　　生意半徑內競爭強度調查

調查指標	含　義	調查結果	分析	
			優勢	劣勢
市場增長性	生意半徑內市場需求預計是增加還是減少	預計增加多少____ 預計減少多少____		
同業者數量	生意半徑內做相同或相近的生意的企業數	小規模____個，大規模____個，是否形成產業集群優勢		
產品差異性	生意半徑內同業者的產品或服務的差異大小	產品差異大的有____個，產品差異小的有____個		
品牌專有性	生意半徑內同業者的產品或服務是否形成品牌專有效果	形成品牌專有性的有____個，未形成品牌專有性的有____個		
競爭多樣性	生意半徑內同業者的產品或服務的經營模式與競爭手段狀況	花樣翻新　　一成不變		
邊際利潤	生意半徑內新進入者引起同業者利潤增加的變化情況	增加　減少　不變		
其他				

對生意半徑內同業者競爭強度的基本判斷和進入決策是：①市場供需屬於均衡前期，競爭較少，處於有利的進入期；②市場供需屬於均衡期，競爭正常，處於可以的進入期；③市場供需屬於均衡後期，競爭激烈，不宜進入。

(二) 項目選擇之軟件虛擬仿真實訓

1. 登錄項目選擇（見下圖 2-1）

圖 2-1

　　步驟一：選擇搜索的行業和投資金額，點擊查詢，即可顯示出要查詢的行業的相關項目（圖 2-2）：

圖 2-2

第二章　創業項目選擇與市場分析

步驟二：學生可以選中自己看好的項目，點擊左側的「項目對比」進行比較（圖 2-3）。

圖 2-3

點擊後顯示以下界面，供學生進行瞭解（圖 2-4）。

圖 2-4

學生也可對具體項目進行詳細瞭解，並可以發表評論。點擊項目評價下的收藏按鈕，即可將此項目收藏到自己的收藏夾中（圖 2-5）。

圖 2-5

2. 錄入新項目

學生可以將自己好的項目進行錄入，選中「錄入新項目」將項目有關內容進行錄入，點擊保存項目信息，則將自己的好項目錄入系統（圖 2-6）。

圖 2-6

3. 我的項目列表

用於查看自己錄入的項目，點擊「修改信息」即可修改自己錄入的項目，也可點擊「刪除信息」，將自己認為錄入不成功的項目進行刪除（圖 2-7）。

圖 2-7

4. 我的收藏夾

將自己感興趣的項目進行收藏，以備隨時查看（圖 2-8）。

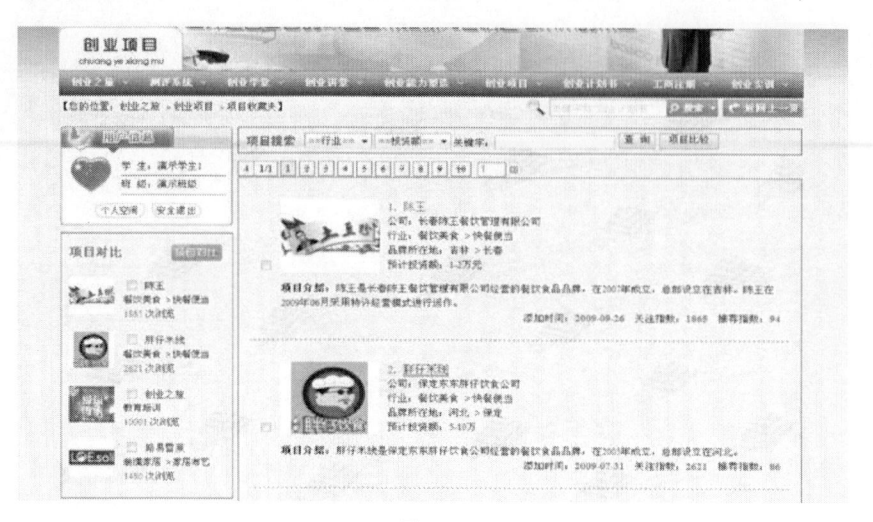

圖 2-8

五、實訓記錄與數據處理要求

每個團隊項目選擇步驟、注意事項。

數據記錄表格：

表 2-15

≪創業項目選擇市場分析≫實訓					
實驗項目名稱		實驗時間		實驗地點	
實驗類型		實驗設備			
實驗要求	1 2				
實驗步驟		實驗內容		完成情況	
1 2 3					
數據處理情況					

六、實訓中注意事項

1. 注意實訓項目的產生；
2. 注意實訓項目選擇推演的步驟。

七、實訓報告（自己課余完成一份1,500字的項目選擇報告）

思考與討論

1. 談談你對創業機會內涵的理解。
2. 根據市場機會的特點以及你的理解,談下如何尋找創業項目。
3. 目前哪些領域適合大學生創業?
4. 創業項目選擇的原則、基本程序和注意事項是什麼?
5. 案例題

提交一份 800~1,000 字的項目選擇實驗報告。

(1) 項目:開一個 150 平方米餐館創業的盈虧平衡點計算訓練。

(2) 目的:掌握計算創業項目盈虧平衡點的產量方法,估算達到盈虧平衡點所需要的時間。

(3) 要求:分成若干個小組進行。

(4) 步驟:第一,調查開餐館的各種費用、毛利潤率;

第二,小組每個成員分別計算;

第三,分組討論和總結;

第四,老師點評;

第五,寫出報告書(以團隊為單位,寫出 2,000 字左右的項目調查分析報告書)。

第三章　角色扮演式創業團隊組建

小王選擇創業項目，總感覺自己有忙不完的事，他找到創業導師。導師告訴他：創業時需要一個創業團隊。他應該怎樣尋找創業團隊？哪些人適合與小王一起創業？團隊角色該怎麼分工？小王進入第三站的「旅行」。

第一節　創業團隊及其組建

我更喜歡擁有二流創意的一流創業者和團隊，而不是擁有一流創意的二流創業團隊！

——風險投資管理之父多里特

一、創業團隊的內涵

（一）創業團隊

團隊就是由少數具有技能互補的人組成，認同於一個共同目標和一個能使他們彼此擔負責任的程序，並相處愉快，樂於一起工作，共同為達成高品質的結果而努力。團隊是利用每一個成員的知識和技能，協同工作，解決問題，達到共同目標的共同體。創業團隊就是在創業初期，有一群才能互補。責任公擔、願為共同創業目標奮鬥的人組成的特殊群體。創業團隊不僅包括一群創建新企業的人，還包括與創業過程中有關的各種利益相關者，如風險投資家、專家顧問等團隊。在創業過程當中，我們也應該充分利用這些團隊的優勢。

《西遊記》是我們所熟悉的古典名著，其中由唐僧率領的取經團隊被公認為是一支「黃金組合」的創業團隊。四個人的性格各不相同，卻又同時有著不可替代的優勢。比如說，唐僧慈悲為懷，使命感很強，有組織設計能力，注重行為規範和工作標準，所以他擔任團隊的主管，是團隊的核心；孫悟空武功高強，是取經路上的先行者，能迅速理解、完成任務，是團隊業務骨幹和鐵腕人物；豬八戒看似實力不強，又好吃懶做，但是他善於活躍工作氣氛，使取經之旅不至於太沉悶；沙僧勤懇、踏實，平時默默無聞，關鍵時刻他能穩如泰山、穩定局面。

創業路上，並沒有那麼巧的機緣和條件，能幸運地集聚到這樣四個不同性格的人，這就需要創業者能用人、懂用人。別人認為是廢鐵，到他手裡就變成黃金。也許我們從漢高祖劉邦創立大漢王朝的事業當中能獲得啟示吧。從個人能力來說，西楚霸王項

羽幾乎各方面都比漢高祖劉邦強很多，但劉邦更會用人。他統籌不行，於是找來蕭何做「大管家」；他智謀不行，於是找來張良當軍師；他詭計不行，於是找來陳平代勞；他指揮戰爭簡直是小學生水平，於是找來了博士後級別的韓信。值得一提的是，韓信、陳平等名將謀士，都是劉邦從項羽那邊挖過來的。而項羽這邊呢？一味靠自己的武勇，開始確實威風得很，但是對人才不重視令他付出了慘重的代價。陳平擅長詭計，但項羽卻只看到陳平「品德不足」的方面（傳聞陳平盜嫂）。韓信打仗在行，但項羽卻因為他出身低微而不重視。手下的人走的走，降的降，連忠心耿耿的亞父範曾都被他氣死了。此消彼長，英雄項羽輸給劉邦也是合情合理的。

(二) 創業團隊五個要素

1. 目標

創業團隊應該有一個既定的共同目標，為團隊成員導航，知道要向何處去。沒有目標，這個團隊就沒有存在的價值。目標在創業企業的管理中以創業企業的願景、戰略的形式體現，缺乏共同的目標使得團隊首先沒有凝聚力和持續發展力。

2. 定位

定位指的是創業團隊中的具體成員在創業活動中扮演什麼角色，也就是創業團隊的角色分工問題。定位問題關係到每一個成員是否對自身的優劣勢有清醒的認識。創業活動的成功推進，不僅需要整個企業能夠尋找到合適的商機，同時也需要整個創業團隊能夠各司其職，並且形成一種良好的合力。

3. 職權

為了實現創業團隊成員的良好合作，賦予每個成員一定的權力是必要的。賦予團隊成員適當權力，主要是基於：①團隊成員對於控制力的追求往往是他們參與創業的一個重要動因；②創業活動的動態複雜性，必須依賴團隊成員擁有較多的權力來實現目標。

4. 計劃

計劃是創業團隊未來的發展規劃，也是目標和定位的具體體現。在計劃的幫助之下，能夠有效制定創業團隊短期目標和長期目標，能夠提出目標的有效實施方案，以及加強實施過程的控制和調整。這裡所討論的計劃可能尚未達到商業計劃書那種複雜程度，但是，從團隊組建和發展過程來看，計劃的指導作用自始至終都是存在的。

5. 人員

創業團隊的構成是人，在新創企業中，人力資源是所有創業資源中最活躍、最重要的資源。創業的共同目標是通過人員來實現的，不同的人通過分工來共同完成創業團隊的目標，所以人員的選擇是創業團隊建設中非常重要的一個部分，創業者應該充分考慮團隊成員的能力、性格等方面的因素。

一個高效的創業團隊，創業夥伴能夠聚同化異，各個成員按照「適才適所」的原則定好位，有效授權，做到「人盡其才、才盡其用」，這樣才能實現創業的共同目標。共同目標是團隊區別於群體的重要特徵。

二、創業團隊的作用及類型

(一) 創業團隊的作用

團隊創業是大勢所趨。現在社會，一個不爭的事實就是：這不再是個人英雄主義的時代，取而代之的是團隊，團隊是英雄的最小單位。從目前中國市場來看，團隊創業的企業比個人創業的企業要多。特別是高科技行業，它所要求的能力遠超過個人所擁有的。因此創業要想成功，有一個優秀的創業團隊是非常關鍵的。

「人」的結構就是相互支撐，「眾」人的事業需要每個人的參與。一臺機器通常是做不出產品的，單獨的一個零部件更發揮不了作用，只有組合才能使各個組成部分的作用得到充分的發揮。共同創業有利於分散創業的失敗風險；通過團隊成員中的技能互補可提高駕馭環境不確定性的能力，從而降低新創企業的經營失敗風險。

風險投資公司普遍相信，縱然團隊創業成功的機率不一定高，但團隊創業成功後所產生的回報價值一定相對較高。所以他們在投資新創企業的時候，都會將團隊因素列為重要的評估指標。所以，優秀的創業團隊是創業者走向成功必不可少的組成部分。

創業團隊的作用，也可以說是優勢主要體現在如下幾個方面：

1. 較高的機會識別能力

創業機會是由於知識、技術、經濟、政治、社會和人口等條件不斷變化，從而帶來新產品或服務、新市場、新生產過程、新原材料、新事物過程出現的潛在商業機會。如果僅僅依靠一個人的力量，不可能接觸到所有領域，眼界有限，對創業機會的識別也非常有限。如果組成團隊，利用創業團隊成員各自的特長和知識背景，就能夠及時捕捉創業機會，並在眾多的機會中選擇適合自己的創業機會進行創業。

你認識的每個人都是一個潛在的商業形成機會，你的朋友或家庭成員都有不同技能、設備或社會關係，這使他們能成為你寶貴的商業夥伴。比如說你想開創T恤衫製作業務，而你不是一個藝術家，但你有一個朋友是藝術家，你們倆就可以共同創業。當人們組成創業團隊時，往往可以產生單個人不會出現的創造力。而且，通過團隊成員集體交換意見所產生的問題解決方案和其他方式相比，或者更好，或者相當。據統計，約47%的創意來源於工作團隊的活動。我們常說「多一個朋友多一條路」，就是這個意思。在創業當中，我們每個人的知識、經驗、思維以及對市場的瞭解不可能做到面面俱到。團隊之間的信息交流能使我們廣泛獲取信息，及時從別人的知識、經驗、想法中汲取有益的東西，從而增強發現機會的可能性和概率。

2. 較高的機會開發能力

20世紀80年代末期，羅素·西蒙斯（Russell Simmons）在紐約城市大學推廣歌唱音樂會，但大多數唱片公司經理都認為這種音樂只會持續一至兩年，西蒙斯確實喜歡它並認為它未來潛力巨大，於是西蒙斯花了5,000美元與同學里克·羅賓共同成立了戴夫·杰姆（Def. Jam）唱片公司。他們製作了由Run DMC和LL Cool J錄制的上榜歌曲。西蒙斯最終買下了羅賓的股權，創立了資產雄厚的戴夫·杰姆音樂王國。他製作了戴夫·杰姆喜劇電視片、自有品牌的唱片和服裝。由於西蒙斯和羅賓組成了一個優

秀的團隊，他們迅速使戴夫·杰姆獲得巨大成功。如果他們單獨干，就沒有足夠的資金來發行自有品牌的唱片，而合作，就能夠實現，而且，他們每個人都認識許多不同的藝術家，在唱片業也有不同的關係網路。或許你想從事唱片業務，但你只有一臺唱片機，如你和朋友能共同創業，你就能集中設備進行唱片錄制。

3. 較高的機會利用能力

有商業機會並不等於創業成功的機會，還要看能否利用好。組建創業團隊，可以有如下優勢：能夠獲得自己缺少但他人控制的資源；遇到競爭時，自己有團隊與之抗衡，避免單槍匹馬苦於應付；可以創業團隊大家一起來承受利用該機會的各種風險。

2000年年初，網易北京公司從最初的2個人發展到160人，這時候的丁磊一方面感覺自己在管理方面越發吃力，他清楚地知道，技術是自己的特長，而管理自己並不擅長，為了不讓自己的管理短板阻礙公司的快速發展，他有了效仿比爾·蓋茨讓出的想法。另一方面，一家土生土長沒有任何國際化經理人的中國網路公司去美國融資，勢必效果不佳，所以，一番努力之後，在丁磊的讓位之下，一批留學英美、在外資公司有過多年工作經驗的新人進入了網易的管理層。

我們從新東方和李陽瘋狂英語的創辦發展對比中來看團隊創業的優勢。2000年左右的時候，瘋狂英語的影響力在全國來說絕對在新東方之上，可是現在的新東方已是英語培訓界的霸主。提起瘋狂英語，除了李陽不會再想起第二個人，新東方則是集體智慧的結晶，很多頂尖人才不斷加盟，新東方集團董事長俞敏洪說過：「新東方的成功靠的是一個團隊，而李陽瘋狂英語是個人英雄主義。」李陽自己也曾反思過，他說：「新東方有數千名全亞洲最頂尖的英語老師，而我只是一個老師，差得太遠了！」

現在社會分工越來越細，最專業的事就要交給最專業的人去做，勝算才會更大。創業者之所以多遭破產厄運，最主要的原因在於他們缺少一支優秀的創業團隊。創業需要的是一個系統，而非某一兩個單點，作為單獨的一個人，不可能具備創業所需要的所有技能和資源，大量創業事例告訴我們，單個創業者通常只能達到維持生計。要想單槍匹馬地發展一家高潛力的企業是極其困難的。如果創業者不顧實際情況，一門心思單打獨鬥，就很有可能延誤企業的發展。創業者如果成為孤獨的「狼」，無法與他人相處共事，那只能算是地攤式的小業主而無法成為統領千軍萬馬的企業家。

(二) 創業團隊類型

1. 星狀創業團隊

創業團隊中一般有一個核心主導人物，充當領軍的角色。這種團隊在形成之前，一般是核心主導人物有了創業的想法，然后根據自己的設想進行創業團隊的組織。因此，在團隊形成之前，核心主導人物已經就團隊組成進行過仔細思考，根據自己的想法選擇相應人物加入團隊，這些加入創業團隊的成員也許是核心主導人物以前熟悉的人，也有可能是不熟悉的人，但其他的團隊成員在企業中更多時候是支持者角色。

這種創業團隊有幾個明顯的特點：

(1) 組織結構緊密，向心力強，主導人物在組織中的行為對其他個體影響巨大。

(2) 決策程序相對簡單，組織效率較高。

（3）容易形成權力過分集中的局面，從而使決策失誤的風險加大。

（4）當其他團隊成員和主導人物發生衝突時，因為核心主導人物的特殊權威，使其他團隊成員在衝突發生時往往處於被動地位，在衝突嚴重時，一般都會選擇離開團隊，因而對組織的影響較大。

這種組織的典型例子比如：太陽微系統公司（Sun Microsystem）創業當初就是由維諾德·科爾斯勒（Vinod·Kamila）確立了多用途開放工作站的概念，接著他找了喬伊（Joy）和貝希托爾斯海姆（Bechtolsheim）兩位分別在軟件和硬件方面的專家，和一位具有實際製造經驗和人際技巧的麥克尼里（McNeary），於是，組成了太陽微系統公司的創業團隊。

2. 網狀創業團隊

創業團隊的成員一般在創業之前都有密切的關係，比如同學、親友、同事、朋友等。一般都是在交往過程中，共同認可某一創業想法，並就創業達成了共識以後，開始共同進行創業。在創業團隊組成時，沒有明確的核心人物，大家根據各自的特點進行自發的組織角色定位。因此，在企業初創時期，各位成員基本上扮演著協作者或者夥伴角色。

這種創業團隊有幾個明顯的特點：

（1）團隊沒有明顯的核心，整體結構較為松散。

（2）組織決策時，一般採取集體決策的方式，通過大量的溝通和討論達成一致意見。因此組織的決策效率相對較低。

（3）由於團隊成員在團隊中的地位相似，因此容易在組織中形成多頭領導的局面。

（4）當團隊成員之間發生衝突時，一般都採取平等協商、積極解決的態度消除衝突。團隊成員不會輕易離開。但是一旦團隊成員間的衝突升級，使某些團隊成員撤出團隊，就容易導致整個團隊的渙散。

這種創業團隊的典型例子：微軟的比爾·蓋茨和童年玩伴保羅·艾倫，惠普的戴維·帕卡德和他在斯坦福大學的同學比爾·休利特等多家知名企業的創建多是先由於關係和結識，基於一些互動激發出創業點子，然後合夥創業。

3. 虛擬星狀創業團隊

創業團隊是由網狀創業團隊演化而來。基本上是前兩種的中間形態。在團隊中，有一個核心成員，但是該核心成員地位的確立是團隊成員協商的結果，因此核心人物某種意義上說是整個團隊的代言人，而不是主導型人物，其在團隊中的行為必須充分考慮其他團隊成員的意見，不像星狀創業團隊中的核心主導人物那樣有權威。

三、組建創業團隊前的準備

（一）創業者的自我評估

作為一名創業團隊的主導者，需要具備哪些能力與特性才能吸引創業合作者與之一起創業呢？主要有如下幾個方面需要自我評估：

1. 知識基礎

創業者的知識素質對創業起著舉足輕重的作用。創業者要進行創造性思維，要作

出正確決策，必須掌握廣博知識，具有一專多能的知識結構。具體來說，創業者應該具有以下幾方面的知識，做到用足、用活政策，依法行事，用法律維護自己的合法權益；瞭解科學的經營管理知識和方法，提高管理水平；掌握與本行業、本企業相關的科學技術知識，依靠科技進步增強競爭能力；具備市場經濟方面的知識，如財務會計、市場行銷、國際貿易、國際金融等。

2. 專門技能

在創業的時候，如果有一定專業技術或自己比較熟的行業，創業項目就易於上手，比較容易成功。

黃×等7人，均為長沙理工大學自動化專業本科生，合夥經營一家名為「久創科技」的電腦服務公司，主要業務包括組裝電腦的導購、電腦及配件的代售、電腦故障維修。經營的7名同學根據自身特點和專業特長，分塊負責公司的各項業務；店面的營業人員由7名同學輪流充當。由於關係良好，平常的工作量和業績並不直接與利益掛勾，而採取平均分配利潤的方式。公司營業一年多來，業績尚可，已收回投資，一年后開始盈利。當然，這沒有計算7名同學的人力投資。

專門技能中蘊藏著無限商機，在校大學生相對社會創業者而言，缺乏足夠的資金和人力支持，不得不盡量發揮創業者自身的專長。黃×等7人的「久創科技」的技術服務部分就完全依賴他們自身的計算機專業。利用自己的專長進行創業大大降低了創業成本，在創業的同時對自身技能又是一種很大的提高。這不但是在校學生創業的特點，在社會上創業行為中也較為多見。

3. 動機

創業者的個人動機會對創業模式的選擇產生很大影響。不同學歷的創業者創業動機存在顯著差異。學歷高的創業者更多是機會型創業，趨向於為了開創事業的追求，把創業當作一項具有挑戰性的工作對待；學歷低的創業者以生存型創業為主導，更趨向於希望致富或為了生存的需要。大學生創業動機有很多，主要是以下幾種：

（1）經濟需求：經濟原因也是大學生選擇自主創業的一個重要原因。在以經濟建設為中心的大環境中，工作待遇是不得不考慮的一個重要因素，自主創業可能帶來的就是良好的經濟效益。

（2）自我實現：一些自我意識很強的學生，選擇自主創業是為了通過這一途徑來證明自己的能力，在一些單位由於制度的約束，無法按照自己的想法來做事，創業可以有一個空間來發揮，來實現自我價值，得到社會的認可。

（3）偶像崇拜：比爾·蓋茨、李開復、馬雲、張朝陽等人的名字在大學生心中並不陌生，他們的創業故事也為同學們所津津樂道。作為偶像，這些人的經歷給大學生提供了自主創業的經典，希望自己有那麼一天也能向他們一樣成就一番事業，出人頭地。

（4）「創業」本身就是一種職業：很多大學生認為創業本身就是一種職業，在就業高峰，給自己一片更廣闊的天空，並且很多人都認為在今后的社會中，自主創業的人會越來越多，甚至成為就業的主流，成為大學生畢業后就業的首選。

（5）時間自由：對很多人來說，時間上的自由可以說是最大的動力。朝九晚五的

工作時間不是每個人都能適應，如果自己創業，時間的掌握上就比較自由一點，這也是為什麼現在出現自由職業者的原因。因為這個原因選擇創業的學生認為自我空間很重要，沒有必要沒有事還要守在單位裡浪費時間，可以做更多自己想做的事情。

4. 個人特性

優秀創業者的舉手投足與言談行為都自然得體，毫不費力便能獲得他人的注意和喜愛。而獲得他人認可和善意的主要途徑和方法便是個人特性的發展，也就是人格方面的事情。如果你是一名創業團隊的核心人物、手下眼中的「老大」，現在請客觀自問：我是否具備這樣的人格魅力？

具有人格魅力的性格特徵也往往表現在如下的幾個方面：

（1）在對待現實的態度或處理各種社會關係上，表現為對他人和對集體的真誠熱情、友善、富於同情心、樂於助人和交往，關心和積極參加集體活動；嚴格要求自己，有進取精神，自信而不自大，自謙而不自卑；對待學習、工作和事業，表現得勤奮認真。

（2）在理智上，表現為感知敏銳，具有豐富的想像能力，在思維上有較強的邏輯性，尤其是富有創新意識和創造能力。

（3）在情緒上，表現為善於控制和支配自己的情緒，保持樂觀開朗、振奮豁達的心境，情緒穩定而平衡，與人相處時能給人帶來歡樂的笑聲，令人精神舒暢。

（4）在意志上，表現出目標明確、行為自覺、善於自制、勇敢果斷、堅忍不拔、積極主動等一系列積極品質。

擁有這四種良好的個性特徵的人，在團隊中最受歡迎和最受傾慕，頗有人緣，很容易煽動和召集他人跟隨。

(二) 選擇創業合作者

創業者在創業過程中，既要講獨立，也要講合作。適當的合作（包括合資）可以彌補雙方的缺陷，使初創的弱小企業在市場中迅速站穩腳跟。創業者更需要從創業整體規劃出發，明確哪些方面的技能和資源是自己所欠缺的，再以此來尋找相關具備此類技能和資源的合作人，大家的資源和技能實現整合，共同發展。

一個好的合夥人，可以幫助企業騰飛；同樣，一個不合格的合夥人，給企業帶來的只能是災難。所以對於創業者而言，選擇合作夥伴，意味著將企業未來幾年的命脈與人共享。那麼在共享權力之前，就必須認真地考察合作夥伴。

在選擇合作夥伴時，主要是選擇在知識、技能和經驗方面主要關注互補性，還是在個人特性和動機方面主要考慮相似性。找彼此之間有互補性的人。此時創業者就需要對自己加以瞭解，自己擅長的是什麼方面？要尋找互補的人，從共同點、相似性上就可以篩掉一批人，比如有的人對錢太斤斤計較，根本就不用去考慮。戴爾19歲就開始創業，他知道自己對經營管理專業的無知，虛心向許多管理專家請教，並在企業規模逐漸擴大時，將首席執行官的職務委託給職業經理人。也因為他的虛心求教，所以戴爾電腦的發展不會因為他的無知而受限，同時戴爾本身的經營管理專業水準也隨著企業成長而成長。

四、組建創業團隊

對創業者來說，應該邀請哪些人加入團隊？對創業合作者來講，這支團隊是否值得加入？對合作者有什麼吸引力？這是在創建過程中雙方必須面對的問題。總體上說，團隊建立是為了發揮每個人的長處、取長補短。

(一) 組建創業團隊

創業者在有了創業點子后，可以採用以下步驟組建創業團隊。

1. 撰寫出創業計劃書

通過撰寫出創業計劃書，進一步使自己的思路清晰，也為后來的合作夥伴的尋找奠定基礎。

2. 優劣勢分析

認真分析自我，發掘自己的特長，確定自己的不足。創業者首先要對自己正在或即將從事的創業活動有足夠清醒的認識。並使用 SWOT（優劣勢）法分析自己的優點、缺點，自己的性格特徵，能力特徵，擁有的知識、人際關係以及資金等方面的情況。

3. 確定合作形式

通過第二步的分析，創業者可以根據自己的情況，選擇有利於實現創業計劃的合作方式，通常是尋找那些能與自己形成優勢互補的創業合作者。

4. 尋求創業合作夥伴

創業者可以通過媒體廣告、親戚朋友介紹、各種招商洽談會、互聯網等形式尋找自己的創業合作夥伴。

5. 溝通交流，達成創業協議

通過第四步，找到有創業意願的創業者后，雙方還需要就創業計劃、股權分配等具體合作事宜進行深層次、多方位的全面溝通。只有前期的充分溝通和交流，才不會導致正式創業后，迅速出現創業團隊因溝通不夠引起的解體。

6. 落實談判，確定責權利

在雙方充分交流達成一致意見后，創業團隊還需對合夥條款進行談判。在組建創業團隊過程中，關鍵是要樹立正確的團隊理念、確定明確的團隊發展目標和建立責權利相統一的團隊管理機制。只有這樣，創業企業才能穩健發展，按照創業者規劃好的航程前進。

(二) 創業公司組建

創業團隊按照組織形式主要有公司制和合夥制兩種。

1. 公司制

創業投資採用公司制形式，即設立有限責任公司或股份有限公司，運用公司的運作機制及形式進行創業投資。採用公司制的優勢主要體現在以下幾個方面：一是能有效集中資金進行投資活動；二是公司以自有資本進行投資有利於控制風險；三是對於投資收益公司可以根據自身發展，作必要扣除和提留后再進行分配；四是隨著公司的快速發展，可以申請對公司進行改制上市，使投資者的股份可以公開轉讓而套現資金

用於循環投資。

有限責任公司是由兩個以上的創業投資者共同出資，每個投資者以其認繳的出資額對公司承擔有限責任，公司以其全部資產對其債務承擔責任的企業法人。股份有限公司是指全部資本由等額股份構成並通過發行股票籌集資本，股東以其認購的股份對公司承擔責任，公司以其全部資產對公司債務承擔責任的企業法人。一般非家族成員的創業者採用公司制比較多。

2. 合夥制

合夥制是指依法在中國境內設立的由各合夥人訂立合夥協議，共同出資、合夥經營、共享收益、共擔風險，並對合夥企業債務承擔無限連帶責任的盈利性的經營組織。創業團隊投資採取合夥制，有利於將創業投資中的激勵機制與約束機制有機結合起來。

合夥人執行合夥企業事務，有全體合夥人共同執行合夥企業事務、委託一名或數名合夥人執行合夥企業事務兩種形式。全體合夥人共同執行合夥企業事務是指按照合夥協議的約定，各個合夥人都直接參與經營，處理合夥企業的事務，對外代表合夥企業。委託一名或數名合夥人執行合夥企業事務是指由合夥協議約定或全體合夥人決定一名或數名合夥人執行合夥企業事務，對外代表合夥企業。在我國現階段，主要有四種合夥形式：親戚內合夥、家族內合夥、朋友間合夥、同事間合夥。諮詢類、律師事務所和會計師事務所多數採用合夥制形式。在我國農村，農民們辦的很多企業都採用了合夥制形式。在全世界，90%以上的小企業中有80%的是家族企業，甚至在《財富》雜誌排名前500家的大企業中，就有1/3由某個家族控制。不同類型的合夥形式都有自身的優勢和不足。就家族合夥制來說，創業時期，憑藉創業者血緣關係、類似血緣關係，能夠以較低的成本迅速網路人才，團結奮鬥，甚至不計較報酬，從而使企業能在短時間內獲得競爭優勢；而且內部信息溝通順暢，對外部市場信息反饋及時，總代理成本比其他類型的企業低。但這種類型的企業的缺點是難以得到優秀的人才，在某種程度上制約其迅速發展。

(三) 創業團隊經營公司初創期

無論哪種形式的創業團隊，其發展一般劃分為組建期、磨合期和穩定期三個階段。下面就這三個階段的特徵及其主要管理工作作一個簡要說明。

1. 組建期

一般是指創業團隊組建開始后1～3個月期內，由於剛組建，對團隊目標和個人目標不瞭解，團隊成員彼此陌生，甚至相互猜疑。團隊成員對團隊規則不熟悉，對組織沒有信心，導致人員流動大，但這一時期的團隊績效增長較快。

組建期的主要管理工作有：

組建隊伍：按照市場需要進行定編和人員招聘。

定目標：宣布你對團隊的期望，與成員一起建立團隊願景。

指方向：提供團隊明確的工作方向和策略。

講文化：培訓團隊成員瞭解團隊文化並提供團隊所需的信息，讓大家信任你。

定核心和分工：明確團隊的核心和根據個人特點進行工作分工。

樹信心：對團隊成員多鼓勵少批評，建立團隊信心。

2. 磨合期

磨合期是指創業團隊組建 6~12 個月的時期。此階段團隊績效快速增長，伴隨而來的是成員衝突、彼此敵對，信息不通、更糟糕的是出現混亂，創業核心人員權威沒有建立起來，導致成員對領導不滿的情緒。

磨合期的主要管理工作有：

帶隊伍：在團隊裡面充當教練角色，對團隊成員進行傳幫帶，幫助其成長，以德服人。

及時處理衝突：最重要的是快速處理衝突安撫人心，以事帶人。

信息流動：建立工作規範和工作流程，使團隊內的信息流動起來。

透明決策：調整領導角色，鼓勵團隊成員參與決策，使團隊成員對決策承擔責任。

活動組織：多組織一些活動，讓團隊成員互相瞭解、互相信任。

3. 穩定期

穩定期是指創業團隊組建經過組建期和磨合期之後的時期。穩定期團隊的績效趨於比較穩定的成長，人際關係由敵對走向合作，團隊的工作文化和工作方式已經得到團隊成員的認可，工作效率逐步提高，團隊成員工作技能得到提升。

管理者在穩定期的主要工作是：

鼓勵競爭：通過挑戰性的任務培養團隊成員成長，鼓勵團隊成員良性競爭。

放權：通過放權，鼓勵團隊成員承擔更多的責任並不斷進行創新。

提效率：通過優化規範和流程不斷提高團隊的效率。

最后看一個團隊是否成功，只要具備以下三個條件：自主性、思考性和協作性。只要使團隊成員充分具備了這三大要素，一個合格的團隊就建立了。

第二節　角色扮演式創業團隊組建實訓

一、實訓目的

角色扮演式創業團隊組建，通過創業者之間認識，記住團隊成員姓名、性格和專長，形成一個恒定目標，集合成一支戰無不勝堅強團隊；通過角色扮演，讓創業者協調與溝通、合作與堅守；通過實訓使創業者的領導能力得到提升。

二、實訓內容和要求

1. 通過游戲，讓創業實訓者完成組建團隊第一步；
2. 首席執行官（CEO）競聘搭建完成角色扮演中團隊核心成員框架；
3. 按創業公司規則，完成其他角色競聘，組成 3~5 人團隊；
4. 以互聯網公司為例，完成公司命名、標示（LOGO）設計、公司章程制定、各個角色職責制定，團隊文化建設。

三、實訓設備

需要一個互聯網相連接的多媒體實訓室。

四、實訓步驟

第一步，認識人游戲。

（1）游戲介紹；

学生相互自我介绍

目的：激发学生幽默思维，用创造性的方法介绍自己，使大家记住自己的名字

（一）团队歌的教唱
（二）测试
（三）工具：传递物
（四）方式：站起来围成一个圈，同公司的人分开站。
（五）规则：
　1. 自我介绍：在最短时间内用最简洁的、别人易记住的、印象最深刻的方式介绍自己和公司。
　2. 可用小名、别名、谐音、绰号或者取一个自己喜欢，也让别人易记住的名字。
　3. 当别人介绍时，请认真听，每人的名字都与你有关，活动中若叫不出的要表演节目。
　4. 不可传给左右的人，要传给对面的人。
　5. 不可掉地上。
　6. 传给对方时，传的人要说：×××，您好！接的人要说：谢谢×××！
　7. 先准备做接的动作，接过的人把手背在背后。
　8. 每人只可接一次，要记得你接谁的、无给谁。
　9. 每次传的方向要一致，不可随意变化。
　10. 活动开始，做接的动作。
　11. 检讨。
　12. 重新开始。
　13. 结束。
　14. 测试。
　15. 表演。

圖 3-1

94

（2）按規則開始遊戲；

（3）檢討遊戲中問題。

第二步，競聘首席執行官。

步驟：

（1）由老師提出首席執行官競聘條件（參與者有創業激情、目標明確、有作領導意願的所有成員都可以競聘）；

（2）有願意競聘的學員上臺演講5分鐘（核心是能打動其他人，願意與你一起組成一個創業團隊）；

（3）團隊組建，由其他沒有參與競選人員根據創業志向，選擇好心儀的首席執行官，然后根據自己專業向他提出自己能夠勝任的職位；

（4）由首席執行官負責對提交應聘者進行考核，組成3~5人創業團隊；

（5）其他沒有入選的人根據不同專業，由導師分配組成3~5人的創業團隊。

第三步，角色扮演式創業團隊組建。

成立的創業公司選擇的創業項目就是一家互聯網公司，將完成以下內容：確定各成員在團隊中的角色。給大家十分鐘時間討論與準備，然后各小組說明隊名和公司標示的含義，集體演唱隊歌或團隊座右銘。將剛才老師發下來的卡紙折三折，折成座位牌，寫上自己的隊名和畫出公司標示。

步驟：

第一，明確目標，給公司命名。明確公司目標和經營範圍，各小組起一個響亮的創業團隊隊名，設計團隊標示，選一首歌曲作隊歌或團隊座右銘。

第二，物色篩選核心成員。有創業意願和想法的創業團隊發起人，要在自己班級中，物色與篩選志同道合、各方面互補的團隊核心成員。

在這一步中可以列出該項目需要的崗位名稱（如項目經理、行銷經理、財務經理、產品經理等）、主要職責內容和每個崗位的主要勝任條件等。就以項目經理來說，其主要職責是安排項目團隊各成員的工作，協調工作時間和成員間的關係，調動工作服務的熱情和積極性，調查顧客的滿意度以便及時完善，統籌規劃資金，發放工資和獎金。項目經理的勝任條件是：一是工作高度認真負責，心胸開闊，行事果斷，溝通能力強，具有較高的領導和協調能力；二是具備基本的管理知識和水平，瞭解基本的財務管理知識；三是熟練各種辦公軟件操作。

寫出你準備選定的人（列出對應的崗位名稱）：

項目經理：＿＿＿＿＿＿＿＿＿＿＿＿

行銷經理：＿＿＿＿＿＿＿＿＿＿＿＿

財務經理：＿＿＿＿＿＿＿＿＿＿＿＿

產品經理：＿＿＿＿＿＿＿＿＿＿＿＿

其他崗位：＿＿＿＿＿＿＿＿＿＿＿＿

第三，制定創業計劃。圍繞著如何實現創業目標，根據前期的學員市場調查情況和匯總的團隊成員資源情況，首先制定創業的總體計劃（確定企業戰略、產品策略、市場策略等），其次制定分階段、分步驟的詳細實施計劃，責任到人，獎懲到位，對照

目標，動態管理，以落實創業總體計劃。

第四，招募合適的人員。由於創業團隊的資金往往偏緊，招人貴精不貴多；根據國外研究的成果，團隊規模控制在3~6人較為合適。在招募人員時主要應考慮對方的人品、能力、性格、互補性等因素。

第五，職權劃分。創業團體中各種成員應當各司其職、有職有權、權責相當，才能保持團隊的高效運轉。明確團隊成員的職責定位、權力劃分，有利於使創業團隊形成合力，實現創業目標。團隊成員的職權不明會引起許多不必要的衝突。為了避免出現這一問題，有效的做法就是對團隊成員的職權進行清晰的界定和劃分，並根據實際需要隨時做動態的調整。

第六，構建創業團隊制度體系。創業團隊逐步形成后，怎麼樣有效管理創業團隊是一個重要的問題。儘管創業團隊的管理有其特殊性，但其重點在於團隊人力資源的整合、激勵和調整等方面。有效管理創業團隊成員，應該構建起創業團隊的制度體系，創業團隊的制度都是服務於創業目標的，制定時要有靈活性，需要時可增可改。

第七，團隊的調整融合。雖然創業團隊是為了一個共同的目標而走在了一起，但是畢竟大家的性格、背景、利益訴求、做事方式都有不同，矛盾和衝突是必然的。團隊領導要通過開誠布公、耐心細緻的溝通與協調來彌合分歧、化解矛盾，並對團隊的職權劃分、人員安排等方面做出相應的合理調整，以利於團隊成員的融合。隨著創業的發展和團隊的運作，原先組建時的考慮不周之處、不合理的安排也會暴露出來，因此團隊的調整融合勢在必行，而且需要一個過程。通過團隊文化的建設，大力提倡團隊意識、團隊精神，造就和諧的團隊氛圍，能夠大大促進團隊調整融合的順利進行並取得好效果。

第八，分析一下你所組建的這個團隊成功的概率（說明原因，以及如何確保可行）。

五、實訓結果測評

1. 你組建的是哪種團隊？□星狀團隊 □網狀團隊 □其他
2. 團隊組建工作是否容易？□很容易 □比較容易 □一般 □比較難 □很難 □選不到人
3. 團隊組建過程中你最關注成員哪個方面的問題，原因是什麼？□道德品質 □專業技能 □忠誠敬業 □學習能力 □溝通能力

六、實訓記錄與數據處理要求

1. 實訓中對創業團隊調研數據要做到清楚完整地收集整理；
2. 團隊的成員活動要作好視頻和圖片的記錄；
3. 團隊規章制度化形成文字，以便於角色扮演中職責分明；
4. 團隊文化建設中，提出自己團隊核心價值，組成團隊隊歌，以便於團隊凝聚力。

表 3-1

≪創業團隊組建≫實訓				
實驗項目名稱		實驗時間		實驗地點
實驗類型		實驗設備		
實驗要求	1 2			
實驗步驟	實驗內容			完成情況
1 2 3				
數據處理情況				

七、實驗中的注意事項

1. 實訓中對創業團隊調研數據的收集整理；
2. 團隊的成員活動作好視頻和圖片的記錄，為后期製作相關視頻資料準備好材料；
3. 團隊規章制度形成文字，以便於角色扮演中職責分明。

八、實驗報告

1. 每個團隊介紹自己的團隊及企業；
2. 每個團隊製作 5 分鐘視頻，對自己團隊完整介紹。

思考與討論

1. 簡述創業團隊的重要性。
2. 選擇團隊成員的原則是什麼？成功創業團隊的基本特徵。
3. 創業團隊的管理技巧和策略是什麼？領導創業者的角色與行為策略是什麼？
4. 討論：創業團隊角色應該怎樣分配？股權分配是否與角色有關？
5. 討論：你的創業團隊的優勢和劣勢。
6. 討論：團隊在經濟效益、個人發展、團隊模式、社會效益方面都有哪些打算？

第二篇　創建企業篇

創業者確定自己的項目、組建好自己的團隊，就應該創建自己的新企業。這個新企業採用什麼樣的商業模式營運？如何組建一個適合自己的新企業？如何完成創業計劃書？如何籌措到企業資金？最后工商註冊如何進行？這一切我們可以通過虛擬市場環境，仿真流程來實現你的創業夢想。

第四章　創業商業模式設計與畫布實訓

　　小王的項目和團隊有了，他找到導師問，現在是否可以運作了。導師用現代管理學之父彼得・德魯克的名言：「當今企業間的競爭，不是產品之間的競爭，而是商業模式之間的競爭。」你的商業模式是什麼？你知道商業模式創新受到那麼多人的關注、那麼重要。小王開始他的第四站。

第一節　商業模式概述

商業模式案例

　　2013年9月，微軟宣布，將以72億美元收購諾基亞手機業務。諾基亞的衰落與它自身的商業模式有密不可分的關聯。不可否認，諾基亞曾擁有很大優勢。但在當前手機互聯網時代裡，當蘋果依靠賣軟件賣出一個蘋果王朝的時候，諾基亞卻還依舊堅守自己的價值主張——靠賣硬件掙錢。後來，諾基亞幡然醒悟，發現軟件的重要性，急忙行動，想轉型為互聯網服務企業，這個價值主張顯得泛泛而談。

　　蘋果公司的獲利途徑是一個完整的商業模式，而不是通常意義上的單純依靠某幾款產品。而是通過iTunes和App store平臺開創了一個全新的商業模式——「酷終端+用戶體驗+內容」。它很好地實現了客戶體驗、商業模式和技術三者之間的平衡，並能持久盈利，獨特到別人幾乎不能複製。事實證明，蘋果模式對其他廠商形成了致命的、毀滅性的打擊。

一、商業模式認知

　　在世界範圍內，20世紀50年代，新的商業模式是由麥當勞和豐田汽車創造的；60年代的創新者則是沃爾瑪和混合式超市（指超市和倉儲式銷售合二為一的超級商場）；到了70年代，新的商業模式則出現在FedEx快遞和Toys R US玩具商店的經營裡；80年代是Blockbuster、Home Depot、Intel和Dell；90年代則是西南航空、Netflix、eBay、Amazon和星巴克咖啡（Starbucks）。前時代華納首席執行官邁克爾・鄧恩說：「在經營企業過程當中，商業模式比高技術更重要，因為前者是企業能夠立足的先決條件。」

（一）商業模式理論

　　商業模式一詞早在20世紀50年代就已經出現管理學中，只是到20世紀90年代才開始在國內傳播和使用。商業模式在中國的興起，應是源於世紀之交的互聯網企業創

立的高潮期。當時，一系列新興的互聯網公司需要得到風險投資者及其他投資者的認同，而風險投資者評價企業優劣的最重要指標就是其「商業模式」的優劣。

商業模式是一種包含了一系列要素及其關係的概念性工具，用以闡明某個特定實體的商業邏輯。它描述了公司所能為客戶提供的價值以及公司的內部結構、合作夥伴網路和關係資本等用以實現（創造、推銷和交付）這一價值並產生可持續盈利收入的要素。

清華大學雷家驌教授概括企業的商業模式應當是：一個企業如何利用自身資源，在一個特定的包含了物流、信息流和資金流的商業流程中，將最終的商品和服務提供給客戶，並收回投資、獲取利潤的解決方案。

商業模式新解：它是一個企業滿足消費者需求的系統，這個系統組織管理企業的各種資源（資金、原材料、人力資源、作業方式、銷售方式、信息、品牌和知識產權、企業所處的環境、創新力，又稱輸入變量），形成能夠提供消費者無法自力而必須購買的產品和服務（輸出變量），因而具有自己能複製但不被別人複製的特性。

商業模式就是企業從為客戶創造價值的角度進行戰略定位，發現可滿足客戶需求的價值後，通過對自身內部和外部資源進行整合而建立的商業系統的結構。

商業模式是指為實現客戶價值最大化，把能使企業運行的內外各要素整合起來，形成一個完整的、高效率的具有獨特核心競爭力的運行系統，並通過最優實現形式滿足客戶需求、實現客戶價值，同時使系統達成持續盈利目標的整體解決方案。商業模式是一個非常寬泛的概念，與商業模式有關的說法很多，包括營運模式、盈利模式、商對商（B2B）模式、商對客（B2C）模式、「鼠標加水泥」模式、廣告收益模式等，不一而足。商業模式可看作是一種簡化的商業邏輯或企業賺錢的方式。

（二）商業模式構成要素

瑞士的亞歷山大‧奧斯特瓦德（Alexander Osterwalder），比利時的伊夫‧皮尼厄（YvesPigneur），總結出商業模式九個基本構造塊：客戶細分（CS）、價值主張（VP）、渠道通路（CH）、客戶關係（CR）、收入來源（RS）、核心資源（KR）、關鍵業務（KA）、重要合作（KP）、成本結構（CS）。形成了商業模式畫布。對商業模式的問題進一步結構化和可視化，給出一套商業模式的要素和圍繞這些要素的分析方法。

1. 重要夥伴

找出誰是你創業的重要夥伴，可能是重要合作夥伴，可能是創業夥伴，但是無論是什麼，請你一一列出來。當然，如果沒有，您也是對其進行假設的。

2. 關鍵業務

關鍵業務是什麼？如電影院的關鍵業務肯定就是賣票了，其他的電影周邊或者爆米花之類的都不是他們的關鍵業務。

3. 核心資源

你有什麼核心資源，你有什麼別人沒有的，或者別人沒法超越你的，如果有這些你可能會更加獨特並使你的創業更加容易成功。

4. 價值主張

客戶為你的產品或者服務買單，憑的是什麼。你的產品或服務所體現出的價值是

什麼？如：四海商舟的價值主張是專業的外貿行銷解決方案提供商。

5. 客戶關係

通過客戶細分群體建立和保持某種意義上的關係來不斷促進良好的銷售，達成完好的用戶購買體驗。如 90 年代 BP 機大量使用的時候，在 BP 機飽和的情況下營運商免費送 BP 機促進消費。

6. 渠道通路

您的產品有哪些渠道可以銷售出去？這個考慮到您渠道的佈局。如：格力空調的渠道有專賣店和各大賣場。列舉出可能的渠道通路來，如果目前沒有您應該如何去搭建或改善？

7. 客戶細分

如：地方門戶網站可以對他們的網站客戶細分為：房產、汽車、美食、婚紗等。

8. 成本結構

人力、物力，不過在此考慮一定要具體，盡量做到成本可控。也就是把你完成這個項目或完成這個項目的過程當中需要用到錢的地方羅列出來。

9. 收入來源

靠什麼賺錢？你的項目什麼是可以賣錢呢？在此值得考慮的是如何包裝好你的產品讓他賣個好價錢。

(三) 商業模式的檢驗

任何商業模式的設計與完善，都必須經受邏輯檢驗和盈利性檢驗。

1. 邏輯檢驗

邏輯檢驗，即從直覺的角度考慮商業模式描述的邏輯性，隱含的各種假設是否符合實際或在道理上說得通。商業模式的邏輯檢驗要重點從以下幾個方面進行：

誰是我們的顧客？

顧客重視的價值是什麼？

商業參與各方的動機和目的是什麼？

我們商業模式的與眾不同之處是什麼？

通過分析以上商業模式的基本邏輯是否符合常識，商業模式的潛在優勢和限制因素，可以判斷出商業模式的邏輯是否順暢。

2. 盈利性檢驗

商業模式的盈利性檢驗，重點通過以下四個方面的分析來確定。

基於損益表的檢驗。

基於資產負債表的檢驗。

商業怎麼實現良性循環。

瓶頸在什麼地方。

對市場的規模和盈利率、消費者的消費行為和心理、競爭者的戰略和行動進行分析和假設，從而估計出關於成本、收入、利潤等量化的數據，評價經濟可行性。當測算出的損益達不到要求時，則該商業模式不能通過盈利性檢驗。

（四）商業模式的完善方法

商業模式的完善，可通過以下 7 個問題，分析評估創業項目的商業模式存在的問題與風險。

問題一：客戶的「轉移成本」有多高？

轉移成本是指，客戶從一個產品（或服務）轉移到另一個產品（或服務）所需的時間、精力或者金錢。「轉移成本」越高，客戶就越忠實於某項產品（或服務），不會輕易離開去選擇競爭對手的服務。

問題二：商業模式的擴展性怎樣？

擴展性是指在沒有增加基本成本的情況下，能很容易地拓展商業模式，贏得利潤。當然，基於軟件和互聯網的商業模式比基於磚頭和水泥的商業模式有天然的擴展性，但是即使如此，數字領域的商業模式仍然有很大的區別。

問題三：能否產生可循環的經濟價值？

通過一個例子可以很好地解釋循環價值。報紙在報攤銷售賺取銷售費用，另外的價值可以通過訂閱和廣告進行循環。循環價值有兩個主要的優勢：第一，對於重複銷售，成本只產生一次；第二，你可以有更多更好的想法來構想未來怎樣賺錢。

還有另外一種循環價值形式：從之前的銷售中獲取增值收入。比如，買一個打印機，你需要持續購買墨盒；買一個蘋果手機，它從硬件銷售中賺得利潤的同時，來自內容和 APP 產生的經濟價值依然穩定增長。

問題四：是否可以在你投入之前就賺錢？

毫無疑問，每個創業者都希望在投入市場之前就獲得收入。戴爾就把這種模式運用到電腦硬件設備製造的市場上。通過直銷建立的裝配訂單，避免硬件市場可怕的庫存積壓成本。戴爾取得的商業業績顯示了其在投入之前就賺錢的力量。

問題五：怎麼樣讓用戶為你工作？

這可能是商業模式設計上最具有殺傷力的武器。在傳統的市場上，宜家（IKEA）就讓我們自己組裝在它那裡購買的家具，我們干活兒，他們賺錢。在互聯網領域，臉書（Facebook）讓我們上傳照片，參加對話和「喜歡」某樣東西。這正是臉書的真正價值，只提供平臺，內容全部由用戶創造，而公司卻掙得天文數字般的利潤。

問題六：是否具有高壁壘，以防止競爭對手模仿？

一個優秀的商業模式可以使你保持長時間的競爭優勢，而不僅僅是提供一個優秀的產品。比如，蘋果主要的競爭優勢來自於其商業模式而不是單純的產品創新。對三星來說，模仿蘋果的產品比建一個像蘋果那樣的應用商店生態系統要容易得多。所以，三星無論產品做得多麼炫，仍然很難撼動蘋果的地位。

問題七：是否建立在改變成本結構的基礎上？

降低成本是商業實踐中的長期追求，有的商業模式不僅能降低成本，並且創造了一個與以往完全不同的成本結構。比如，巴帝電信——印度最大的移動營運商，一直在通過擺脫網路和 IT 的束縛來完善它的成本結構。該公司通過與網路裝備製造商愛立信和 IBM 合作，購買寬帶容量來降低成本，現在他們已經能夠提供全球價格最低的移

動電話服務。

當然沒有一個商業模式設計能一一對應以上七個問題並且得到完美的 10 分，不過有的卻可能會在市場上成功。用這七個問題提醒創業者，有助於讓創業企業保持長久的競爭力。

二、商業模式創新

競爭是商業活動中永恆的話題：20 年前比產品力，誰有好的產品，誰就能成功；10 年前比渠道力和品牌力，誰的品牌影響大，誰的渠道終端廣而有力，誰就能成功；那麼今天的企業比拼什麼？

（一）商業模式創新

商業活動是為了盈利。所以，「定位」問題解決之後，企業就應該要制定盈利模式——收入何時何地從誰那裡來、成本何時何地由誰支付、企業的現金流結構如何設計。

具體而言，有以下幾種盈利模式：

產品盈利模式；

服務盈利模式；

其他盈利模式，如第三方支付盈利模式、消費者自助盈利模式、主業不盈利+副業盈利模式等。

每個優秀的企業都有不同於其他企業的商業模式。如餐飲行業的「真功夫」「一茶一座」；美容美髮行業的「文峰」「永琪」；汽車租賃行業的「神州」「一嗨」；酒店連鎖行業的「如家」「漢庭」。它們在自己的領域中都取得了成功，成為了行業領袖，在它們的身上，我們看到了一個共同點，那就是商業模式的創新，商業模式才是它們快速做大做強的根本原因。我們知道，在歐美發達國家的社會消費品零售總額中，有 70% 以上是由連鎖服務企業完成的；而相比較而言，即使在經濟發展相對較快的我國浙江省，其連鎖業的零售總額也僅占到社會消費品零售總額的 21%。差距由此可見一斑，我國連鎖企業的發展前景之廣闊，也由此可見一斑！

（二）商業模式創新類型

1. 店鋪模式

服務業的商業模式要比製造業和零售業的商業模式更複雜。最古老，也是最基本的商業模式就是「店鋪模式」，具體點說，就是在具有潛在消費者群的地方開設店鋪並展示其產品或服務。一個商業模式，是對一個組織如何行使其功能的描述，是對其主要活動的提綱挈領的概括。它定義了公司的客戶、產品和服務，它還提供了有關公司如何組織以及創收和盈利的信息。商業模式與（公司）戰略一起，主導了公司的主要決策。商業模式還描述了公司的產品、服務、客戶市場以及業務流程。

例：屈臣氏個人用品店的目標市場是「18~45 歲的都市時尚一族」，於是其貨品配置就圍繞著都市時尚一族的需求進行，包括化妝品和護膚品、時尚飾物、保健品和藥品、休閒食品及禮品四大類 40 多個細分品種，均為一些獨特的、具創意的、有趣的、高品質的產品，這些產品在其他超市和商場難以尋到；屈臣氏的貨品陳列也以「發現

式陳列」為主，營造出了一個有趣的、令人興奮的時尚購物環境，迎合了其目標消費者的心理需求。目前，屈臣氏已在中國 100 多個城市擁有超過 700 家分店及 10,000 多名員工，成為中國最大規模的保健及美容產品零售連鎖店。

2.「餌與鉤」模式

隨著時代的進步，商業模式也變得越來越精巧。「餌與鉤」模式——也稱為「剃刀與刀片」模式，或是「搭售」模式——出現在 20 世紀早期年代。在這種模式裡，基本產品的出售價格極低，通常處於虧損狀態；而與之相關的消耗品或是服務的價格則十分昂貴。例如，剃鬚刀（餌）和刀片（鉤），手機（餌）和通話時間（鉤），打印機（餌）和墨盒（鉤），相機（餌）和照片（鉤），等等。這個模式還有一個很有趣的變形：軟件開發者們免費發放他們，定價卻高達幾百美金。

3. 電子商務

從網路經濟中，獲利最大的那些公司主要是：中國的阿里巴巴、AOL、雅虎、亞馬遜以及易趣。然而實際上，網路經濟帶來的利益並不是只由這些網路公司獨享的。恰恰相反，當網路公司在資本市場上接受歡呼的同時，像英特爾、思科和戴爾這樣賣硬件的傳統企業也通過電子商務撈到了令人震驚的實際利益。

英特爾公司 1999 財年網路銷售收入 105 億美元，占總銷售收入的三分之一強。思科公司的網路銷售收入 95 億美元（已經超過 Intel），占總銷售收入的 80%；Dell 公司的網路銷售收入 61 億美元，占總銷售收入的 40%。通過電子商務帶來的收入已經是三個硬件巨頭的半壁江山。2015 年 11 月 11 日，中國阿里巴巴電商平臺日交易額 912 億元人民幣，實現了電商飛速發展期。

英特爾的網路戰略開展比較晚，但是為了讓網路成為該公司全新的銷售通道，Intel 對此進行了精心的準備，包括網路設施、商務流程、顧客服務等方面，而且一出手就是全方位的大手筆——第一個月的網路銷售就達 10 億美元。思科的網路銷售戰略實施最早，已經基本上將公司的所有業務集中到網路上，消除了大部分中間環節，將路由器和其他網路設備直達用戶。思科網路戰略最成功的一點是網上全面的技術支持——利用網路做到快速及時地把設備的各種參數告訴用戶。電子商務帶來的極高的銷售額和極低的銷售成本，使思科成為了 IT 業歷史上獲利最豐的公司。戴爾的網路銷售和公司傳統一脈相承，該公司的商業模式就是和顧客保持全面的聯繫，按訂單製造。戴爾網頁已達 30,000 頁，為大客戶專門建立了服務網頁，為散戶建立了個性化的服務。戴爾目前是 PC 製造商中成長最快，最有進取心的公司。

其實 IT 行業應該是電子商務最肥沃的土壤：客戶們都有一定的網路知識，最先接受電子商務的理念，企業內部的計算機管理系統完善，可謂萬事俱備。上面的三家公司開展電子商務的成功，就在於他們在一定的時機、一定的環境下率先做了必須做的事情。

4. 快遞模式創新

網路經濟如日中天，傳統公司一定要遭淘汰麼？不一定！有些傳統公司不僅活得挺好，而且更加欣欣向榮，快遞公司就是一類。經過脫胎換骨的改造，快遞公司已經擺脫了「傻大黑粗」的印象，甚至成了網路經濟中第一批贏家。大家都在網上賣東西，

能將商品及時送到顧客家門的配送系統，當然就是網路新生活中的有機組成部分。

在 1998 年的聖誕節，美國網上購物人潮洶湧，美國聯合貨運公司（UPS）承運了其中的 55% 商品，美國的郵政系統承運了 32%，聯邦快運（FedEx）承擔了 10%。美國聯合貨運公司宣稱他們業務的 60% 都是通過網路開展的，1999 年的網路收入達 53.4 億美元。

但是，網路時代的快運公司已不是過去的模樣。美國聯合貨運公司在美國全國範圍內建立了倉儲和包裝系統，可以在顧客需要的時間內送貨上門。配送單也是在網上流通，最難能可貴的是，顧客能在網上看到配送過程中自己的商品到達什麼地方，把顧客的不安全感減到最低。美國聯合貨運公司又有絕招，為自己的客戶提供免費接入，客戶可以隨時查看貨物的流動狀況。所以美國聯合貨運公司已經很難分清楚哪些是網上業務。

聯邦快運公司過去就有自己的網路系統，只不過不在互聯網上。聯邦快運公司的網路收入高達 56 億美元。所以聯邦快運公司收購了一家軟件公司，全面改造過去的系統以便與互聯網接軌，為客戶提供「一站式」服務：只要你發來一個電子郵件，剩下的就全部由我來做。

網路和電子商務，似乎一下子讓這些「老兵」找到了新的、更刺激的崗位。

5. 在線離線（O2O）模式

模式定義：O2O（Online To Offline），也即將線下商務的機會與互聯網結合在了一起，讓互聯網成為線下交易的前臺。這樣線下服務就可以用線上來攬客，消費者可以用線上來篩選服務，成交可以在線結算，很快達到規模。該模式最重要的特點是：推廣效果可查，每筆交易可跟蹤。國內首家社區電子商務開創者九社區是鼻祖。

線上線下對接：在線離線模式繞不開的，或者說首先要解決的是，線上訂購的商品或者服務，如何到線下領取？專業的話語是線上和線下如何對接？這是在線離線模式實現的一個核心問題。用得比較多的方式是電子憑證，即線上訂購後，購買者可以收到一條包含二維碼的短彩信，購買者可以憑藉這條彩信到服務網點經專業設備驗證通過後，即可享受對應的服務。這一模式很好地解決了線上到線下的驗證問題，安全可靠，且可以后臺統計服務的使用情況，方便了消費者的同時，也方便了商家。

模式網站：採用在線離線模式經營的網站已經有很多，團購網就是其中一類，另外還有一種為消費者提供信息和服務的網站。值得一提的是，在業內受到爭議，且已在全國建立 20 余家實體店鋪的青島某品牌所推行的互動交易模式（ITM）網購與在線離線模式有本質的不同，無論是經營理念、經營構架，還是經營方式都截然不同於在線離線模式。如，在線離線模式更注重線上交易，而互動交易模式則更偏重於線上預訂，線下交易；在線離線模式的實際經營可適用於辦公室等任何實體經營場所，而 ITM 模式則以店鋪式經營為主。

如某網站是一種全新的在線離線模式社區化消費綜合平臺，與團購的線上訂單支付，線下實體店體驗消費的模式有所不同，該網站創造了全新的線上查看商家或活動，線下體驗消費再買單的新型在線離線模式消費模式。有效規避了網購所存在的不確定性，線上訂單與線下實際消費不對應的情況。並依託二維碼識別技術應用於所有地面

聯盟商家，鎖定消費終端，打通消費通路。最大化地實現信息和實物之間、線上和線下之間、實體店與實體店之間的無縫銜接，創建了一個全新的、共贏的商業模式。網站涵蓋了休閒娛樂、美容美髮、時尚購物、生活服務、餐飲美食等多種品類。旨在打造一個綠色、便捷、低價的在線離線模式購物平臺，為用戶提供誠信、安全、實惠的網購新體驗。

市場分析：在線離線模式的核心很簡單，就是把線上的消費者帶到現實的商店中去——在線支付購買線下的商品和服務，再到線下去享受服務。

6. 商對客、客對客模式

商對客、客對客是在線支付，購買的商品會塞到箱子裡通過物流公司送到你手中；在線離線模式是在線支付，購買線下的商品、服務，再到線下去享受服務。

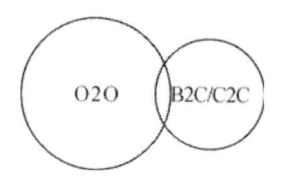

圖 4-1　O2O 與團購的區別

在線離線模式是網上商城，團購是低折扣的臨時性促銷。

無論你是不是第一次聽到在線離線模式，這個市場正在被激活。

7. 智能商城（BNC）模式

BNC 就是 Business Name Consumer。智能商城 BNC 具有商對客、客對客、在線離線等模式的優勢，同時解決了以上模式解決不了的弊端，做到了快速免費地推廣企業和產品，每個人擁有自己姓名的商城，從而最大限度地挖掘出每個人的資源和潛力。智能商城是一個集高端雲技術和獨特裂變技術為一體的網路平臺。這是一個超越所有傳統商業模式和電子商務模式的新型商務模式，這是一個真正使廣大消費者零起步創業的舞臺。它終將走遍中國，走向世界，引領世界經濟潮流。

BNC 模式悄然興起，它是以商家、消費者和個人姓名組成的獨立消費平臺，是讓每個人都擁有自己姓名的產權式獨立網站。它的特點是快速裂變，抑制同行模仿，項目啓動一年竟無人模仿得了。這將是互聯網及電子商務的最大創舉，同時也讓電子商務快速進入后電子商務時代，從而結束諸侯混戰的時代。

第二節　商業模式創新案例

現代管理學之父彼得·德魯克：「今天企業之間的競爭，已經不是產品和服務之間的競爭，而是商業模式之間的競爭！」從 20 世紀 80 年代以來，中國許多企業不斷創新他們的商業模式，而且取得了巨大的成功，無疑是我們今天創業者學習的榜樣。通過下面幾個成功商業模式創新，我們可以借鑑和思考許多問題。

在新經濟條件下，一個新興企業走向成功並非僅僅是一個企業走向成熟，更代表

著一種商業模式、一個細分行業或新興產業走向成熟。而一個企業的脫穎而出絕非僅僅需要成熟的商業模式，其命運更由特定的市場結構與市場環境所主宰。對企業而言，意味著每一個舊思維打破、新思維產生的過程都是商機無限的。向大家推薦十大經典創業的商業模式，希望對創業者有所幫助。

一、超女模式

如果要評選出 2005 年最成功的商業策劃，非上海天娛公司策劃的《超級女聲》節目莫屬。超女播出之日，萬人空巷，堪比春晚，但與春晚大把燒錢不同，天娛整個策劃幾乎沒花一分錢，而且讓所有的媒體都為其做免費的狂熱宣傳。

僅僅靠這一個策劃，天娛公司迅速跨入財富之林，成長之快，令人瞠目結舌。以往人們大都認為，越好的節目、越精緻的節目越容易引人注目，《超級女聲》告訴我們，這些都沒錯，但是真正引人注目的是那些觀眾參與率高、互動性強的節目，從這個意義上說，《超級女聲》堪稱一場革命。

「超女」為何影響深遠，還應該歸功於創意化的學習。《超級女聲》的創意是直接「拷貝」自美國的娛樂節目《美國偶像》，這是拿來主義。但是《超級女聲》的成功，很大程度在於本土化，這包括：廢除年齡門檻，提出想唱就唱；將短信投票和 PK 淘汰聯繫起來，加強與觀眾的互動性等。

從 2004 年的門庭冷落，到如今的熱火，天娛公司與湖南衛視始終在根據市場反饋調整創意，這也就是魯迅說的「運用腦髓，放出眼光，自己來拿」的過程。

《超級女聲》是一個文化現象，但是對企業而言，意味著每一個舊思維打破、新思維產生的過程都是商機無限的。

二、合夥闖天下的 51Job 模式

企業的發展對外部環境越來越依賴，每一種人際關係都會構成成功的資本，以往英雄型的企業漸漸變少，社會型的企業也會漸漸增多。

51Job 實際上是一個網上仲介，你也可以把它看成面向個人的電子商務。這種把仲介業務搬到網上正是從 51Job 開始推廣的，在其他領域也同樣獲得成功。2004 年 9 月 30 日，隨著 51Job 成功登錄納斯達克，51Job 的 4 位創始人的身家都超過了 4 億元人民幣。

51Job 是由香港人甄榮輝帶領其在貝恩公司的國際化班底在中國內地成功創業的典型。51Job 的創始人中，首席執行官兼總裁甄榮輝生於香港並在香港長大；高級副總裁兼首席財務官簡思懷出生於臺灣；高級副總裁鳳雷則是地道的北京人，並且在北京完成了學業。

與中國第一代民營企業主要是由一位強勢領導人帶領企業（包括以血緣關係連接起來的家族成員）打天下不同的是，我們在以 51Job 等代表的新興創業企業身上，發現了明顯的合夥闖天下的情形。而且這些合夥人當中除了兄弟等家庭創業關係外，更多的是同學、同事、朋友等后天形成的關係。

超過 50%的富人來自合夥創業型企業。與此同時，具有海外留學工作背景的創業

者似乎更傾向於合夥創建企業；國內的創業者則仍然是單干的居多，和中國傳統的創業故事具有一脈相承的特點。

合夥創業模式，意味著企業的發展對外部環境越來越依賴，每一種人際關係都會構成成功的資本，以往英雄型的企業漸漸變少，社會型的企業也會漸漸增多。

三、以快搏慢的順馳模式

任何企業都有過順馳式體驗，就是在不同的市場背景下，採用不同的發展戰略，但是，很少有像順馳做得那樣堅決、主動和強烈的。

在順馳高速發展的時候，順馳模式成為房地產業界和媒體口誅筆伐的對象，更為有趣的是，順馳何時倒下，以何種方式倒下似乎更成為熱點話題。

順馳的發展，顛覆了傳統房地產行業慢悠悠的氣氛，他把手工作坊式的滾動開發推演到了極致。其最大的特點是把從拿地到銷售之間的時間壓縮到了最短，操盤速度幾乎達到了房地產項目的極限。這也就是以縮短資金占壓期來解決資金缺口大、資金鏈條緊張的問題。

兵法有雲：巧遲不如拙速。順馳模式全部的精義在於速度，但是最難的也是速度。短跑運動員都知道，賽跑中即使僅僅要比對手快上幾秒，都要調動全身的力量。順馳的速度只是看點，而支持這種速度的力量則是順馳模式的價值所在。

四、不畏強敵的百度模式

市場的空間其實比我們想像的要大得多，即使在強大的對手壟斷下，也仍然可以找到發展的空間，百度的成功證明了這一點。

互聯網時代，有一個現象叫做先入為主，對於某種軟件，如果使用者已經習慣，那麼，如果不是質量上有太大差異的話，使用者的變動成本就比較高。微軟就是這種現象淋灘盡致的受益者，它用高質量和習慣的門檻壟斷了幾乎所有的操作系統軟件。

有種觀點認為，谷歌會是第二個微軟，所有敢在搜索領域存在的公司都面臨著被它斬殺的命運，但是百度的存在打破了這種神話。於是這種觀點又變為，隨著谷歌在中文搜索領域的發展，百度的空間會越來越小，最后只能再一次扛起民族產業的大旗。但是幾年下來，百度一直專注於中文搜索，谷歌依然強大，而百度也在照樣發展，納斯達克一上市，一夜之間冒出的298位百萬富豪宣布了百度的幾年苦窖沒有白蹲。

很多學商業的學生都聽過這樣的故事，一個瓶子裡裝下了大石頭以后還可以裝下小石頭，裝下小石頭以后還可以裝進沙子，裝進沙子以后仍然可以倒入水。所以說，市場的空間其實比我們想像的要大得多，即使在強大的對手壟斷下，也仍然可以找到發展的空間，百度的成功證明了這一點。

五、新鞋老路的攜程模式

產業的縫隙處，很多時候就是空白地帶，不僅僅是新老經濟之間，在新經濟與新經濟之間，在兩個傳統產業之間，都有很多機會，只要你能找到確切的結合點。

大家可能有過這樣的經驗，在機場候機的時候，總會收到免費發放的攜程網卡，

這時候，你也許會注意到攜程網上網下結合的緊密。

攜程從根本上說又是一個納斯達克故事。但是總體的設計比較清晰，所以發展也比較平穩，可以說是有預謀地使用了風險基金。

攜程最初是學習新浪、搜狐做網站的，但在梁建章的手中，攜程變得越來越不像網站了。幾年來，攜程先是收購了當時最大的酒店預定中心——現代運通；隨後又切入機票預訂領域，併購機票代理公司北京海岸；去年又將華程西南旅行社收入囊中，正式進軍自助遊市場。在梁建章的設想中，攜程並不是家網站，而是高科技武裝的旅行服務公司，是傳統行業的整合者。

在這種情況下，梁建章對風險投資商說的故事，很快就成了現實。2000年，攜程的員工不足100人，后來漲到1,500多人，營業額的成倍增長更是讓傳統旅遊公司難望其項背。

六、駕馭業態變革的如家模式

如家抓住了業態變革的先機，在市場起飛之前進入行業，最終成功地占據了一席之地。

遠離了新經濟，又立足於一個老得不能再老的行業（酒店業），如家的發展速度讓人驚訝。

季琦進入酒店業的時候，如果計算當時全國的酒店數量，是遠遠供大於求的，特別是中低端酒店的市場份額占總量的80%~90%，但是，季琦仍然一頭扎了進去。促使他做出這個「毫不理智」行為的，是如下的判斷：連鎖業態將被引入到經濟型酒店業中，經濟型酒店將發生革命性的變化，以往的情況不能作為判斷的標準。

事實證明，季琦是正確的，他所進入的領域不是競爭者眾多，而是一片空白。季琦的價值就是，他認識到業態的變革將帶來行業的洗牌，在這種環境中原有的市場佔有基礎將不復存在，他相信，儘管表面看起來從業者眾多，只要找準自己的切入點，就會有機會。

七、爭奪標準的大唐模式

知識產權爭奪的最高形態就是標準的爭奪，其實也是對未來產業主導權的爭奪。

在現在的商業領域，人們對哪一種尚未產生的利益搏殺得最激烈？是3G。不少手機業人士認為，3G將是IT業可看見的最后一塊沃土。而在這場爭奪中，有一個重要的角色，就是大唐電信，他開發的TD-SCDMA標準直接支持了這次3G標準的爭奪。

IT行業是中國吃知識產權虧最大的行業，缺乏核心技術的知識產權，直接導致了整個VCD產業的瓦解。同樣的是，他們對知識產權帶來的利益認識也最深刻。在三大3G標準各自利益集團近乎肉搏戰的遊說活動中，大唐電信的TD-SCDMA陣營，憑藉民族標準特色獲得的政府垂青，正在彌補其在商用化緩慢上的不足。這為大唐電信的振興創造了機遇。大唐電信是否能夠抓住3G的機遇，在很大程度上取決於公司的市場戰略，取決於是否能夠成功推廣TD-SCDMA標準。

知識產權爭奪的最高形態就是標準的爭奪，其實也是對未來產業主導權的爭奪，

而標準則是由技術、習慣、用戶數量、友好界面等因素構成的，需要強調的是，對於企業而言，除了技術上重視以外，很多小細節同樣決定了產品的市場化能力。

八、得勢不饒人的盛大模式

企業的發展不應止步於增長和盈利，應該問一問自己有沒有把優勢發揮到最大化，是否可以取得更大的增長。

盛大活生生的就是一部「傳奇」，它的發家有相當大的偶然性。

在取得《傳奇》代理權的時候，並不存在陳天橋慧眼識寶這類的故事，他只是被動而且好運地被人挑上。但是《傳奇》站住腳以後，陳天橋的商業才能有了發揮的舞臺。

購買服務器改為租用服務器，是他利用游戲玩家的增長對營運商取得主動；拖欠韓國人分成費，成立恒康網路來做銷售渠道總代理這些灰色的手段是他對上游資源的占用；《傳奇世界》的開發是他對知識產權束縛的掙脫。陳天橋的精明在於，所有這些成果都被用於加大投資，每一步議價的成功都成為了下一步議價的籌碼。

這種得勢不饒人的擴張，取得了豐碩的成果，如今《傳奇世界》的註冊用戶已有1.2億，同時在線人數超過100萬，營運它需要至少6,000臺以上的服務器。掌握著巨大的用戶群和極高的投資壁壘，成為《傳奇世界》這個價值鏈中議價能力的最強者，最后，吃了虧的韓國人只能反過來求陳天橋繼續做《傳奇世界》。

九、概念為王的分眾模式

分眾傳媒不是面向客戶賣廣告，而是面向資本市場賣網路，這裡面需要的是傳統的企業沒有的資本經營的眼光。

與盛大不同，分眾傳媒在納斯達克完完全全是一個中國「概念股」。盛大上市前，其主營業務——網路游戲已經為其持續地帶來了巨大的利潤與現金流，而2002年才開始冒頭的分眾傳媒能在如此短的時間內名揚海外，是因為它一開始就是瞄準上市去的。

分眾傳媒的發展只能借道納斯達克，風險投資完成了前期的作業以後，后期由資本市場來接力。因此，我們看到了軟銀、高盛等國際風險投資基金的一次精彩表演。

既然瞄準上市，分眾傳媒便極其注重概念的打造，而這個概念關鍵要回答一個問題，即盈利是否可能？分眾傳媒有關負責人表示，「作為傳統媒體的一種補充形式，分眾傳媒重在對中高端消費者精確的覆蓋。目前廣東分眾傳媒的前期投入已經達到1,000多萬元，儘管投入不小，但現在已經開始為投資者帶來利潤」。

從根本上說，分眾傳媒不是面向客戶賣廣告，而是面向資本市場賣網路，這裡面需要的是傳統的企業沒有的資本經營的眼光。不僅分眾傳媒，應該說每一個企業面對的市場其實都是多層面的，關鍵是看領導者有沒有資本經營的眼光。

十、送水賺錢的新東方模式

對於一個企業而言，在你的經營目標之外，看一看與你的目標伴生的價值鏈條，也許會有意外的驚喜。

美國淘金時代留下了一句諺語「淘金的不賺錢，送水的賺錢」。在美國淘金時代，一夜暴富的夢想支撐著淘金客向西部湧動，然而真正達成目標的人鳳毛麟角，但是，為這些人的夢想提供支援服務的人——送水的人們卻淘到了真金。

如果說現在中國人的出國夢也是「淘金夢」的話，那麼服務於此的新東方英語學校就是一個「送水人」。隱在教育產業化、培訓機構等面紗背后的新東方，實際上是一個留學服務機構，俞敏洪則是一個留學「擺渡人」。

俞敏洪創辦新東方英語學校之前，自己也是一個「淘金客」，大學畢業時，他的同學紛紛出國，他卻被數次拒簽。成為北大教師以後，他仍然不放棄出國的努力，但是依舊失敗。1992 年起，放棄了出國夢想的俞敏洪開始在社會上的培訓學校裡打工，隨后自立門戶。當時，教育培訓已經發展到了相當的程度了，但是完全以「考 GRE」「考托福」為目的的培訓機構很少，而俞敏洪的新東方從根本上說是完全圍繞「考 GRE」「考托福」兩個目的組織起來的企業，所以發展非常迅速。1995 年以後，新東方開始急速膨脹，成為「GRE」和「托福」培訓的代名詞，俞敏洪也完成了從「淘金客」到「送水人」的轉變。

第三節　創業商業模式實訓

一、實訓項目

通過商業模式畫布，熟悉和掌握商業模式內涵，實現商業模式的方式方法。

二、實訓要求

分組進行，每個小組一個畫布實訓圖。

三、實訓內容

1. 確定一個項目；
2. 學習商業模式畫布 9 個板塊；
3. 在畫布上根據創業項目黏貼上相應內容；
4. 小組總結報告。

四、實訓步驟

第一步，熟悉商業模式畫布關係圖。

商業模式畫布覆蓋了商業運轉的 4 個主要方面：客戶、提供物（產品/服務）、基礎設施和財務生存能力。商業模式涉及 9 個關鍵構造塊整合在一個「商業模式畫布」中，每個構造塊對應畫布上的一個空格，通過向這些空格裡填充相應的內容，描繪商業模式或設計新的商業模式。9 大構造塊及其聯繫，如圖 4-2 所示。

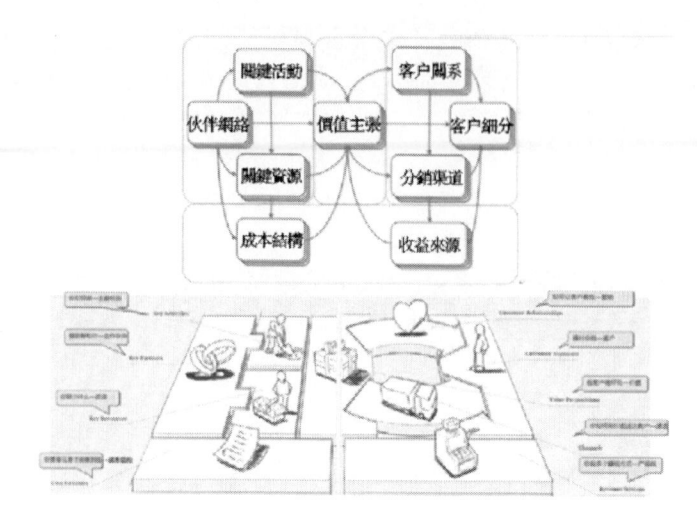

圖 4-2

我們看到，這是一個行銷的 4P（產品、價格、渠道、溝通）已經激烈競爭、高度同質化的時代，產品同質化、廣告同質化、品牌同質化、促銷同質化、渠道同質化、執行同質化，企業已經很難在這 4P 中的某一項脫穎而出，企業的競爭已經超越了行銷這一層級，蔓延至更高層面——商業活動的全系統。

第二步，商業模式設計的基本步驟與方法。

（1）界定和把握利潤源——顧客。

顧客群分為主要顧客群、輔助顧客群和潛在顧客群。好的目標顧客群，一是要有清晰的界定；二是要有足夠的規模；三是要對顧客群的需求和偏好有比較深的認識和瞭解。設計商業模式的時候，首先需要分析顧客需求，目的就是要為產品尋找能夠比較容易呈現價值的顧客群。

（2）不斷完善利潤點——產品。

利潤點是指可以獲取利潤的、目標顧客購買的產品或服務。利潤點決定了為顧客創的價值是什麼，以及企業的主要收入及其結構。好的利潤點是顧客價值最大化與企業價值最大化的結合點，它要求一要針對目標顧客的清晰的需求偏好，二要為目標顧客創造價值，三要為企業創造價值。

（3）打造強有力的利潤槓桿，構築商業模式內部運作價值鏈。

打造利潤槓桿，規劃企業內部運作價值鏈，決定了產品或服務是否為企業帶來價值和帶來價值的多少。利潤槓桿主要包括以下幾種：組織與機制槓桿、技術與裝備槓桿、生產運作槓桿、資本運作槓桿、供應與物流槓桿、信息槓桿、人力資源槓桿等。同樣的項目和產品，由於利潤槓桿不同，或者說由於創業企業內部運作價值鏈的差異，導致了產品的成本迥異，一個企業可能賺錢，另一個企業可能虧損。這足以說明，利潤槓桿決定了利潤的多寡。

（4）疏通拓寬利潤渠，構築商業模式外部運作價值鏈。

利潤渠，即創業企業向顧客供應產品和傳遞產品信息的渠道，是外部價值鏈。產

品或服務的價值傳遞是創業企業把產品和服務傳遞給目標客戶的分銷和傳播活動，目的是便於目標客戶方便地購買和瞭解公司的產品或服務。

（5）建立有效保護利潤的利潤屏障。

利潤屏障是指為防止競爭者掠奪本企業的目標客戶，保護利潤不流失而採取的戰略控制手段。利潤槓桿是撬動「奶酪」為我所有，利潤屏障是保護「奶酪」不為他人所動。比較有效的利潤屏障主要有建立行業標準、控制價值鏈、領導地位、獨特的企業文化、良好的客戶關係、品牌、版權、專利等。

商業模式也是一種企業創造利潤的思維方式，雖然有許多不同的創造利潤方式，但每個企業最終只會從中選擇一種方式。許多創業機會面對的是一種不確定性極高的未來環境，而市場信息也無法全盤取得，因此沒有一個商業模式能確保未來利潤一定會被實現，也沒有所謂最佳的商業模式。創業者在設計與執行商業模式的時候，一定要保持未來需要彈性調整的心態。

第三步，商業模式畫布操作流程。

商業模式畫布主要用於創業團隊做頭腦風暴和項目可行性測試。具體操作步驟如下（圖4-3）：

①先將各部分構造猜想和計劃寫在便簽紙上，梳理信息，初步規劃；

②仔細想想每一個構造塊背後的問題和假設，理出哪一個是促成全局的最重要因素，哪一個能夠帶來盈利；

③規劃未來的路線，從而確保各構造塊內容能不斷推進，並且方向正確；

④設計實驗，驗證猜想。為每一個構造塊設置參數，比如客戶細分構造塊中設置目標用戶數目，收益來源中所能承受的價格等。

⑤排序分析，得出結論。

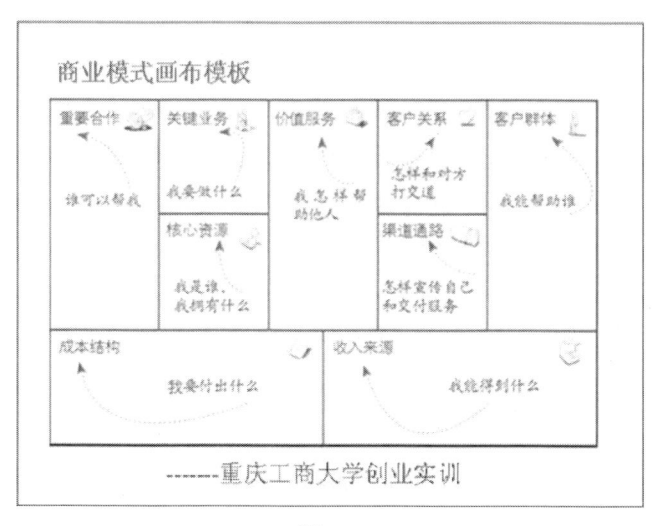

圖 4-3

五、實驗數據處理

以下面實訓數據表記錄實訓過程。

表 4-1

≪商業模式設計與畫布≫實訓					
實驗項目名稱		實驗時間		實驗地點	
實驗類型		實驗設備			
實驗要求	1 2				
實驗步驟	實驗內容				完成情況
1 2 3					
數據處理情況					

六、商業模式畫布注意事項

1. 創意創業構思

創業者在創意構思、創業規劃設計、完善與創新時，可結合頭腦風暴活動，在畫布上設計、產生大量創意信息，然后篩選出最好的創意、最關鍵的問題。

2. 可視化思考創業規劃

基於畫布，可實現方便的視覺化思考，使用便利貼結合畫布略圖描繪。便利貼的功能就像創意的容器，你可以增加、減少或在商業模式構造塊之間進行調整移動。而繪圖甚至能比便利貼更加有效。最明顯的作用是基於簡單圖畫思考、解釋和研討交流商業模式。

3. 講述創業「故事」

講故事的目的，是要把一種新的商業模式以形象具體的方式呈現出來，以溝通創業合作夥伴和投資者。基於畫布，故事的內容形象易懂，講述者也只需要一位，可讓聽者 3 分鐘之內掌握商業模式的價值鏈和運作基本思路。

4. 課堂教學或指導諮詢

創業導師在課堂教學中，運用畫布，可簡單形象地將創業價值邏輯和創業過程中的關鍵活動展示給學生，通過讓學生以案例來掌握商業模式理論，事半功倍。同樣，創業導師在指導創業者的過程中，運用畫布可快速瞭解創業者的創業構想，幫助創業者梳理思路，找出關鍵問題和薄弱環節，以完善或創新創業計劃。

七、實訓報告

提交一份 800~1,000 字的商業畫布整理實訓項目報告。

思考與討論

1. 商業模式的內涵是什麼？
2. 商業模式的體系構成是什麼？
3. 如何設計創業企業商業模式？
4. 商業模式分類的意義和方式是什麼？
5. 討論：小王準備開設一家互聯網企業，有技術卻苦於沒有好的商業模式，請你根據目前的市場環境給他設計一個合理的商業模式，經營半年，如果能夠盈利，小王願意給你的商業模式百分之二十的股份，你願意嗎？願意與不願意請討論其中理由。

第五章　創業計劃書

小王的創業能力在提升，導師告訴他：創業計劃是創業者叩響投資者大門的「敲門磚」，是創業者計劃創立的業務的書面摘要，一份優秀的創業計劃書往往會使創業者達到事半功倍的效果。創業計劃書是一份全方位的商業計劃，其主要用途是遞交給投資商，以便於他們能對企業或項目做出評判，從而使企業獲得融資。另一方面也展示合作夥伴，讓他們明確目標和奮進方向。它是用以描述與模擬創辦企業相關的內外部環境條件和要素特點，為業務的發展提供指示圖和衡量業務進展情況的標準。通常創業計劃是結合了產品或服務市場行銷、財務、生產、人力資源、戰略規劃、風險評估等職能計劃的綜合。

創業對大多數人而言是一件極具誘惑力的事情，同時也是一件極具挑戰的事。不是人人都能成功，也並非想像中那麼困難。但任何一個夢想成功的人，倘若他知道創業需要策劃、技術及創意的觀念，那麼成功已離他不遠了。

第一節　創業計劃書概述

創業計劃書是用以描述與擬創辦企業相關的內外部環境條件和要素特點，為業務的發展提供指示圖和衡量業務進展情況的標準。通常創業計劃是結合了市場行銷、財務、生產、人力資源、戰略規劃、風險評估等職能計劃的綜合。

一、創業計劃書的內涵

創業計劃書是將有關創業的想法，借由白紙黑字最后落實的載體。創業計劃書的質量，往往會直接影響創業發起人能否找到合作夥伴、獲得資金及其他政策的支持。那麼，如何寫創業計劃書呢？要依目標，即看計劃書的對象而有所不同，譬如是要寫給投資者看呢？還是要拿去銀行貸款，以不同的目的來寫，計劃書的重點也會有所不同。

（一）創業市場評估

衡量你要創辦的企業生產的產品或提供的服務有沒有市場。市場行銷計劃指明企業的發展方向，是企業各部門工作的核心和龍頭。市場行銷工作告訴你誰是你的顧客？他們需要什麼？想要什麼？你怎樣滿足他們的需要並從中獲取利潤。你在制定市場行

銷計劃時，要考慮以下幾個方面：

- 向你的顧客提供他們需要的產品或服務。
- 為你的產品或服務制定顧客們願意支付的價格。
- 為你的顧客生產和出售產品或提供服務的場所。
- 向你的顧客傳遞有關你的產品或服務的信息，吸引他們購買你的產品或服務。

可以利用這方面的信息準備你的市場行銷計劃，它將成為你的創業計劃中的一個重要部分。為了制定出切合實際的市場行銷計劃，首先要瞭解你的顧客和競爭對手的情況，即市場需求和供給兩個方面的情況，也就是通常所說的市場調查。

1. 瞭解你的顧客

（1）瞭解顧客的意義

顧客是你企業的根本，如果你不能以合理的價格向他們提供他們需要和想要的產品，他們就會到別處去購買。對你感到滿意的顧客會成為你的回頭客，他們會向自己的朋友和其他人宣傳你的企業。讓顧客滿意，就意味著會給你帶來更多的銷售額和更高的利潤。

記住：沒有顧客，你的企業就會倒閉。

顧客購買產品或服務是為了滿足不同的需求，他們購買：

- 自行車，是因為他們需要交通工具。
- 漂亮衣服，是為了使自己的外表更大方得體。
- 電視機，是為了獲得信息和娛樂。
- 防盜門，是為了居家安全。

記住：如果你解決了顧客的問題，滿足了他們的需要，你的企業就有可能成功。

（2）瞭解顧客的有關信息

收集顧客的信息，也就是做顧客方面的市場調查，這對任何創業計劃來說都是很重要的。為了幫助你瞭解顧客的情況，你可以提出下面這些問題：

- 你的企業準備滿足哪些顧客的需要？把你準備提供的產品或服務列一張清單，並記錄顧客需要的產品或服務的種類。你的顧客是男人還是婦女，是老人還是兒童？其他企業也可能成為你的潛在顧客。把所有可能影響你的企業構思的方面寫下來。
- 顧客想要什麼產品或服務？每個產品或服務的哪個方面最重要？規格？顏色？質量？還是價格？
- 顧客願意為每個產品或每項服務付多少錢？
- 顧客在哪兒？他們一般在什麼地方和什麼時間購物？
- 他們多長時間購一次物，每年？每月？還是每天？
- 他們購買的數量是多少？
- 顧客數量在增加嗎？能保持穩定嗎？
- 為什麼顧客要購買某種特定的產品或服務？
- 他們是否在尋找有特色的產品或服務？

通過做顧客調查，你可以得到上述這些問題的可靠答案，有助於你判斷你的企業構思是否可行。

（3）收集顧客信息的方法

市場調查的方法多種多樣，做顧客需求調查的方式有以下幾種：

・情況推測——如果你對一種行業很瞭解，你可以憑自己的經驗進行預測。

・利用行業渠道獲得信息——通常，你可以從業內人士那裡瞭解本行業市場大小方面的有用信息。要瞭解某一產品的市場份額以及顧客的需求和意見並不難，你可以與該產品的主要銷售商（批發商）聊聊，聽聽他們怎樣說；也可以通過閱讀行業指南、報紙、商業報刊來瞭解你需要的信息。

・抽樣訪問你選定的那部分顧客——與盡可能多的潛在顧客交流，看一看到底有多少人想買你的產品。

市場調查就像一個偵探故事，你在尋找破案的線索。也許你會發現你的新企業沒有多少顧客，那麼就要再構思一個不同的創業想法。

2. 瞭解你的競爭對手

（1）瞭解你的競爭對手的意義

對市場進行調查，只瞭解你的潛在顧客的情況還不夠，還需要瞭解競爭對手的情況。因為你多半要與提供相同或類似產品或服務的企業競爭，這些企業將是你的競爭對手。

通過瞭解競爭對手的情況，你可以學到很多東西。通過瞭解他們做生意的方法，可以幫助你去琢磨怎樣使你的企業構思變成現實。

（2）瞭解競爭對手的有關信息

你可以通過回答下列問題的形式來瞭解競爭對手的情況：

・他們的產品或服務的價格怎樣？

・他們提供的商品或服務的質量如何？

・他們如何推銷商品或服務？

・他們提供什麼樣的額外服務？

・他們的企業坐落在地價昂貴還是便宜的地方？

・他們的設備先進嗎？

・他們的雇員受過培訓嗎？待遇好嗎？

・他們做廣告嗎？

・他們怎樣分銷產品或服務？

・他們的優勢和劣勢是什麼？

把你通過調查收集到的信息做一番整理，然後回答下列問題：

・成功的企業有相似的運作方式嗎？

・成功的企業有相同的價格政策、服務、銷售或生產方法嗎？

就像收集顧客信息那樣，以同樣的方法分析你的競爭對手。

3. 制定市場行銷計劃

制定市場行銷計劃的一種方法是從市場行銷的四個方面，即產品、價格、地點和促銷著手，通常稱為「4P方法」。產品（Product）、價格（Price）、地點（Place）、促銷（Promotion）四個方面構成了市場行銷的整個內容。因為這四個詞的英文的第一個

字母都是 P，所以常把市場行銷中的四個方面簡稱為「4P」。

（1）產品

產品是指你計劃向顧客銷售的東西。你要決定你想出售的產品的類型、質量、顏色和規格等。如果你的企業是服務型企業，那麼所提供的服務就是你的產品。例如，文秘類企業可提供打字、記帳和影印等服務項目。

對於零售商和批發商來說，產品是指那些性能、價格和消費需求相近的一類物品。比如一家商店會把所有水果罐頭歸為一類。

產品的概念還包含與產品或服務自身有關的其他屬性，如：

・產品的質量。

・每個產品的包裝。

・附帶的產品說明書。

・售后服務。

・維修和零配件供應。

請你描述還有哪些屬性能使你的產品與眾不同。

（2）價格

價格是你用產品要換回的錢數。但實際收入還會受其他因素的影響，如產品打折和賒銷。在確定了產品之后，你要為其定價。在制定產品價格時，你必須知道：

・你的產品的成本；

・顧客願意出多少錢購買你的產品；

・競爭者同類產品的價格。

在本書的第七步，你還要學會如何核算產品或服務的成本。現在，你要收集顧客願意出的價格；列出競爭者的價格；然后確定你認為合適的價格。

（3）地點

地點是指你把自己的企業設在什麼地方。如果你計劃開辦一家零售店或一家服務企業，地點對你來說非常重要，你必須把它設在離顧客較近的地方，這樣便於顧客光顧你的店鋪。一般來說，如果你的競爭者離顧客近，顧客就不會跑很遠的路來你的商店。

而對製造商來說，離顧客遠近並不是最重要的，最重要的是能否容易地獲得生產所需的原材料。這就是說，工廠或車間應該設在離原材料供應商較近的地方。能獲得低租金的廠房對於製造商來說也很重要。

選址也要考慮產品的分銷方式和運輸問題。僅僅生產好的產品是不夠的，你必須要讓顧客方便地得到你的產品。

（4）促銷

促銷是指將你企業的產品信息傳遞給顧客，吸引他們來購買你的產品。促銷通常有 3 種方法：

・廣告——向你的顧客提供產品信息，讓他們有興趣購買你的產品。你可以通過報紙或廣播做廣告。招貼畫、小冊子、銘牌、價格表和名片也是給你的企業和產品做廣告的方法。

・宣傳——在地方報紙或雜誌上刊登介紹你的新企業的文章，從而達到免費促銷的目的。

・銷售促銷——當顧客來到你的企業或以其他方式與你接觸時，你要想方設法讓他們買你的產品。促銷的手段很多，例如，你可以用醒目的陳列、展示、競賽活動吸引顧客，也可以用買一贈一的方式，刺激顧客的購買欲。

促銷很費錢。為了降低費用，要從美工設計人員、印刷商和其他專業人員那裡詢價。要先瞭解你的競爭對手使用的促銷方法，然后再決定對你的企業奏效的促銷方式。

(5) 預測你的銷售

銷售預測是制定企業計劃時最重要和最困難的部分。收入來自銷售，沒有好的銷售就不可能有利潤，大多數人往往過高估計自己的銷售額。因此，你在預測銷售時不要過分樂觀，應保守一點，留有余地。

做銷售預測絕不是一件容易的事，你必須通過市場調查來做出你的銷售決定。預測銷售有幾種基本方法：

你的經驗——你可能在同類的企業中工作過，甚至在你的競爭對手的企業中工作過。你應該對市場有所洞察和瞭解，並利用這方面的知識來預測你的銷售。

記住：在研究一家現有的企業時，如果你要想達到與其相同的銷售和利潤水平，需要一段時間。

與同類企業進行對比——將你的企業資源、技術和市場行銷計劃與競爭對手的進行比較。基於他們的水平來預測你的企業銷售，這可能是最常用的銷售預測方法。

記住：如果在本地區沒有競爭者，到其他地方看看那裡的企業是怎樣運作的。

實地測試——小量試銷你的產品或服務，看看你能銷出多少。這種方法對製造商和專業零售商很有效，但不適合有大量庫存的企業。

記住：如果使用實地測試方法，創業的起步規模要小，甚至保持半開工狀態，慢慢將企業做大。

預訂單或購買意向書——你可以通過要求你提供產品或服務的近期來函來預測你的銷售量。如果你的企業客戶不多，可以採用這種方法。這種方法適用於出口商、批發商或製造商。你可以利用預訂單來預測銷售。

記住：這些必須是書面購買意向書，不能信賴口頭協議。

進行調查——調查訪問那些可能成為你客戶的人，瞭解他們的購買習慣。做好調查不容易，你最初打算提的問題一般應先以親戚、朋友為對象進行預測。分析一下結果，然后判斷你提的問題是否提供了預測銷售所需的信息。你不可能訪問所有的潛在顧客，所以你需要做抽樣調查。

記住：抽樣調查的對象要能夠代表你潛在的顧客群，這點很重要。

各家企業以不同方式來決定其銷售量，然而，做出一個切合實際的銷售預測極為重要，千萬不要過高估計。

誰都希望自己成功，但必須提醒自己：最初，銷售額會低一些，不過有希望逐步提高。

(二) 企業的人員組織

你已經做出了你的企業的銷售預測，並大體知道要生產多少產品。產品是靠人來生產的，現在，你需要為你的新企業做人員計劃，組織你的企業人員去實現你的生存銷售計劃。為了使你的新企業順利而成功地運行起來，你必須很好地安排人員。你必須知道你的企業有哪些工作要做，並且要雇用合適的人去做這些工作。一個有效率的企業，必須有一支具備知識和技能的員工隊伍。

微小企業規模不大，一般由下列人員組成：

・業主，即你本人。

・企業合夥人。

・員工。

・企業顧問。

1. 業主本人

在大多數微小企業中，業主就是經理。只有業主（經理）可以行使以下職責：

・開發創意，制定目標和行動計劃。

・組織和調動員工實施行動計劃。

・確保計劃的執行，使企業達到預期的目標。

在計劃開辦新企業和制定企業計劃時，你要考慮自己的經營能力，要明確哪些工作可以由你自己去做，哪些工作是你既沒能力也沒時間去做的。如果你需要一個經理，就要考慮他應具備的能力和經歷。

向其他有經驗的業主請教，看看他們是如何管理企業和員工的。

2. 企業合夥人

如果企業不止一個業主，這些業主將以合夥人的身分，共享收益，共擔風險。他們將決定彼此如何分工合作。也許一個人負責銷售，另一個管採購，還有一個抓管理。

要管理好一個合夥制企業，合夥人之間的交流一定要透明和誠懇。合夥人之間意見不一致往往導致企業的失敗。因此有必要準備一份書面合作協議，明文規定各自的責任和義務。

3. 員工

如果你沒有時間或能力把全部工作包下來，就要雇人。最小的企業可能只需要雇1~2個臨時工就可以了。有的企業則需要雇用更多全時員工。

為了雇到合適的員工，要考慮以下幾點：

參照你的企業構思，把該做的工作列出來。

明確哪些工作你自己做不了。

雇員工來做這些工作，要詳細說明所需要的技能和其他要求。

決定完成每項工作需要的人數。

要向員工（包括業主本人）支付的工資。

當你知道你需要雇用員工後，要把崗位的工作職責寫出來。崗位職責規定了某一特定領域裡要做的工作。這樣做有如下好處：

・員工將確切知道企業需要他們做什麼工作。

・作為經理，你將用其衡量員工的工作績效。

要根據崗位職責來聘用企業員工。能雇用到有適當技能、有工作積極性的員工對你來說是很重要的。在錄用員工前，你要面試所有應聘的人選。提問很有技巧，通過向參加面試的人員提問下面這些問題，你可以掌握應聘人員的大量情況：

・你原來在哪兒工作？具體做什麼工作？

・你為什麼想來本企業工作？

・你希望得到什麼職位？

・你認為你有哪些優點和弱點？

・你怎樣支配業餘時間？有什麼興趣愛好？

・你喜歡和別人一起工作嗎？如果有人對你態度不友好，你會做出怎樣的反應？

要多提些問題，以便瞭解應聘人員更多的情況。最后向所有參加面試的人員發通知，不管他們是否被錄取。

4. 你的企業顧問

各種諮詢意見對所有企業家都有意義。因為你不可能是所有企業事務方面的專家和萬事通。

認準那些對你有過幫助而且將來還可能扶持你的行業專家，包括專業協會會員、會計師、銀行信貸員、律師、諮詢顧問和政府部門專家。你可以考慮從一些企業、貿易和教育機構那裡獲得幫助、信息、諮詢意見和培訓。

大多數微小企業雇員不多，組織結構很簡單。大一些或複雜一些的企業也許要建立若幹部門。

(三) 選擇一種企業法律形態

在前面，你已經預測了你的產品銷售量，並確定了實現這些銷售量的人員安排。

在這一步，你需要瞭解企業是一個組織，得有一種法律形態，即你得決定你應該辦什麼形式的企業。為此，你要瞭解中國企業的法律形態，研究比較每一種法律形態的特點，這將有助你為自己的新企業選擇一種最恰當的法律形態。

1. 企業的不同法律形態

中國民營企業的主要法律形體如下：

股份有限公司、有限責任公司、外資企業、中外合資企業、中外合作企業、鄉鎮企業、股份合作制企業、合夥企業、個人獨資企業、個體工商戶、農村承包經營戶等。

微小企業最常見的法律形態是：

個體工商戶、個人獨資企業、合夥企業和有限責任公司。

不同的企業法律形態有不同的要求，從而會對企業產生諸多影響，這些影響包括：

・開辦和註冊企業的成本；

・開辦企業手續的難易程度；

・業主的風險責任；

・尋求貸款的難易程度；

- 尋找合夥人的可能性；
- 企業的決策程序；
- 企業利潤所得。

2. 各類企業法律形態的特點

不同的企業法律形態都有各自的特點，瞭解它們，有助於你為自己的企業選擇適當的法律形態。

3. 選擇合適的企業法律形態

選擇一種法律形態時要考慮的主要因素有：
- 企業的規模；
- 行業類型和發展前景；
- 業主或投資者的數量；
- 創業資金的多少；
- 創業者的觀念（傾向個人決策還是協商合作）。

選擇企業的法律形態並非易事，要考慮很多方面。你在選擇企業的法律形態和註冊企業時，應該尋求更多幫助。中國有專門為扶持小企業提供諮詢的政府機構（如國家和各地區的工商管理局等）和非政府組織（工商聯合會等），還有幫助下崗失業人員創業的勞動就業部門。

如果你要開辦一家大型或結構複雜的企業，應當聽取律師的意見。

記住：別人的意見只能供你參考，企業你得自己辦，千萬不要被別人的意見所左右。你要有主見，如果要採用他人建議的法律形態，一定要弄清楚原因。

不同的企業法律形態各有利弊，在選擇自己企業的法律形態時，要考慮你的企業和對你企業將產生的影響：

- 如果你的企業不打算借債，是否限制業主個人對企業債務所承擔的責任就無關緊要，可以採用簡單、經濟的形式開辦企業，如個體工商戶或合夥企業就比較合適。
- 如果你的企業需要借大筆錢，企業負債很高，那麼限制業主個人對企業債務所承擔的責任就很重要，選擇有限責任公司的法律形態較為適合。
- 如果你有國外親戚朋友願意投資幫你創業，可以選擇中外合資或中外合作的法律形態。
- 如果你的資金和技術不足，但有志同道合的朋友願意一起干，不妨選合夥企業、有限責任公司的法律形態。
- 如果你不喜歡與他人合作，怕麻煩或得罪人，你就考慮個體工商戶或個人獨資企業。

（四）法律環境和你的責任

你已經選擇了企業的法律形態，現在需要瞭解你的企業的法律環境和你要承擔的法律責任。在開辦和經營企業的過程中，要遵守國家的稅法、企業法、勞動法、環境保護法等相關法律法規。

1. 法律和責任

國家為了使所有的公民和企業能在公平和諧的環境中競爭和發展，制定了各類法

律法規。它們是規範公民和企業經濟行為的準則,具有權威性、強制性、公平性。依法辦事是公民和企業的責任。

作為一個想創辦企業的小企業主來說,你也許覺得法律太多了,弄不明白。其實,和你的企業有直接關係的法律只是其中的一部分。你不必瞭解有關法律的所有內容,只要求你知道哪些法律和哪些關鍵內容與新辦企業有關就夠了。最重要的是你作為企業主,要知道法律不僅對企業有約束的一面,也給你的企業以法律保護。遵紀守法的企業將贏得客戶的信任、供應商的合作、職工的信賴、政府的支持,甚至贏得競爭對手的尊重,為自己營造一個良好的生存發展空間。

與企業相關的其他法律有:會計法、稅收徵收管理法、產品質量法、消費者權益保護法、反不正當競爭法、保險法、環境保護法等。

2. 工商行政登記

辦新企業,首先得給它一個明確的法律地位,如同辦理「戶口」。根據中國法律規定,新辦企業必須經工商行政管理部門核准登記,發給營業執照並獲得有關部門頒發的經營許可證(例如衛生、環保、特種行業許可證等)。營業執照是企業主依照法定程序申請的、規定企業經營範圍等內容的書面憑證。企業只有領取了營業執照,才算有了「正式戶口」般的合法身分,才可以開展各項法定的經營業務。

3. 依法納稅

根據中國稅法的規定,所有企業都要依法報稅納稅。與企業和企業有關的主要稅種如下:

· 增值稅、營業稅;
· 企業所得稅;
· 個人所得稅;
· 消費稅;
· 關稅;
· 城市維護建設稅;
· 教育費附加等。

社會經濟活動是一個連續運動的生生不息的過程:生產—流通—分配—消費。國家對生產流通環節徵收的稅種統稱流轉稅,對分配環節徵收的稅種統稱所得稅。這是最基本的兩個稅種。

註:個體工商戶、個人獨資企業和合夥企業不繳納企業所得稅。國家對個體工商戶、個人獨資企業和合夥企業的投資者,按5%~35%的超額累進稅率徵收個人所得稅。

國家和地方還制定了一些稅收優惠政策,例如:特殊商品(糧食、食用植物油、煤氣、沼氣、居民用煤製品、圖書、報紙、雜誌、飼料、農藥、化肥、農機、農膜等)增值稅率為13%。老、少、邊、窮地區企業、高新技術企業可以根據情況減免稅收。下崗失業人員從事個體經營、合夥經營和組織起來就業的,或者企業吸納下崗失業人員和安置多餘人員的,可以根據情況減免稅收。具體政策可以向當地勞動部門諮詢。

4. 尊重職工的權益

企業競爭力的一個關鍵因素是員工的素質和積極性。在勞動力流動加快和競爭加

劇的形勢下，優秀的勞動者越來越成為勞動力市場上爭奪的重要資源。所以新開辦的企業一開始就要特別重視以下四個方面的問題：

（1）訂立勞動合同

勞動合同是勞動者與企業簽訂的確立勞動關係、明確雙方權利和義務的協議。訂立勞動合同對雙方都產生約束，不僅保護勞動者的利益，也保護企業的利益，它是解決勞動爭議的法律依據。所以絕對不能嫌麻煩，或者為了眼前的小利而設法逃避。

勞動合同的基本內容有：

・工作職責、定額、違約責任。

・工作時間。

・報酬（工資種類、基本工資、獎金、加班、特種工作補貼）。

・休息時間（周假、節假日、年假、病假、事假、產假、婚喪假等）。

・社會保險、福利。

・合同的生效、解除、離職、開除。

一般各地都有統一的勞動合同文本，有關信息可以從當地勞動部門獲得。

（2）勞動保護和安全

儘管創業初期資金緊張，企業應盡量創造良好的工作條件，防止工傷事故和職業病的發生，搞好危險和有毒物品的使用和儲存，改善音、光、氣、溫、行、居等條件，以保證職工人身安全並提高他們的工作效率和積極性。

（3）勞動報酬

企業定的工資不能低於本地區勞動部門規定的最低工資標準，而且必須按時以貨幣形式發放給勞動者本人。有關最低工資標準的信息可以從當地勞動部門獲得。

（4）社會保險

國家的社會保險法規要求企業和職工都要參加社會保險，按時足額繳納社會保險費，使員工在年老、生病、因工傷殘、失業、生育的情況下得到補償或基本的保障。為職工辦理社會保險對企業來說是強制性的。

記住：一個企業如果不能為員工提供起碼的社會保障，將很難吸引和留住管理和技術人才。企業主對此一定要高度重視。

目前我國的社會保險主要有：養老保險、醫療保險、失業保險、工傷保險和生育保險。辦理社會保險的具體程序和要求可到當地勞動社會保障部門進行諮詢。

5. 商業保險

經營一個企業總會有風險。各類企業的風險有差異，並非所有的企業風險都能投保。例如，產品需求下降這種企業最基本的風險，就只能由企業自己承擔；而另一些風險則可以通過辦保險來減少。

企業辦了保險，一旦發生了問題，員工和企業的利益可以得到可靠的經濟保障。有的企業主為了省錢而不上保險，其實是很失策的。如果一家企業（製造業、林業、商業等）沒上保險，其貴重設備被盜竊，或發生火災時，損失全由企業自己承擔。

企業的保險險種通常包括：

資產保險——如機器、庫存貨物、車輛、廠房的防盜險、水險和火險；商品運輸

險,特別是進出口商品的這類險種。

人身保險——業主本人和員工的商業醫療保險、人身事故保險、人壽保險等。

你要根據自己企業的情況決定投保哪些險種。一般來講,從專為小企業提供法律事務諮詢的政府或非政府機構裡都能得到有關保險的信息,你也可以從當地的保險公司那裡得到報價。

記住:保險公司將設法出售他們的一攬子保險。最明智的辦法是比較核實各種渠道的信息,為你的新企業購買最適當的保險。

(五) 預測啓動資金需求

你已經知道了你的產品或服務是有市場的,對此你應該有信心。你也知道了自己作為業主的職責,以及對員工的要求。你將學習如何確定開辦企業必須購買的物資和必要的其他開支,並測算其總費用,這些費用叫做啓動資金。

1. 啓動資金的類型

啓動資金用來支付場地(土地和建築)、辦公家具和設備、機器、原材料和商品庫存、營業執照和許可證、開業前廣告和促銷、工資以及水電費和電話費等費用。

這些支出可歸為兩類:

・投資(固定資產)——是指你為企業購買的價值較高、使用壽命長的東西。有的企業用很少的投資就能開辦,而有的卻需要大量的投資才能啓動。明智的做法是把必要的投資降到最低限度,讓企業少擔些風險。然而,每個企業開辦時總會有一些投資。

・流動資金——指企業日常運轉所需要支出的資金。

2. 投資(固定資產)預測

你投資需要資金。開辦企業時,你必須有這筆錢,而且說不定要等好幾年後企業才能掙足錢收回這筆投資。因此在開辦企業之前,有必要預算一下你的企業投資到底需要多少資金。

你的投資一般可分為兩類:企業用地和建築,設備。

(1) 企業用地和建築

辦企業或開公司,都需要有適用的場地和建築。也許是用來開工廠的整個建築,也許只是一個小工作間,也許只需要租一個鋪面。如果你能在家開始工作,就能降低投資。

當你清楚了需要什麼樣的場地建築時,要做出以下選擇:

・造新的建築。

・買現成的建築。

・租一棟樓或其中的一部分在家開業。

造房——如果你的企業對場地和建築有特殊要求,最好造自己的房子,但這需要大量的資金和時間。

買房——如果你能在優越的地點找到合適的建築,則買現成建築既簡便又快捷。但現成的房子往往需要經過改造才能適合企業的需要,而且需要花大量的資金。

租房——租房比造房和買房所需啓動的資金要少，這樣做也更靈活。如果是租房，當你需要改變企業地點時，就會容易得多。不過租房不像自己有房那麼安穩，而且你也得花些錢進行裝修才能適用。

在家開業——在家開業最便宜，但即使這樣也少不了要做些調整。在你確定你的企業是否成功之前，在家開業是起步的好方法，待企業成功後再租房和買房也不晚。但在家工作，業務和生活難免互相干擾。

（2）設備

設備是指你的企業需要的所有機器、工具、工作設施、車輛、辦公家具等。對於製造商和一些服務行業，最大的需要往往是設備。一些企業需要在設備上大量投資，因此瞭解清楚需要什麼設備，以及選擇正確的設備類型就顯得非常重要。即便是只需少量設備的企業，也要慎重考慮你確實需要哪些設備，並把它們寫入創業計劃。

3. 流動資金預測

你的企業開張后要運轉一段時間才能有銷售收入。製造商在銷售之前必須先把產品生產出來；服務企業在開始提供服務之前要買材料和用品；零售商和批發商在賣貨之前必須先買貨。所有企業在攬來顧客之前必須先花時間和費用進行促銷。總之，你需要流動資金支付一下開銷：

購買並儲存原材料和成品。

・促銷。

・工資。

・租金。

・保險和許多其他費用。

有的企業需要足夠的流動資金來支付6個月的全部費用，也有的企業只需要支付3個月的費用。你必須預測，在獲得銷售收入之前，你的企業能夠支撐多久。一般而言，剛開始的時候銷售並不順利，因此，你的流動資金要計劃得富裕些。

（1）原材料和成品儲存

製造商生產產品需要原材料；服務行業的經營者也需要些材料；零售商和批發商需要儲存商品來出售。你預計的庫存越多，需要用於採購的流動資金就越大。既然購買存貨需要資金，你就應該將庫存降到最低程度。

如果你是個製造商，你必須預測你的生產需要多少原材料庫存，這樣你可以計算出在獲得銷售收入之前你需要多少流動資金。如果你是一個服務商，你必須預測在顧客付款之前，你提供服務需要多少材料庫存。零售商和批發商必須預測他們在開始營業之前，需要多少商品存貨。

記住：如果你的企業允許賒帳，資金回收的時間就更長，你需要動用流動資金再次充實庫存。

（2）促銷

新企業開張，需要促銷自己的商品或服務，而促銷活動需要流動資金。在第三步中你已做了促銷計劃並預算了促銷費用。

(3) 工資

如果你雇用員工，在起步階段你就得給他們付工資。你還要以工資方式支付自己家庭的生活費用。計算流動資金時，要計算用於發工資的錢，通過用每月工資總額乘以還沒達到收支平衡的月數就可以計算出來。

在第四步中，你已經確定了所需的員工數量和他們的月工資。

(4) 租金

正常情況下，企業一開始運轉就要支付企業用地用房的租金。計算流動資金裡用於房租的金額，用月租金額乘以還沒達到收支平衡的月數就可以得出來。而且，你還要考慮到租金可能一付就是3個月或6個月，會占用更多的流動資金。

(5) 保險

同樣，企業一開始運轉，就必須投保並付所有的保險費，這也需要流動資金。

(6) 其他費用

在企業起步階段，還要支付一些其他費用，例如電費、文具用品費、交通費等。

(六) 制定利潤計劃

現在，你要關注你的企業怎樣掙錢的問題，這對企業的成敗至關重要。學完這一步，你將對下列主要問題做出決策：

‧制定銷售價格——你賣出的東西，要顧客付多少錢。

‧預測銷售收入——你能從前12個月的銷售中掙到多少錢。

‧制訂銷售和成本計劃——看看你是掙錢，還是賠錢。

‧制定現金流量計劃——你是否有足夠的資金保證企業正常運轉。

1. 制定銷售價格

在確定產品價格之前，要計算出你為顧客提供產品或服務所產生的成本。每個企業都會有成本。作為企業主，你必須詳細瞭解經營企業的成本。

很多小企業和大企業因為沒有能力控制好企業的經營成本而陷入財務困境。一旦成本大於收入，必致倒閉。

制定價格主要有兩種方法：

‧成本加價法——將製作產品或提供服務的全部費用加起來，就是成本價格。在成本價格上加一個利潤百分比得出的是銷售價格。

‧競爭價格法——在定價時，除了考慮成本外，你還要瞭解一下當地同類商品或服務的價格，以保證你的定價具有競爭力。如果你定的價格比競爭者的高，你要保證你能更好地滿足顧客的需要。

當你在第三步中制定你的市場行銷計劃時，你已經初步確定了你的產品或服務的價格水平。現在，你要更準確地制定你的產品或服務的銷售價格。

(1) 成本加價法

將製作產品或提供服務的成本加起來，得出總成本，然后再加上一個利潤百分比得出銷售價格。這種方法尤其適用於製造商和服務商。

如果你的企業經營有效，成本不高，用這種方法制定的銷售價格在當地應該是具

有競爭力的。但是，如果你的企業經營不好，成本可能會比競爭者高，這意味著你用成本加價法制定的價格會太高，不具有競爭力。

怎樣具體地計算成本價格呢？
・首先，你要瞭解自己生產產品或提供服務的成本構成。
・其次，你要瞭解固定資產折舊也是一種成本。
・最後，計算出單位產品的成本價格。

瞭解自己的成本構成：

對於一個新企業來說，預測成本絕不是一件容易的事。最好的做法是參照一家同類企業，瞭解一下該企業算入了哪些成本。當你在第七步中預測你的企業啓動資金時，你已經對這些成本有所瞭解。

所有企業都有兩種成本。有些成本是不變的，比如：租金、保險費和營業執照費，這些成本叫做固定成本。另外一些成本會隨著生產或銷售的起伏而變化，如材料成本，這些成本是可變成本。

對於製造商或服務商來說，可變成本就是製造產品或提供服務的成本。例如，一個麵包師要購買諸如麵粉、酵母和牛奶等原料做麵包；一個零售商要買進用於再出售的商品；一家食品店要買存貨，如大米和餅干等。

預測成本時，你必須認真區分可變成本和固定成本。你的材料永遠屬於可變成本。如果還有其他可變成本，你必須知道這些成本是怎樣隨著銷售的增長而變化的。

折舊是一種特殊成本：

折舊是由於固定資產不斷貶值而產生的一種成本，例如設備、工具和車輛等。它雖然不是企業的現金支出，但仍然是一種成本。

由於折舊是針對固定資產而做的，因此，你只需要計算固定資產（有較高價值和有較長使用壽命的資產）的折舊價值。在大多數小企業裡，能夠折舊的物品為數不多。

計算單位產品或服務的成本價格：

算出一個月的總成本，再除以當月的產品數量，就能得出你的產品或服務的單價。

（2）競爭比較價格

這是確定價格的另外一種方法。參照競爭對手的價格，看看你定的價格與他們的相比是不是有競爭力。

實際上可以同時用成本加價和競爭比較這兩種方法來制定價格。一方面，你要嚴格核算產品成本，保證定價高於成本。另一方面，你應隨時觀察競爭者的價格，並與之比較，以保持你的價格有競爭力。

記住：要比較同類價格。例如，不要拿製造商的銷售價和商店的零售價進行比較。

在做定價時，有一件事對你來說可能是難以預料的，即你的競爭對手對你這家新生企業的反應。有時，當一家新企業進入市場時，競爭對手的反應是很激烈的。他們也許會壓低價格，使新企業難以立足。所以即使你的企業計劃做得很完備，也總會面臨一些意外。

2. 預測銷售收入

你在第三步中作市場調查時，已經對銷售額做了預測。現在可能需要再核實一遍，

看看你提出的數字是否切合實際。

在計劃新企業時，知道一定量的銷售能帶來多少收入，叫做銷售收入預測。為了預測銷售收入，請採取以下步驟：

列出你的企業推出的所有產品或產品系列，或所有服務項目。

預測第一年裡每個月你期望銷售的每項產品數量，它來自於你所做的市場調查。

為你計劃銷售的每項產品制定價格。

用銷售價格乘以月銷售量來計算每項產品的月銷售額。

預測銷售和銷售收入是準備創業計劃中最重要和最困難的部分。大多數人都會過高估計自己的銷售，因此，你在預測銷售時不要太樂觀，要切合實際。千萬要記住，在開辦企業的頭幾個月裡，你的銷售收入不會太高。

3. 制訂銷售和成本計劃

僅僅知道自己的銷售收入是不夠的。為了掌握企業實際運轉的情況，你一定要計算你的企業是不是有了利潤。只有這樣，你才能準確地知道你的企業是否在掙錢。利潤來自銷售收入減去企業經營成本。

銷售和成本計劃使你既看到銷售也看到成本，並告訴你是否在盈利。當你計劃開辦一家新企業時，你應該預測第一年中每個月的利潤。

4. 制定現金流量計劃

現金就像是使企業這臺發動機運轉的燃料，有些企業主由於缺乏管理現金流量的能力，導致企業經營中途拋錨。現金流量計劃顯示每個月預計會有多少現金流入和流出企業。預測現金流量計劃將幫助你的企業保持充足的動力，使你的企業在任何時候都不會出現現金短缺的威脅。

在大多數企業中，每天都要收取和支付現金，成功的企業主都要制定現金流量計劃。當然，制定現金流量計劃絕非易事，下列原因會為制定現金流量計劃帶來困難：

·有些銷售需要賒帳，帳通常在幾個月後才能收回現金。當你在制定市場行銷計劃時，你已經決定了賒銷政策，現在，你要考慮到這個因素。

·有時候企業採購會賒帳，以後再付現金，這也會使現金流量計劃的制定變得更加複雜。但賒購對於一個新企業而言不太可能，因而也就不太常見。

·企業的某些費用是「非現金」的，如設備折舊這樣的項目將不包括在現金流量計劃裡。但是，當設備折舊期一過，就可能喪失功能，你必須用現金購買新設備。如果你沒有考慮到這個因素，備足現金，將會給你的企業的正常運轉帶來麻煩。

通過制定現金流量計劃，會使你時常確定自己的流動資金需求，現金流量計劃有助於確保你的企業在任何時候都不會發生無現金經營的窘境。

5. 資金來源

你已經確定了你的企業所需要的啓動資金額，現在，你要考慮從哪裡籌措到這筆資金。對於大多數微小企業來說，啓動資金來自業主自己的積蓄。不過你可以試試以下的渠道：

·從朋友或親戚處借錢；

・從供貨商處賒購；

・從銀行或其他金融機構貸款。

籌措啓動資金並非易事，獲得開辦企業的啓動資金需要恒心和決心。在開辦企業時，你可能需要多試幾個不同的渠道來籌措啓動資金。有時，你可能要同時從幾個渠道籌集足夠的費用。

(1) 從朋友或親戚處借錢

從朋友或親戚處借錢是開辦企業最常見的做法。但是，一旦你的企業辦失敗了，親戚朋友會因收不回自己的錢而傷了感情。因此，從一開始，你就要向他們說明借錢給你具有一定的風險。為了讓他們瞭解你的企業，你要給他們一份你的創業計劃副本，並定期向他們報告創業的進展情況。

(2) 從供貨商處賒購

在製造業中，可以從供貨商那裡賒一部分帳。不過，這也不容易，因為大多數供貨商只有在弄清楚你的企業確實能夠運轉良好之后，才會為你提供賒帳。

(3) 從銀行或金融機構貸款

銀行或其他金融機構是正規的金融部門，他們在向借款人貸款時有嚴格的條件和審查程序：

首先，他們通常要求你填寫一份借款申請表，並在表后附上你的創業計劃。

其次，銀行一般需要貸款抵押品或質押品，如私人房產、銀行存單、有價證券等。如以私人房產作抵押，還要辦理房產價值評估以及公證等手續。而且，銀行或金融機構為了降低風險，一般不會按抵押品的實際價值給你貸款。它們通常要確保抵押資產的價值高於你的貸款和未付利息額。如果你的企業失敗了，你將失去這些個人資產。可見，向正規金融部門貸款是不易的。即使是你有抵押品，借貸機構還會提出不同的利率和貸款條件。

在尋找資金開辦企業時，為了獲得最好的貸款條件，要多瞭解幾個渠道。目前，為了幫助小企業家創業，國家正在制定各種相關法規和政策，為小企業家創業創造寬鬆的環境。其中，建立小額貸款信用擔保基金擔保體系，就是為解決小企業融資難的有效措施。同時，為鼓勵下崗失業人員創業，國家還專門建立了為下崗失業人員提供小額貸款的擔保基金。你在尋找資金時，也可以尋求這些信用擔保體系的幫助。

6. 申請企業貸款

在借錢開辦企業時，有必要使貸款人相信你：

・確實需要錢並清除你所要買的資產；

・核實了其他成本和資產類型；

・能夠償還貸款的本息，還款來自未來的利潤。

為了提高自己獲得貸款的機會，你在設法接近潛在的貸款者時，要考慮以下步驟：

・提前約定見面時間，不要隨意走訪；

・準備好回答有關你的企業的任何問題，因為貸款人多半想知道你對自己的企業瞭解得有多深；

・多準備幾份你的創業計劃副本；

・準備回答個人信用和企業資產方面的問題；

・詢問何時能夠對你的申請做出答覆。如果沒有及時得到答覆，要問問是否還需要你提供什麼信息。

大多數銀行都有貸款申請表。你可以從你的創業計劃中找到貸款申請表所需要的內容。你要認真準確地填完表格，並在表後附上你的創業計劃。

如果申請被拒絕，問問為什麼。最常見的原因是：

・你的創業構思被認為風險太大；

・你沒有足夠的抵押、質押或擔保品。貸款人需要抵押品，以便在你無法還款時，也能收回貸款；

・你要求貸款的理由不清楚或貸款不能接受；

・你看上去不自信、不樂觀、不投入，對於你的企業目標你瞭解得不夠或不實際；

・你沒有準備好完整的創業計劃。

如果你的申請被拒絕，請修改你的創業計劃。你要有恒心和決心，直到能夠被貸款人接受為止。

7. 總結

計算你開辦新企業所需要的啟動資金，要按下列步驟去做：

・制定出你向顧客提供產品或服務的銷售價格，其依據是你從市場行銷分析中收集的價格信息。要先計算產品或服務的成本再定銷售價格；

・預測前12個月的銷售收入；

・制定銷售和成本計劃，看看你是在掙錢還是在虧本；

・制定現金流量計劃，看看你是否有足夠的現金來滿足流動資金的需要。

通過修改銷售和成本計劃與現金流量計劃，你能夠更準確地確定開辦企業所需要的資金。如果你需要貸款，請認真考慮貸這筆錢的渠道。對於大多數新開辦的小企業而言，啟動資金來源於企業主自己的積蓄。開辦企業的資金渠道不多。因此，要獲得開辦企業的貸款，需要恒心和決心。重要的是修改好你的創業計劃。

(七) 判斷你的企業能否生存

在創辦一個企業之前，你需要收集和利用大量的信息。在順利完成了前面所有步驟之後，你已經通過大量的練習，掌握了充足的信息來完成你的創業計劃。

在這一步裡，你要對所有信息進行綜合分析，完成並充實你的創業計劃，再度判斷你的創業項目有多大的成功機會，從而決定你是否應該創辦這個企業。

1. 完成你的創業計劃

你的創業計劃一定要寫得很詳盡，它應該包括以下幾部分：

・概要——概要高度概括創業計劃各部分內容的要點，勾畫出企業的輪廓。概要的內容要全面，條理要清晰，它是你的新企業給人的第一印象。這部分儘管是在最后寫成，卻要放在創業計劃的首頁。

·企業構思——企業構思概括描述你的企業，重點說明你要推出的產品或提供的服務，以及你的顧客群體。

·市場評估——任何生意都是通過滿足顧客需求而獲取利潤的。對市場的大小、未來的前景，以及顧客、競爭對手都要進行調查和瞭解。市場行銷計劃說明你針對什麼特定顧客群的需求來確定產品的市場定位，詳細介紹產品或服務的特點、價格、營業地點、銷售渠道和促銷方式。

·企業組織——這部分談你將如何組建新企業，包括企業的法律形態、組織結構、員工和你的職責。

·企業財務——任何企業的目的都是盈利。創業計劃的這個部分就是要你通過測算銷售額、成本和利潤來反應企業的效益和啓動資金的需要量。

·附件——一般來講，你提供的信息越詳盡，獲取幫助的機會就越大。所以諸如申請哪種營業執照、產品或服務目錄、價格表、崗位責任和工作定額等均應附在創業計劃后面。

不同類型的企業可以用適合自己情況的格式來寫創業計劃，上述格式是我們的培訓所要求的。只要你能根據上述要求寫出你的創業計劃，再寫其他形式的創業計劃對你來說也就沒有什麼困難了。銀行等金融貸款機構可能要瞭解的情況會更加詳細，或要求你用另一種格式寫創業計劃，但上述內容均不可少。

2. 你可以開辦企業嗎

現在，你的創業計劃已經完成，接下來就要考察你是否做好了開業的準備。下面的問題都是你要考慮的：

·你有沒有足夠的時間和精力來承擔企業的管理工作？

·你的企業是否能賺錢？

·你是否有足夠的資金來辦企業？你有沒有足夠的責任心和能力？

（1）你有決心和能力創辦你的企業嗎

你已經匯集了大量有關新企業的信息。現在你要真實地面對自己，再次考慮你是否做好了開辦和管理這個企業的準備。請返回去再把《創辦你的企業——創業意識培訓測試》中的練習四做一遍，你的一些想法可能會有所變化。

（2）你的企業是否盈利

你的銷售和成本計劃反應了企業開辦頭一年該產生的利潤。前幾個月可能沒有盈利，但往后就應當有，如果生意仍然虧損或者利潤很薄，請考慮以下提示：

·銷量能不能提高？

·銷售價格有沒有提高的余地？

·哪些成本最高？有沒有可能降低這些成本？

·能否靠減少庫存或降低原材料的浪費來降低成本？

企業的收益起碼要能夠支付你的工資，給自己定的工資報酬應該和你投入企業的時間、你的能力和所擔負的責任相稱，它等於你雇別人來做你的工作時該付的工資。除了你的工資之外，你的投資還應帶來利潤回報。

（3）你有沒有足夠的資金來辦企業

你的現金流量表顯示了企業現金收入和支出的動態。你要有足夠的現金去支付到期的帳單。即使企業有銷售收入，但如果週轉資金不足，企業也會倒閉。

如果你的現金流量表顯示某個月份裡現金短缺，你要採取如下措施：
- 減少賒銷額，加快現金回籠；
- 採購便宜的替代品或原料，減少材料消耗來降低當月的成本；
- 要求供應商延長你的付款期限；
- 減少電話費、電費之類的開支；
- 要求銀行延長貸款期，或降低每月償還的本息；
- 推遲添置新設備；
- 租用或貸款購買設備。

（4）請人幫你審核你的創業計劃

有很多機構和專家可以幫你準備和審核創業計劃，例如：
- 政府有關部門；
- 對你的業務領域和企業類型有經驗的諮詢顧問；
- 會計師、銀行家、律師等專業人士；
- 一些協會的代表；
- 工商管理院校和培訓機構的人士。

你的創業計劃是一份很重要的文件，它為你提供一個在紙面上而不是在現實中測試你所構思的企業項目的機會。如果創業計劃表明你的構思不好，你就要放棄它，這樣就能避免時間、金錢和精力的浪費。所以，先做出一份創業計劃很有必要，期間，應向盡可能多的人徵求意見。

你要反覆審閱創業計劃的內容，直到滿意為止。創業計劃是要交給一些關鍵人物看的，例如潛在的投資者、合夥人或貸款機構，你得仔細斟酌，以便準確地向他們傳遞他們所需要的信息。

3. 制定開辦企業的行動計劃

現在你已經決定要開辦企業了，但還停留在紙面上。在和顧客實際打交道之前還有很多工作要做。做這些事要有章法，按部就班。所以你要制定一份行動計劃，規定清楚有哪些工作要做、由誰來做，以及什麼時候完成。

把要做的事情列一份清單，例如：
- 選擇合適的營業地點。
- 籌集落實啓動資金。
- 辦理企業登記註冊手續。
- 接通水電、電話。
- 購買或租用機器設備。
- 購買存貨。
- 招聘員工。

・辦保險。

・宣傳你的企業。

你要落實的事情很多，所以盡量不要浪費時間，行動計劃是能幫助你安排任務的最簡單有效的方法。計劃要做得嚴謹，以免有遺漏事項。

第二節　創業計劃書的撰寫與實訓

一、實訓目的

1. 創業綜合模擬計劃書內涵；
2. 認識創業與計劃之間的關係；
3. 參悟科學的創業計劃是成功的基礎，全面提升創業分析能力和創新能力。

二、實訓內容

1. 瞭解創業綜合模擬課程的主體內容；
2. 設定創業計劃書樣式（怎樣寫計劃書、計劃書格式、大學生創業計劃、創業計劃書範文、創業計劃書案例、計劃書模板、計劃書封面）；
3. 撰寫計劃書（計劃摘要—產品與服務—管理隊伍—市場預測—行銷策略—製造與服務計劃—財務規劃—風險分析）；
4. 評審計劃書，推薦計劃書，計劃書大賽，計劃書知識庫。

三、實驗軟件、儀器設備及環境條件

需要一個能連接互聯網和播放視頻，並能提供設計的場地。

四、創業計劃書實訓步驟

第一步，創業計劃書基礎。

1. 創業計劃書

創業計劃書這一模塊包含：撰寫計劃書（計劃摘要—產品與服務—管理隊伍—市場預測—行銷策略—製造與服務計劃—財務規劃—風險分析）、評審計劃書、推薦計劃書、計劃書大賽、計劃書知識庫（怎樣寫計劃書、計劃書格式、學生創業計劃、創業計劃書範文、創業計劃書案例、計劃書模板、計劃書封面）。

系統附有詳細計劃書評分標準，《大學生創業實戰模擬平臺》為方便學校舉辦創業計劃書大賽，配備詳細的參照模板。（計劃書知識庫每個子模塊內的題目均超過五十篇，共625篇）（圖5-1）。

圖 5-1

2. 計劃書訓練題

　　幫助學生明確計劃書，例如，計劃書應包含的內容、產品與服務重點針對的內容、風險分析必備的關鍵點、財務規劃等各個方面（圖 5-2）。

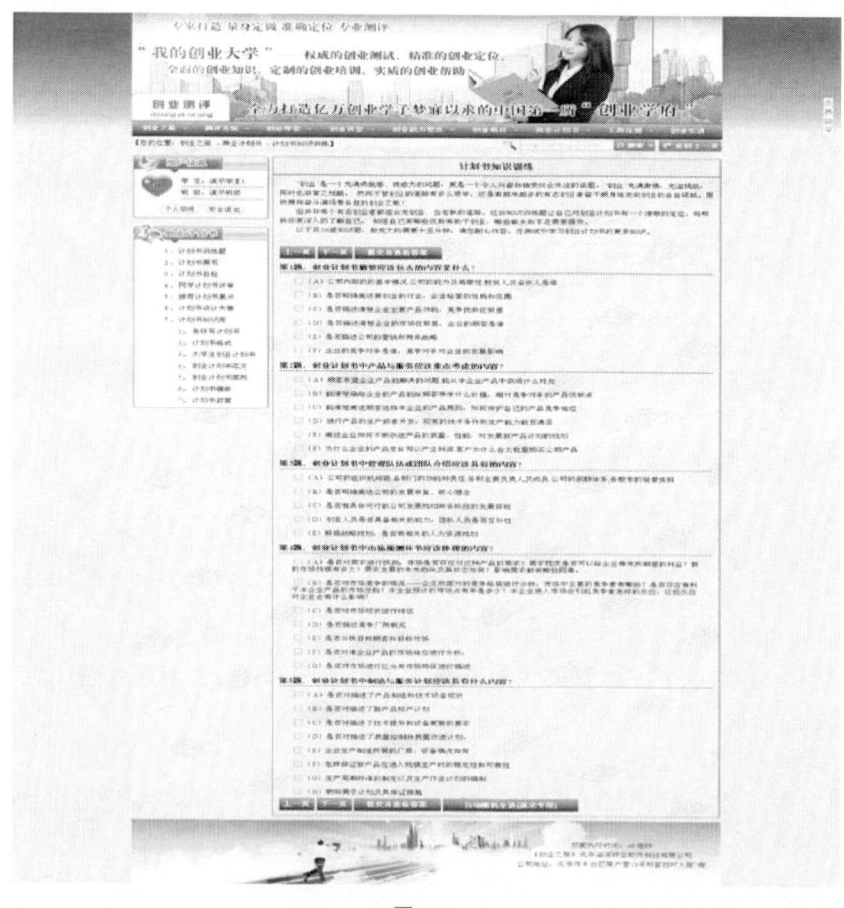

圖 5-2

3. 計劃書撰寫

學生按照計劃書撰寫步驟：計劃摘要、產品與服務、人員與組織結構、市場預測、行銷策略、製造與服務計劃、財務規劃、風險分析八個步驟完成自己的創業計劃書（圖5-3）。

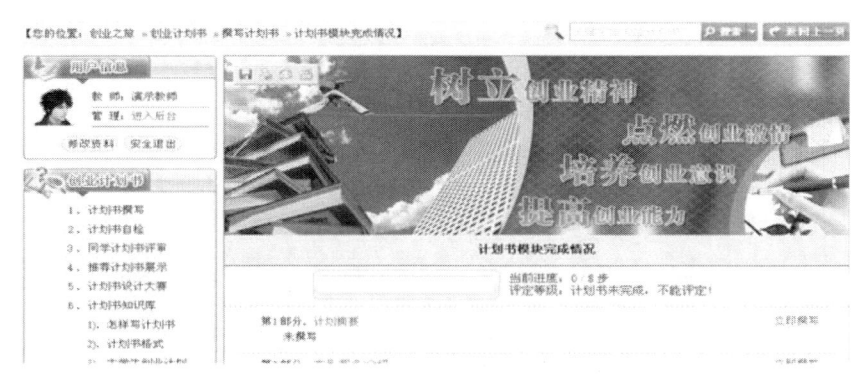

圖5-3

4. 計劃書自檢

系統列出了計劃書八個部分必須具備的各項因素，學生可一一對應找出撰寫的計劃書是否存在欠缺，根據實際情況做針對性修改（圖5-4）。

圖5-4

5. 同學計劃書評審

計劃書的撰寫要做到具有清晰度、簡潔性、完整性、可行性。學生可以互相發表評論，教師可以給予評分，優秀計劃書可以推薦（圖5-5）。

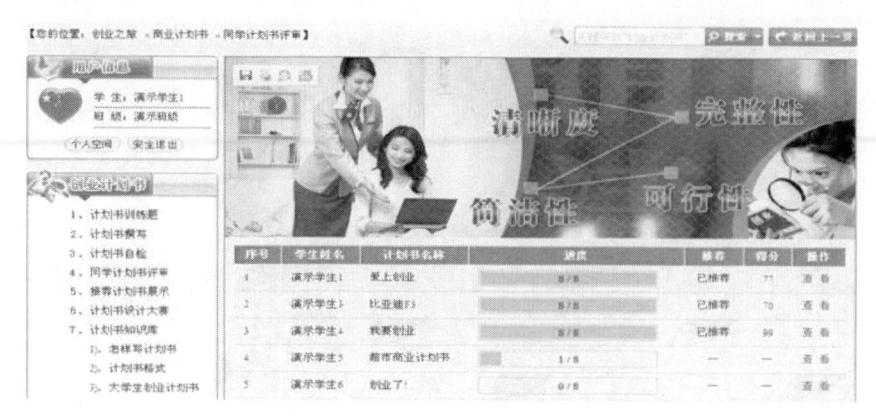

圖 5-5

6. 推薦計劃書展示

學生可以在系統中查看被推薦的優秀計劃書，增加互動，使整個操作貼近學生的學習方式，激發學生的學習激情（圖 5-6）。

圖 5-6

7. 計劃書知識庫

計劃書知識庫為學生提供了怎樣寫計劃書、計劃書格式、大學生創業計劃書、創業計劃書範文、創業計劃書案例、計劃書模板、計劃書封面供參考（圖 5-7）。

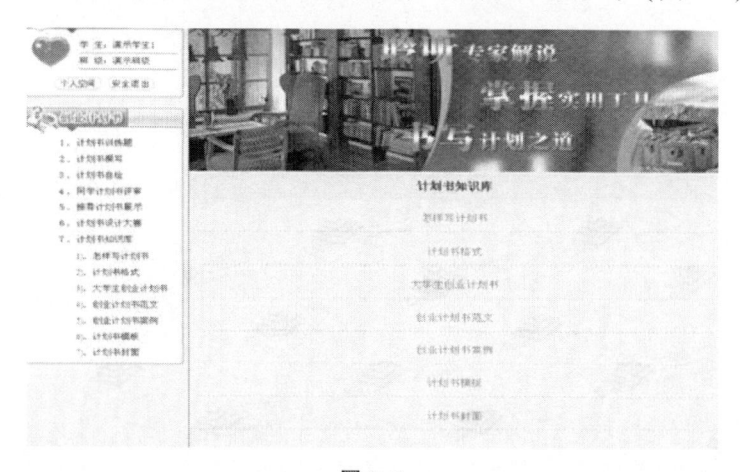

圖 5-7

第二步，撰寫計劃書。

1. 怎樣寫創業計劃書（圖 5-8）。

圖 5-8

2. 計劃書格式（圖 5-9）。

圖 5-9

3. 大學生創業計劃書（圖 5-10）。

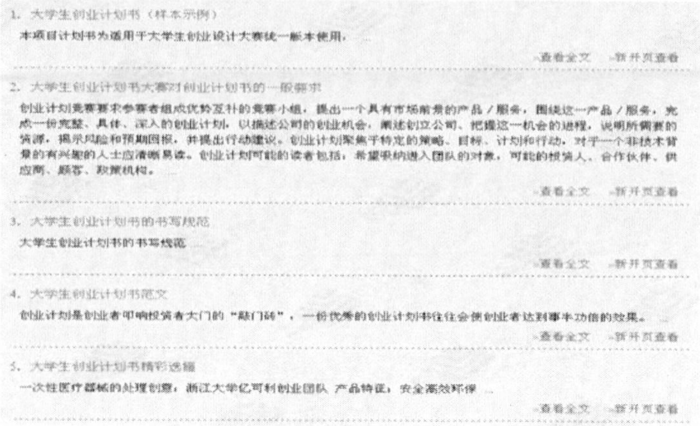
1. 大学生创业计划书（样本示例）
本项目计划书为适用于大学生创业设计大赛统一蓝本使用。...
»查看全文 »新开页查看
2. 大学生创业计划书大赛对创业计划书的一般要求
创业计划竞赛要求参赛者组成优势互补的竞赛小组，提出一个具有市场前景的产品／服务，围绕这一产品／服务，完成一份完整、具体、深入的创业计划，以描述公司的创业机会，阐述创立公司、把握这一机会的进程，说明所需要的资源，揭示风险和预期回报，并提出行动建议。创业计划聚焦于特定的策略、目标、计划和行动，对于一个非技术背景的有兴趣的人士应清晰易读。创业计划可能的读者包括：希望吸纳进入团队的对象，可能的投资人、合作伙伴、供应商、顾客、政策机构。...
»查看全文 »新开页查看
3. 大学生创业计划书的书写规范
大学生创业计划书的书写规范 ...
»查看全文 »新开页查看
4. 大学生创业计划书范文
创业计划是创业者叩响投资者大门的“敲门砖”，一份优秀的创业计划书往往会使创业者达到事半功倍的效果。...
»查看全文 »新开页查看
5. 大学生创业计划书精彩选编
一次性医疗器械的处理创意，浙江大学亿可利创业团队 产品特征：安全高效环保 ...
»查看全文 »新开页查看

圖 5-10

4. 創業計劃書範文（圖 5-11）。

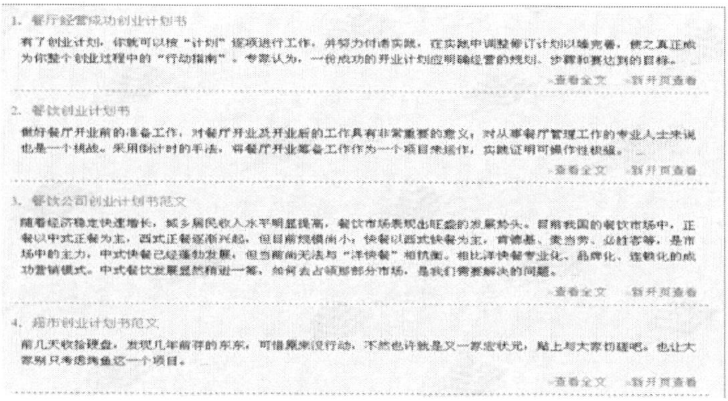
1. 餐厅经营成功创业计划书
有了创业计划，你就可以按“计划”逐项进行工作，并努力付诸实践，在实践中调整修订计划以臻完善，使之真正成为你整个创业过程中的“行动指南”。专家认为，一份成功的开业计划应明确经营的规划、步骤和要达到的目标。...
»查看全文 »新开页查看
2. 餐饮创业计划书
做好餐厅开业前的准备工作，对餐厅开业及开业后的工作具有非常重要的意义，对从事餐厅管理工作的专业人士来说也是一个挑战。采用倒计时的手法，将餐厅开业筹备工作作为一个项目来操作，实践证明可操作性极强。...
»查看全文 »新开页查看
3. 餐饮公司创业计划书范文
随着经济稳定快速增长，城乡居民收入水平明显提高，餐饮市场表现出旺盛的发展势头。目前我国的餐饮市场中，正餐以中式正餐为主，西式正餐逐渐兴起，但目前规模尚小；快餐以西式快餐为主，肯德基、麦当劳、必胜客等，是市场中的主力，中式快餐已经蓬勃发展，但当前尚无法与“洋快餐”相抗衡。相比洋快餐专业化、品牌化、连锁化的成功营销模式，中式餐饮发展虽然精进一筹，如何去占领那部分市场，是我们需要解决的问题。...
»查看全文 »新开页查看
4. 超市创业计划书范文
前几天收拾硬盘，发现几年前存的东东，可惜最终没行动，不然也许就是又一家宏状况，贴上与大家切磋吧，也让大家别只考虑拷鱼这一个项目。...
»查看全文 »新开页查看

圖 5-11

5. 創業計劃書案例（圖 5-12）。

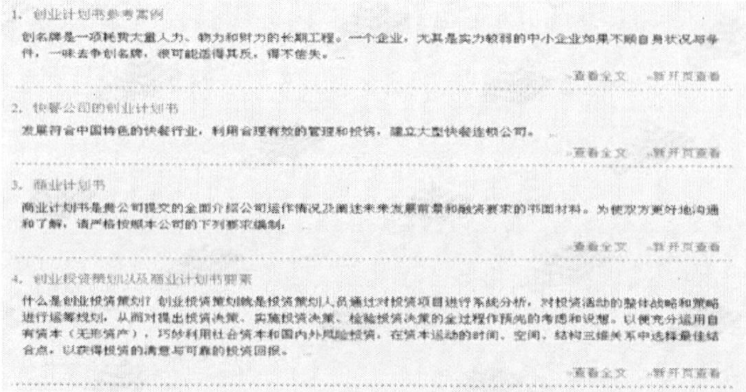
1. 创业计划书参考案例
创名牌是一项耗费大量人力、物力和财力的长期工程。一个企业，尤其是实力较弱的中小企业如果不顾自身状况与条件，一味去争创名牌，很可能适得其反，得不偿失。...
»查看全文 »新开页查看
2. 快餐公司的创业计划书
发展符合中国特色的快餐行业，利用合理有效的管理和投资，建立大型快餐连锁公司。...
»查看全文 »新开页查看
3. 商业计划书
商业计划书是贵公司提交的全面介绍公司运作情况及阐述未来发展前景和融资要求的书面材料。为使双方更好地沟通和了解，请严格按照本公司的下列要求编制。...
»查看全文 »新开页查看
4. 创业投资策划以及商业计划书要素
什么是创业投资策划？创业投资策划就是投资策划人员通过对投资项目进行系统分析，对投资活动的整体战略和策略进行运筹规划，从而对提出投资决策、实施投资决策、检验投资决策的全过程作预先的考虑和设想，以便充分运用自有资本（无形资产），巧妙利用社会资本和国内外风险投资，在资本运动的时间、空间、结构三维关系中选择最佳结合点，以获得投资的满意与可靠的投资回报。...
»查看全文 »新开页查看

圖 5-12

6. 計劃書模板（圖5-13）。

```
創業計劃書封面模板
來源：互聯網  添加時間：2009-5-10 0:00:00  添加人：admin

創業計劃書
企業名稱
創業者姓名
日　期
通信地址
郵政編碼
電　話
傳　真
電子郵件
目錄
企業概況......................................................................(1)
創業計劃作者的個人情況..........................................(1)
市場評估......................................................................(2)
市場營銷計劃..............................................................(4)
企業組織結構..............................................................(5)
固定資產......................................................................(7)
流動資金（月）..........................................................(9)
銷售收入預測(12个月)..............................................(10)
銷售和成本計劃........................................................(11)
現金流量計劃............................................................(12)
企業概況
主要經營範圍：
```

圖 5-13

附參考樣式（一）

創 業 計 劃 書

　　按國際慣例，通用的標準文本格式形成的項目計劃書，是全面介紹公司和項目運作情況，闡述產品市場及競爭、風險等未來發展前景和融資要求的書面材料。

　　保密承諾：本項目計劃書內容涉及商業秘密，僅對有投資意向的投資者公開。未經本人同意，不得向第三方公開本項目計劃書涉及的商業秘密。

一、項目企業摘要

　　創業計劃書摘要，是全部計劃書的核心之所在。

＊投資安排

資金需求數額	（萬元）	相應權益	

＊擬建企業基本情況

公司名稱	
聯繫人	
電話	
傳真	
電子郵件	
地址	
項目名稱	
您在尋找第幾輪資金	□種子資本　□第一輪　□第二輪　□第三輪
企業的主營產業	

143

*其他需要著重說明的情況或數據（可以與下文重複，本概要將作為項目摘要由投資人瀏覽）

二、業務描述

*企業的宗旨（200字左右）

*主要發展戰略目標和階段目標

*項目技術獨特性（請與同類技術比較說明）

介紹投入研究開發的人員和資金計劃及所要實現的目標，主要包括：

1. 研究資金投入
2. 研發人員情況
3. 研發設備
4. 研發產品的技術先進性及發展趨勢

三、產品與服務

*創業者必須將自己的產品或服務創意作一介紹。主要有下列內容：

1. 產品的名稱、特徵及性能用途；介紹企業的產品或服務及對客戶的價值
2. 產品的開發過程，同樣的產品是否還沒有在市場上出現？為什麼？
3. 產品處於生命週期的哪一段
4. 產品的市場前景和競爭力如何
5. 產品的技術改進和更新換代計劃及成本，利潤的來源及持續盈利的商業模式

*生產經營計劃。主要包括以下內容：

1. 新產品的生產經營計劃：生產產品的原料如何採購、供應商的有關情況，勞動力和雇員的情況，生產資金的安排以及廠房、土地等
2. 公司的生產技術能力
3. 品質控制和質量改進能力
4. 將要購置的生產設備
5. 生產工藝流程
6. 生產產品的經濟分析及生產過程

四、市場行銷

*介紹企業所針對的市場、行銷戰略、競爭環境、競爭優勢與不足、主要對產品的銷售金額、增長率和產品或服務所擁有的核心技術、擬投資的核心產品的總需求等

*目標市場，應解決以下問題：

1. 你的細分市場是什麼？
2. 你的目標顧客群是什麼？
3. 你的5年生產計劃、收入和利潤是多少？
4. 你擁有多大的市場？你的目標市場份額為多大？
5. 你的行銷策略是什麼？

*行業分析，應該回答以下問題：

1. 該行業發展程度如何？
2. 現在發展動態如何？
3. 該行業的總銷售額有多少？總收入是多少？發展趨勢怎樣？
4. 經濟發展對該行業的影響程度如何？
5. 政府是如何影響該行業的？
6. 是什麼因素決定它的發展？

7. 競爭的本質是什麼？你採取什麼樣的戰略？
8. 進入該行業的障礙是什麼？你將如何克服？

＊競爭分析，要回答如下問題：
1. 你的主要競爭對手是誰？
2. 你的競爭對手所占的市場份額和市場策略是什麼？
3. 可能出現什麼樣的新發展？
4. 你的核心技術（包括專利技術擁有情況、相關技術使用情況）、產品研發的進展情況和現實物質基礎是什麼？
5. 你的策略是什麼？
6. 在競爭中你的發展、市場和地理位置的優勢所在？
7. 你能否承受、競爭所帶來的壓力？
8. 產品的價格、性能、質量在市場競爭中所具備的優勢是什麼？

＊市場行銷，你的市場影響策略應該說明以下問題：
1. 行銷機構和行銷隊伍
2. 行銷渠道的選擇和行銷網路的建設
3. 廣告策略和促銷策略
4. 價格策略
5. 市場滲透與開拓計劃
6. 市場行銷中意外情況的應急對策

五、管理團隊

＊全面介紹公司管理團隊情況，主要包括：
1. 公司的管理機構，主要股東、董事、關鍵的雇員、薪金、股票期權、勞工協議、獎懲制度及各部門的構成等情況都要以明晰的形式展示出來
2. 要展示你公司管理團隊的戰鬥力和獨特性及與眾不同的凝聚力和團結戰鬥精神

＊列出企業的關鍵人物（含創建者、董事、經理和主要雇員等）

關鍵人物之一

表 5-1

姓　　名	
角　　色	
專業職稱	
任　　務	
專　　長	
主要經歷	

時　間	單　　位	職　　務	業　　績

145

表5-1(續)

所受教育				
時　間	學　校	專　業	學　歷

＊企業共有多少全職員工（填數字）
＊企業共有多少兼職員工（填數字）
＊尚未有合適人選的關鍵職位？
＊管理團隊的優勢與不足之處在哪裡？
＊人才戰略與激勵制度是什麼？
＊外部支持：公司聘請的法律顧問、投資顧問、投發顧問、會計師事務所等仲介機構的名稱。

六、財務預測

＊財務分析包括以下三方面的內容：

1. 過去三年的歷史數據，今后三年的發展預測，主要提供過去三年現金流量表、資產負債表、損益表以及年度的財務總結報告書

2. 投資計劃
（1）預計的風險投資數額
（2）風險企業未來的籌資資本結構如何安排
（3）獲取風險投資的抵押、擔保條件
（4）投資收益和再投資的安排
（5）風險投資者投資后雙方股權的比例安排
（6）投資資金的收支安排及財務報告編製
（7）投資者介入公司經營管理的程度

3. 融資需求

創業所需要的資金額、團隊出資情況、資金需求計劃，為實現公司發展計劃所需要的資金額、資金需求的時間性，資金用途（詳細說明資金用途，並列表說明）。

融資方案：公司所希望的投資人及所占股份的說明，資金，其他來源，如銀行貸款等。

＊完成研發所需投入是多少？　＊達到盈虧平衡所需投入是多少？　＊達到盈虧平衡的時間是什麼？
項目實施的計劃進度及相應的資金配置、進度表。

＊投資與收益

表 5-2

（單位萬元）	第一年	第二年	第三年	第四年	第五年
年 收 入					
銷售成本					
營運成本					
淨 收 入					
實際投資					
資本支出					
年終現金余額					

＊簡述本期風險投資的數額、退出策略、預計回報數額和時間表。

七、資本結構

表 5-3

迄今為止有多少資金投入貴企業？	
您目前正在籌集多少資金？	
假如籌集成功，企業可持續經營多久？	
下一輪投資打算籌集多少？	
企業可以向投資人提供的權益有	□股權 □可轉換債 □普通債權 □不確定

＊**目前資本結構表**

表 5-4

股東成分	已投入資金	股權比例

＊**本期資金到位后的資本結構表**

表 5-5

股東成分	投入資金	股權比例

＊請說明你們希望尋求什麼樣的投資者？（包括投資者對行業的瞭解，資金上、管理上的支持程度等。）

八、投資者退出方式

＊**股票上市**：依照本創業計劃的分析，對公司上市的可能性做出分析，對上市的前提條件做出說明。

＊**股權轉讓**：投資商可以通過股權轉讓的方式收回投資。

＊**股權回購**：依照本創業計劃的分析，公司對實施股權回購計劃應向投資者說明。

＊**利潤分紅**：投資商可以通過公司利潤分紅達到收回投資的目的，按照本創業計劃的分析，公司對實施股權利潤分紅計劃應向投資者說明。

九、風險分析

＊企業面臨的風險及對策

　　詳細說明項目實施過程中可能遇到的風險，提出有效的風險控制和防範手段，包括技術風險、市場風險、管理風險、財務風險及其他不可預見的風險。

十、其他說明

＊您認為企業成功的關鍵因素是什麼？

＊請說明為什麼投資人應該投資貴企業而不是別的企業？

＊關於項目承擔團隊的主要負責人或公司總經理詳細的個人簡歷及證明人。

＊媒介關於產品的報導；公司產品的樣品、圖片及說明；有關公司及產品的其他資料。

＊創業計劃書內容真實性承諾。

思考與討論

1. 創業計劃書的內涵是什麼？
2. 為什麼要撰寫創業計劃書？
3. 創業計劃書包含哪些內容？
4. 創業計劃書的評審標準是什麼？

第六章　創業融資

　　小王的創業項目、團隊和計劃都已有了，但就是沒有多少創業資金。導師告訴他：創業中，資金是產品研製、投資、產房、生產規模等一系列環節的基本保障，可謂是企業的血液。但初創企業中，大多為中小規模企業，還沒有自己建立起來的信譽，也沒有成熟的產品和市場，通常的融資渠道和方式受到一定局限。這種情況下，創業者能否快速、高效地籌集資金是創業企業發展的關鍵。它在某種程度上決定了企業的成敗。

第一節　創業融資知識

　　如何融資？選擇什麼性質的資金？解決這些問題就要知道什麼叫融資，它的程序是什麼，融資的渠道和方式。

一、融資的定義

　　從廣義上講，融資也叫金融，就是貨幣資金的融通，是當事人通過各種方式到金融市場上籌措或貸放資金的行為。

　　從狹義上講，融資即是一個企業的資金籌集的行為與過程，也就是公司根據自身的生產經營狀況、資金擁有的狀況，以及公司未來經營發展的需要，通過科學的預測和決策，採用一定的方式，從一定的渠道向公司的投資者和債權人去籌集資金，組織資金的供應，以保證公司正常生產需要，經營管理活動需要的理財行為。公司籌集資金的動機應該遵循一定的原則，通過一定的渠道和一定的方式去進行。我們通常講，企業籌集資金無非有三大目的，企業要擴張、企業要還債以及混合動機（擴張與還債混合在一起的動機）。

二、創業融資的程序

　　大多數人對「融資」並不陌生，譬如房屋租賃、汽車租賃等，但這些通常不會發生所有權轉移問題，可歸為傳統租賃。融資租賃則是現代租賃業的代表，本質上屬於一種與銀行信貸、保險並列的金融手段。它是在分期付款的基礎上，引入出租服務中所有權和使用權分離的特性，租賃結束後將所有權轉移給承租人的現代行銷方式。融資租賃完成承租人不需立即支付所需機器設備的全部價款，並可利用租賃物所產生的利潤支付租金。

(一) 融資的前期準備

(1) 瞭解投資者的產業偏好，考慮自己公司是什麼情況，應該選取哪一類的投資者。

(2) 合理評估並挖掘企業價值，如何把自己的企業更好地呈現給投資者。要考慮企業真正的價值在什麼地方，也就是說有沒有一些獨創的地方，使得投資者會覺得這個企業有比較好的前景。

(3) 編製商業計劃書，擬定商業企劃書，不需要太長，但是需要包含一些比較重要的因素：市場分析、商業模式介紹、人才團隊構建、現金流預測、財務計劃、現金流預測、財務計劃。

(4) 推銷企業，與投資者接觸；通過有影響的仲介機構、人士推薦或直接上門等體現創業者的綜合素質、與投資者建立信任。特別強調，引資可以借力於仲介機構。仲介機構，不管是投資顧問還是財務顧問，他們的業務就是在不斷地產生投資項目。他們找到好的項目，把它做下來，才能收到佣金。仲介機構跟國外的很多投資基金或者說其他的潛在投資者一向都保持著比較好的聯繫，所以在有好的項目的時候，仲介機構能夠以一種比較順暢的方式，把這個項目相應的情況介紹給潛在的投資者，起到一種資源整合的作用。

(二) 配合投資者進行盡職調查

作為一個投資者，或者作為一個買方，很大程度上要派自己的團隊去對投資的公司進行相應的瞭解。這個瞭解一般會涉及財務和法律。財務他們會派會計師事務所去查看公司過去的財務報表，或者說其他的一些財務文件。從法律的角度，比如說公司成立的狀況，有沒有潛在的訴訟，或者說公司的產權上有沒有抵押物權等這類情況。

盡職調查會根據公司成立的歷史，也就是說有沒有一些子公司、分公司，業務的情況是怎麼樣，有沒有大量的文件和合同需要審閱，往往會不同。但是一般來講，作為投資者也好，或者是公司的收購方也好，他們都會根據這個行業的具體情況提供一份比較完整的清單。

(三) 談判/投資意向書

投資意向書的簽訂，根據項目的不同，有的時候，投資者和公司的股東可能是在盡職調查之前就簽訂了意向書。這個意向書裡往往會制定一個公式，或者確定一個原則，如何對公司進行估值，或有一些具體價款的支付問題。或者說具體的情況，再根據盡職調查的結果去調整。但是也有先做完盡職調查然後再簽訂意向書的。

(四) 簽訂協議

簽訂意向書，從商業角度上來講，很大程度上是涉及考慮公司價值多少，用一個什麼樣的標準衡量它，包括權利義務，原始股東與新股東的關係，以及退出機制等。因為作為私募投資者來講，他很大的一個考慮就在於以這種私募的形式投資到公司裡頭，公司沒有上市的情況下，這些投資將來是否能夠退出，所以他會充分地考慮需要一種什麼樣的權利，來保護他的利益，使得他將來需要退出的時候有這種退出的機制。當然這實際上是涉及投資者和原來的股東之間如何達成一種共識去提出相應的一個

機制。

意向書一般並沒有一個嚴格意義上的法律效力，但是它都有一些具體條款具有法律效力，比如說保密、排他性條款等。排他性條款是指一旦簽訂這意向書之後，在一定的時間段之內，公司不得同其他的潛在投資者接觸和洽談投資意向。所以一般針對投資意向書來講，也不能夠單純以為它沒有法律效力就不注意它，因為很大程度上來講，它裡面一些條款會成為進一步談判交易的基石，限制公司的一些其他投資的行為。

三、創業融資的渠道和方式

融資渠道是指取得資金的途徑，即資金的供給者是誰。融資方式則是指如何取得資金，即採用什麼融資工具來取得資金。

（一）創業融資渠道

1. 國家財政資金

為此許多地方政府和部門針對廣大普通勞動者創業給予了必要的政策引導和扶持。2003年1月10日，中國人民銀行會同財政部、國家經貿委、勞動和社會保障部共同制定發布了《下崗失業人員小額擔保貸款管理辦法》，分別就下崗失業人員小額擔保貸款的對象和條件、程序和用途、額度與期限、利率與貼息，以及有關貸款擔保基金、擔保機構等管理內容進行了詳細規定。2007年6月，為了支持科技型中小企業自主創新，財政部、科技部制定了《科技型中小企業創業投資引導基金管理暫行辦法》，其支持對象為從事創業投資的創業投資企業、創業投資管理企業、具有投資功能的中小企業服務機構以及初創期科技型中小企業。為此許多地方政府和部門針對廣大普通勞動者創業給予了必要的政策引導和扶持。2015年國務院發布《關於進一步做好新形勢下就業創業工作的意見》。有創業要求、具備一定創業條件，但缺乏創業資金的就業重點群體和困難人員，貸款最高額度由針對不同群體的5萬元、8萬元、10萬元不等統一調整為10萬元。對個人發放的創業擔保貸款，在貸款基礎利率基礎上上浮3個百分點以內的，由財政給予貼息。

2. 企業自留資金（資本公積金、盈餘公積金和未分配利潤）

一般而言，企業實際自留資金高於帳面資金；當然對於大多數處於初創階段的企業而言，其自留資金也是有限的。

3. 國內外金融機構資金

國內外金融機構資金是指各種銀行和非銀行金融機構向企業提供的資金，是企業經營資金的主要來源，是世界銀行及外國銀行在中國境內的分支機構提供的外匯貸款，各級政府和其他組織主辦的非銀行金融機構提供的融資。

時下中國工商銀行、中國銀行、中國農業銀行、浦發銀行、中信實業銀行、交通銀行等都已推出了個人創業貸款業務。再如農業銀行在四川省還成立了第一家個人創業貸款中心，該中心專門為初始創業和繼續創業的人士提供融資需求，可以通過商鋪、住房、有價證券等抵押、質押以及有實力的人士提供擔保解決貸款，貸款額度最高可達200萬元。農業銀行浙江省分行營業部投放的「個人創業貸款」，推出了房改房抵押、車輛質押、出租車經營權證質押、個體業主攤位權證質押等新的擔保抵押方式，貸款「門檻」進一步降低。而深圳發展銀行在上海推出的創業貸款，服務於各類投資

的個人，最高貸款金額為 105 萬元。

　　4. 其他企業和單位的資金

　　其他企業和單位的資金指各類企事業單位、非營利社團組織等，在經營和業務活動中暫時或長期閒置、可供企業調劑使用的資金。

　　5. 職工和社會個人資金

　　創業社會化是一種趨勢，由於一個人勢單力薄，所以幾個人湊在一起有利於創業投資，合夥創業不但可以有效籌集到資金，還可以充分發揮人才的作用，並且有利於對各種資源的利用與整合，合夥投資可以解決資金不足，但也應當注意一些問題：一是要明晰投資份額，個人在確定投資合夥經營時應確定好每個人的投資份額，也並不一定平分股權就好，平分投資份額往往為以後的矛盾埋下禍根。因為沒有合適的股份額度，將導致權利和義務的相等，結果使所有的事情大家都有同樣多的權利，都有同樣多的義務，經營意圖難以實現。二是要加強信息溝通。很多人合作總是因為感情好，你辦事我放心，所以就相互信任。長此以往，容易產生誤解和分歧，不利於合夥基礎的穩定。三是要事先確立章程。合夥企業不能因為大家感情好，或者有血緣關係，就沒有企業的章程，沒有章程是合作的大忌，應注意規避政策和法律風險。

　　6. 境外資金

　　境外資金指國外的企業、政府和其他投資者以及我國港澳臺地區的投資者向企業提供的資金。

(二) 創業融資的方式

　　創業融資的方法多種多樣，只要願意想辦法，創業者有多種途徑可以解決融資問題。我們重點介紹的創業融資是創業籌備階段和企業草創階段的融資，這個時期對於創業者來說，最難解決的便是資金問題。其實只要願意想辦法，創業者有眾多途徑可以解決融資問題。

　　創業融資從大的方面來說，主要有直接融資與間接融資兩種形式。所謂間接融資，主要是指銀行貸款。銀行的錢不好拿，這誰都知道，對創業者更是如此。但在某種情況下也有例外，就是在你拿得出抵押物或者能夠獲得貸款擔保的情況下，銀行還是很樂意將錢借給你的。較適合創業者的銀行貸款形式主要有抵押貸款和擔保貸款兩種。信用貸款是指以借款人的信譽發放的貸款，一般情況下，缺乏經營歷史從而也缺乏信用累積的創業者，比較難以獲得銀行的信用貸款。

　　1. 金融機構貸款

　　(1) 抵押貸款

　　抵押貸款指借款人以其所擁有的財產作抵押，作為獲得銀行貸款的擔保。在抵押期間，借款人可以繼續使用其用於抵押的財產。當借款人不按合同約定按時還款時，貸款人有權依照有關法規將該財產折價或者拍賣、變賣後，用所得錢款優先得到償還。適合於創業者的有不動產抵押貸款、動產抵押貸款、無形資產抵押貸款等。

　　不動產抵押貸款：創業者可以土地、房屋等不動產作抵押，向銀行獲取貸款。

　　動產抵押貸款：創業者可以股票、國債、企業債券等獲銀行承認的有價證券，以及金銀珠寶首飾等動產作抵押，向銀行獲取貸款。

　　無形資產抵押貸款：無形資產抵押貸款是一種創新的抵押貸款形式，適用於擁有

專利技術、專利產品的創業者，創業者可以專利權、著作權等無形資產向銀行作抵押或質押，獲取銀行貸款。

（2）擔保貸款

擔保貸款是指借款方向銀行提供符合法定條件的第三方保證人作為還款保證，借款方不能履約還款時，銀行有權按約定要求保證人履行或承擔清償貸款連帶責任的借款方式。其中較適合創業者的擔保貸款形式有自然人擔保貸款。自然人擔保可採取抵押、權利質押、抵押加保證三種方式。如果借款人未能按期償還全部貸款本息或發生其他違約事項，銀行將要求擔保人履行擔保義務。從2002年起，除工商銀行外，其他一些國有銀行和城市商業銀行，也可視情況提供自然人擔保貸款。

專業擔保公司擔保貸款：目前各地有許多由政府或民間組織的專業擔保公司，可以為包括初創企業在內的中小企業提供融資擔保。北京中關村擔保公司、首創擔保公司等屬於政府性質擔保公司，目前在全國31個省、市中，已有100多個城市建立了此類性質的擔保機構，為中小企業提供融資服務。這些擔保機構大多實行會員制管理的形式，屬於公共服務性、行業自律性、自身非營利性組織。創業者可以積極申請，成為這些機構的會員，以后向銀行借款時，可以由這些機構提供擔保。與銀行相比，擔保公司對抵押品的要求則顯得更為靈活。擔保公司為了保障自己的利益，往往會要求企業提供反擔保措施，有時會派人員到企業監控資金流動情況。

託管擔保貸款：一種創新的擔保貸款形式。對於一些草創階段企業，雖然土地、廠房皆為租賃而來，現在也可以通過將租來的廠房、土地，經社會資產評估，約請託管公司託管的辦法獲取銀行貸款。如上海百業興資產管理公司就可以接受企業委託，對企業的季節性庫存原料、成品庫存進行評估、託管，然後以這些物資的價值為基礎，為企業獲取銀行貸款提供相應價值的擔保。通過這種方法，企業既可以將暫時用不著的「死」資產盤活，又可以獲得一定量銀行資金的支持，緩解資金壓力，是一件一舉兩得的好事。

除此之外，可供創業者選擇的銀行貸款方式還有買方貸款，如果你的企業產品銷路很好，而企業自身資金不足，那麼，你可以要求銀行按照銷售合同，對你產品的購買方提供貸款支持。你可以向你產品的購買方收取一定比例的預付款，以解決生產過程中的資金困難。或者由買方簽發銀行承兌匯票，賣方持匯票到銀行貼現，這就是買方貸款。

（3）項目開發貸款

如果你的企業擁有具重大價值的科技成果轉化項目，初始投入資金數額比較大，企業自有資本難以承受，你可以向銀行申請項目開發貸款，銀行還可以視情況，為你提供一部分流動資金貸款。此類貸款較適合高科技創業企業。

（4）出口創匯貸款

對於出口導向性企業，如果你一開始就擁有訂單，那麼，你可以要求銀行根據你的出口合同或進口方提供的信用簽證，為你的企業提供打包貸款。對有現匯帳戶的企業，銀行還可以提供外匯抵押貸款。對有外匯收入來源的企業，可以憑結匯憑證取得人民幣貸款。

（5）票據貼現貸款

票據貼現貸款是指票據持有人將商業票據轉讓給銀行，取得扣除貼現利息後的資

金。在我國，商業票據主要是指銀行承兌匯票和商業承兌匯票。這種融資方式的好處之一是，銀行不按照企業的資產規模來放款，而是依據市場情況（銷售合同）來貸款。企業收到票據至票據到期兌現之日，往往是少則幾十天，多則300天，資金在這段時間處於閒置狀態。企業如果能充分利用票據貼現融資，遠比申請貸款手續簡便，而且融資成本很低。票據貼現只需帶上相應的票據到銀行辦理有關手續即可，一般在3個營業日內就能辦妥，對於企業來說，這等於是「用明天的錢賺后天的錢」。

2. 直接融資

除向銀行貸款間接融資外，創業者還有許多獲取直接融資的渠道，如股權融資、債權融資、企業內部集資、融資租賃、風險投資等。

（1）股權融資

股權融資指資金不通過金融仲介機構，融資方通過出讓企業股權獲取融資的一種方式，大家所熟悉的通過發售企業股票獲取融資只是股權融資中的一種。對於缺乏經驗的創業者來說，選擇股權融資這種方式，需要注意的是股權出讓比例。股權出讓比例過大，則可能失去對企業的控制權；股權出讓比例不夠，則又可能讓資金提供方不滿，導致融資失敗，這個問題需要統籌考慮，平衡處理。

（2）債權融資

債權融資指企業通過舉債籌措資金，資金供給者作為債權人享有到期收回本息的融資方式。民間借貸應該算是債權融資中的一種，且是為人們所最常見的一種。自從孫大午事件後，很多企業就對民間借貸產生了一種畏懼心理，怕擔上「非法集資」的帽子。對於非法集資，有特別重要的界定值得注意，就是：向社會不特定對象即社會公眾籌集資金。根據這一點，如果不是向社會不特定對象即社會公眾籌集資金，就不能叫非法集資，而應算是正常的民間借貸。另一點是非法集資通常數額巨大。把握住這兩點，在進行民間借貸籌集創業資金時，就不容易觸犯禁忌。

（3）企業內部集資

企業內部集資指企業為了自身的經營資金需要，在本單位內部職工中以債券、內部股等形式籌集資金的借貸行為，是企業較為直接、較為常用、也較為迅速簡便的一種融資方式，但一定要嚴格遵守金融監管機構的相關規定。

（4）融資租賃

融資租賃是一種創新的融資形式，也稱金融租賃或資本性租賃，是以融通資金為目的的租賃。其一般操作程序是，由出租方融通資金，為承租方提供所需設備，具有融資和融物雙重職能的租賃交易，它主要涉及出租方、承租方和供貨方三方當事人，並由兩個或兩個以上的合同所構成。出租方訂立租賃合同，將購買的設備租給承租方使用，在租賃期內，由承租方按合同規定分期向出租方支付租金。租賃期滿承租方按合同規定選擇留購、續租或退回出租方。承租人採用融資租賃方式，可以通過融物而達到融資的目的。對於缺乏資金的新創企業來說，融資租賃的好處顯而易見，其中主要的是融資租賃靈活的付款安排，例如延期支付，遞增或遞減支付，使承租用戶能夠根據自己的資金安排來定制付款額；全部費用在租期內以租金方式逐期支付，減少一次性固定資產投資，大大簡化了財務管理及支付手續，另外，承租方還可享受由租賃所帶來的稅務上的好處。

（5）風險投資

1999 年以來，風險投資在國內得到了很大的發展，國內幾乎每一個成功的互聯網企業的背後，都可以看見風險投資的身影。對於創業者來說，尤其是對於高科技領域的創業者，尋求風險投資的幫助，是一個值得認真考慮的途徑。風險投資中的天使投資，更是專門為那些具有專有技術或獨特概念而缺少自有資金的創業者所準備。天使投資者更多由私人來充當，投資數額相對較少，對被投資企業審查不太嚴格，手續更加簡便、快捷，更重要的是它一般投向那些創業初期的企業或僅僅停留在創業者頭腦裡的構思。

3. 政府政策扶持

創業者還要善於利用政府扶持政策，從政府方面獲得融資支持，如專門針對下崗失業人員的再就業小額擔保貸款、專門針對科技型企業的科技型中小企業技術創新基金、專門為中小企業「走出去」準備的中小企業國際市場開拓資金等，還有眾多的地方性優惠政策。巧妙地利用這些政策和政府扶持，可以達到事半功倍的效果。

2015 年國務院發布《關於進一步做好新形勢下就業創業工作的意見》。有創業要求、具備一定創業條件但缺乏創業資金的就業重點群體和困難人員，貸款最高額度由針對不同群體的 5 萬元、8 萬元、10 萬元不等統一調整為 10 萬元。對個人發放的創業擔保貸款，在貸款基礎利率基礎上上浮 3 個百分點以內的，由財政給予貼息。

再就業小額擔保貸款：根據中發〔2002〕12 號文件精神，為幫助下崗失業人員自謀職業、自主創業和組織起來就業，對於誠實守信、有勞動能力和就業願望的下崗失業人員，針對他們在創業過程中缺乏啟動資金和信用擔保，難以獲得銀行貸款的實際困難，由政府設立再擔保基金。通過再就業擔保機構承諾擔保，可向銀行申請專項再就業小額貸款，該政策從 2003 年年初起陸續在全國推行。其適用對象：①國有企業下崗職工；②國有企業失業職工；③國有企業關閉破產需安置的人員；④享受最低生活保障並失業 1 年以上的城鎮其他失業人員；貸款額度一般在 2 萬元左右（有關再就業小額擔保貸款更詳細介紹，請參見《科學投資》2004 年第 1 期文章《創業扶持貸款幫你創業》）。

科技型中小企業技術創新基金：經國務院批准設立，用於支持科技型中小企業技術創新的政府專項基金。通過撥款資助、貸款貼息和資本金投入等方式，扶持和引導科技型中小企業的技術創新活動。根據中小企業和項目的不同特點，創新基金支持的方式主要有：①貸款貼息：對已具有一定水平、規模和效益的創新項目，原則上採取貼息方式支持其使用銀行貸款，以擴大生產規模。一般按貸款額年利息的 50%～100% 給予補貼，貼息總額一般不超過 100 萬元，個別重大項目可不超過 200 萬元。②無償資助：主要用於中小企業技術創新中產品的研究、開發及中試階段的必要補助、科研人員攜帶科技成果創辦企業進行成果轉化的補助，資助額一般不超過 100 萬元。③資本金投入：對少數起點高，具有較廣創新內涵，較高創新水平並有後續創新潛力，預計投產後有較大市場，有望形成新興產業的項目，可採取成本投入方式（有關科技型中小企業技術創新基金更詳細介紹，請參見《科學投資》2003 年第 5 期文章《創新基金，創業企業「獎學金」》）。

中小企業國際市場開拓資金：由中央財政和地方財政共同安排的專門用於支持中

小企業開拓國際市場的專項資金。2000年10月，財政部與外經貿部為鼓勵中小企業參與國際市場競爭，提高中小企業參與國際市場競爭的能力，聯合制定了《中小企業國際市場開拓資金管理（試行）辦法》，明確規定了「中小企業國際市場開拓資金」的性質、使用方向、方式及資金管理等基本原則。2001年6月，兩部委又根據此辦法的原則，聯合制定了《中小企業國際市場開拓資金管理辦法實施細則（暫行）》，對這項資金的具體使用條件、申報及審批程序、資金支持內容和比例等具體工作程序作出了明確規定。2001年，「中小企業國際市場開拓資金」的年度安排規模是4.5億元人民幣，2002年度已增加到6億元。3年中，這項中央財政用於支持中小企業開拓國際市場各項活動的政府性基金，已經資助了全國近萬家中小企業到國外參展或拓展國際市場（有關中小企業國際市場開拓資金更詳細介紹，請參見《科學投資》2003年第11期文章《中小企業如何吃免費「皇糧」》）。

地方性優惠政策：如杭州市創辦高科技企業孵化基地時，就規定對通過資格審查進駐基地的企業將提供免3年租費的辦公場所，並給予一定的創業扶持資金。近年杭州市又提出建設「天堂硅谷」，把發展高科技作為重點工程來抓，與之相配套的措施是杭州市及各區縣（市）均建立了「孵化基地」，為有發展前途的高科技人才提供免費的創業園地，並撥出數目相當可觀的扶持資金。在全國各地許多地方都有類似的創業優惠和鼓勵政策，如上海的張江高科技園區、北京的中關村高科技園區等等，創業者要學會充分利用相關政策。

巧借外力籌措創業資金：上海浦東發展銀行與聯華便利合作，推出面向創業者的「投資7萬元，做個小老板」的特許免擔保貸款業務，由聯華便利為創業者提供集體擔保，浦發銀行向通過資格審查的申請者提供7萬元的創業貸款，建立聯華便利加盟店，許多缺乏資金的創業者因此得以圓創業夢。像聯華便利一樣，現在很多公司為迅速擴大市場份額，常會採取連鎖加盟或結盟代理等方式，推出一系列優惠待遇給加盟者或代理商，如免收加盟費、贈送設備、在一段時間內免費贈送原材料，對代理商先貨后款、延后結款賒購賒銷等，雖然不是直接的資金扶持，但對缺乏資金的創業者來說，等於獲得了一筆難得的資金。

對於創業者來說，善用自我累積，進行滾動發展也是一個不錯的方式，雖然發展速度可能會相對慢一些，但是沒有包袱，做事可以更加從容，保持一種良好心態。創業者還可以選擇典當等方式籌措創業資金；通過參加各種創業比賽、媒體炒作，吸引投資方注意力，從而獲得融資；通過第三方牽線搭橋獲得項目融資或創業融資，如2003年，通過《科學投資》牽線搭橋獲得項目融資的讀者就有十幾位。

創業融資的方法多種多樣。創業者需要有靈活性，做任何事情都不能拘泥於一個定式。

知識擴展

融資技巧九種

總想創業但沒資金怎麼辦？創業沒有錢是一個大問題，尤其是剛畢業的大學生，看上一個好的項目卻資金不夠。無本創業是一件比較艱難的事，尤其是對於既沒經驗也沒資金的大學生來說，創業就更難。但是，不用急，一切皆有可能，你可以嘗試下面的幾種方法：

技巧一

向親友拆借：最為保守的融資途徑。

融資成本：黃金萬兩容易得，人情一分債難還。

適合人群：有固定收入和定期存款，僅僅是一時資金週轉困難的人士。

所謂「親兄弟明算帳」，此言一出可能傷親人之間的和氣。但如果您目前急需一筆錢用，您又不打算啓動金融工具來幫助您，那麼親人之間互相拆借應該是不錯的辦法。

相比於金融工具而言，親人之間借錢的手續要簡單得多。如果是和父母借錢，您只需要告知他們資金的用途便可，至於何時歸還，父母一般不會設定最后的還款日期；如果是和家族中其他親友借款，您需要按照借款的一般程序，工整地寫一張借條，同時簽上借款人姓名和借款日期；如果是和朋友借錢，除了借條之外，您應當主動提出還本付息的承諾，按照很多人的借錢經驗，即便朋友根本沒有向您提起利息的問題，還款時您也應該按照一定比例向對方支付利息，「好借好還，再借不難」。

專家點評：向家裡人伸手借錢，您一定要分清借款和贈與之間的區別，親是親，錢是錢。

技巧二

消費貸款：利率合理。

融資成本：年利率不超過5%。

適合人群：高收入人群。

如果您家庭收入較高，便可以獲得一筆利率較低，期限適中的消費貸款，下面以交通銀行為例介紹。

您首先要持有交通銀行的住房公積金聯名卡，然后從單位開具收入證明（如果已婚，需要夫妻雙方的收入證明）。然后便可以向交通銀行申請消費貸款，貸款用途可以是所有的銷售終端（POS）消費或者支持交通銀行網上支付的消費，就像信用卡一樣使用。所有消費會自動分成12期按月等額本息償還，歸還欠款后額度自動恢復，可以循環使用，非常方便。

消費貸款和信用卡消費在使用上幾乎沒有區別，不同的是，消費貸款沒有消費積分，沒有免息還款期，不能取現，但優點是利率很低，而且使用后才支付利息，不像其他貸款那樣從申請下來就要付息，不管你是不是馬上使用。

專家點評：據瞭解，消費貸款年利率不超過5%，屬於極低利率的貸款方式，且無須任何質押，唯一的限制是要求收入較高者。

技巧三

典當融資：最快一小時挽救資金鏈。

融資成本：月利率2.5%~3%，第二個月起按天計算費用。

適合人群：擁有值錢物品且短時間內急等錢用的人士。

典當曾是舊社會沒落家族的經濟來源，現而今，它的大門向所有急等現金用的人士開放。大到房產汽車，小到相機、戒指，只要典當行裡的明眼人認定您拿來的東西有價值，最快一個小時，您就能得到您急需的現金。對於您送來的抵押品，典當行會告訴您一個最后贖回的日期（一般是兩到三個月），過了這個日子，東西就歸典當行自行處理了。

從我們掌握的情況看，最近典當行不斷接收到高級抵押物，僅以寶瑞通典當行此前發布的數據看，截至今年9月份，該典當行車輛典當上升了4個百分點，價值50萬元以上的高檔車輛的典當比2008年增長了25%，同時價值200萬元以上的名車今年也出現了幾十輛。不僅是車，還有人剛剛用一塊名表做抵押，從寶瑞通拿到了28萬元的當款。

也許正因為典當行來自民間，此前一向被看做是解決百姓溫飽問題的場所，因此「時間快，手續少」是典當行的一大優勢。從貸款利率水平看，算上管理費，典當行每個月的費率為2.5%~3%，且第二個月還能按天計算費率，利率水平也不算高。

專家點評：如果您是拿您最心愛的東西去典當，我們奉勸您早借早還。因為在很多時候，您心愛的東西被那些專門在典當行裡買東西的人看到了，哪怕您僅僅晚一天還款，東西可能就不是您的了。

技巧四

銀行無擔保信用貸款：「無須擔保」可能是幌子。

融資成本：年利率8%~9%，最高達到15%。

適合人群：收入較高的白領、有一技之長的技術性人士。

貸款買車、貸款旅遊、貸款裝修房子，在中資銀行「惜貸」的背景下，個人信貸消費意願依然非常強烈。為迎合這一需求，不少銀行都忙著通過旗下產品搶占個人消費類無擔保信貸市場。據我們瞭解，為了吸引客戶（創業網：www.cyone.com.cn/），外資行主打快速放款牌。「最快一小時放貸」這句宣傳語幾乎被很多外資行使用過，而最多3~4個工作日放款的時限也吸引了很多客戶的眼球。

但是，由於此類產品無須擔保，因此產品利率水平較高。不少產品在銷售時打出的宣傳口號是年利率8%~9%，並且無論今後央行是否調息，客戶在最後幾個月或幾年的還款利率都被鎖定在這個區間內。加上銀行每個月收取0.49%的管理費，實際還款利率高達12%，有的產品如果按照最長期限歸還，實際還款利率接近50%。另外，如果您打算提前還款，您還將按銀行要求繳納一筆違約金，金額相當於您剩餘本金的5%。

專家點評：據很多做過此類貸款的客戶反饋，無擔保信用貸款成本太高，本來是救急，結果一時的債務要用較多資金還清，有些得不償失。

技巧五

消費金融公司：利率水平僅低於高利貸。

融資成本：不超過央行同期貸款利率的4倍左右。

適合人群：具有較高收入的人士。

據銀監會人士介紹，設立消費金融公司的目的是為商業銀行無法惠及的個人客戶提供新的可供選擇的金融服務，滿足不同群體消費者不同層次的需求，其最主要的特點就是短期、小額、無擔保、無抵押。主要範圍包括消費者購買家用電器、房屋裝修、個人及家庭旅遊、婚慶、教育等方面。

有消息稱，截至目前，在北京，僅北京銀行一家向銀監會申請設立消費金融公司。為防止消費者過度消費，《試點辦法》規定，消費金融公司向個人發放消費貸款的余額不得超過借款人月收入的5倍。而對於此類貸款的利率，銀監會表示，雖然是按借款

人的風險等級定價，但最高不得超過央行同期貸款利率的4倍。

按照規定，貸款利率較央行基準利率上浮超過4倍即為高利貸，消費金融公司在此剛巧打了擦邊球。但相比其他短期融資方式，4倍的利率在同等產品中已經屬於非常高的利率水平。

專家點評：此類公司與銀行發售的無擔保貸款產品有些類似，但公司的市場普及率不高，可以關注，先別參與。

技巧六

信用卡透支：還款從容。

融資成本：年利率約19%。

適合人群：收入不穩定的人。

刷信用卡消費，然后每月還款不低於最低還款額，這種消費方式成本較高，但門檻卻很低，曾見報導稱有年輕人持信用卡消費無度，最終淪為卡奴。雖說花錢的時候瀟灑，但還款的時候也要保持瀟灑才行。

使用信用卡透支消費，有一個最基本的前提，那就是必須要按月歸還最低還款額，如果實在沒錢歸還，即使是用信用卡取現，也要歸還最低還款額。那麼什麼樣的人適合使用信用卡透支呢？例如，一個自由職業者，一般每年能收入20萬元，但這筆收入什麼時候到卻很難說，那麼他可以使用信用卡支付日常消費，然后等到收入到達后一次性清償，這樣就能保障既不失去生活的品質，又能夠不像親戚朋友伸手，是一個不求人的方法。但是，信用卡透支消費需要確有收入來源的人使用，如果自身就是一介平民，還是壓縮開支理性消費比較好。

專家點評：信用卡透支年利率約為19%，屬於比較高的借款渠道，不適合長期借款，一般只用來應急。持卡人要注意，如沒有歸還最低還款額，將要支付滯納金並有可能被記入黑名單。

技巧七

信用卡分期付款：經濟實惠。

融資成本：年利率約為9%~15%。

適合人群：收入穩定的人。

收入不穩定的人適合用信用卡透支，但如果是收入穩定的工薪族，則適合使用信用卡分期付款，例如，同樣是年收入20萬元，如果你確定每個月都能收入1.8萬元，那麼您在消費10萬元后，如果申請了12期的分期付款，然后用每月工資來歸還欠款當月攤銷額，成本比信用卡透支要低很多。

各個銀行的信用卡分期手續費不盡相同，例如光大銀行和華夏銀行的分期手續費為0.5%，多數銀行為0.6%，浦發銀行為0.7%以上。故有意使用信用卡分期付款的人應重點關注各銀行的具體條款選擇銀行信用卡。這裡重點推薦光大銀行信用卡的分期付款，特別劃算。

使用信用卡分期付款，也有一個缺點，即一般每個月的攤銷額都會計入最低還款額，如果您沒有穩定的收入，建議不要使用分期付款，否則到最后您會發現您的還款壓力特別大，而如果使用信用卡透支，則您每個月的最低還款額會逐月下降，相對來說還款壓力小一些。

專家點評：用信用卡分期消費的年利率約為9%~15%，比信用卡透支略低，但是提前還款卻很不劃算。建議在大額消費時使用，小額消費不提倡使用分期付款。

技巧八

保單質押貸款：遠水也能解近渴。

融資成本：銀行同期消費信貸的基準利率。

適合人群：有良好投保習慣、且已經購買長期保險的人士。

所謂保單質押貸款，也就是保單所有者以保單作為質押物，按照保單現金價值的一定比例獲得短期資金。我國的保單質押貸款主要有兩種模式：一是投保人把保單直接抵押給保險公司，直接從保險公司取得貸款，如果借款人到期不能履行債務，當貸款本息達到退保金額時，保險公司終止其保險合同效力；另一種是投保人將保單抵押給銀行，由銀行支付貸款於借款人，當借款人不能到期履行債務時，銀行可依據合同憑保單由保險公司償還貸款本息。

從目前的情況看，可以用來貸款的是具有儲蓄功能、投資分紅型保險及年金保險等合同生效兩年以上的人壽保險；醫療費用保險和意外傷害保險以及財產保險不能質押。一般情況下，投保人可以直接從保險公司獲得質押貸款，如果投保人購買的是銀行代理保險產品，也可以將保單直接質押給銀行。保險公司的貸款期限一般為6個月，貸款金額不超過保單現金價值的70%，而利率通常為銀行同期消費信貸的基準利率。

專家點評：臨淵羨魚，不如退而結網。不要等到缺錢用的時候才想起投保的單據可以做質押貸款，事實上，保險的真正用途絕不僅限於救急，那是一種生活態度。

技巧九

存單質押：超短期借款。

融資成本：年利率約為5%。

適合人群：存單即將到期或持有外幣存單。

存單質押融資方式，屬於低成本融資方式，但有一點比較受限制，即如果借款人本身有10萬元存單，再去拿這個找銀行借9萬元，在很多情況下，還不如直接取出劃算。

只有兩種情況適合採用存單質押的方式融資，一是存單馬上就要到期，如果提前支取，將會損失較多利息，如果使用存單質押方式，可以保全定期存款利率。一般來說，如果是1年期的定期存款，剩余時間超過2個月以上的，就不再適合使用存單質押，因為算上各種手續的繁雜，就不如直接取款了。

還有一種情況，就是持有外幣存款。由於外幣存款不能直接使用，又不想把外幣換成人民幣，那麼使用外幣的最佳途徑就是存單質押。如果配合使用招商銀行電子銀行的貸款渠道，將會非常方便，想借就借，想還就還，利息支出也較低。

專家點評：一般情況下，存單質押年利率約為5.51%左右，成本相對較低，而且隨著存單數量的增加，貸款上限也會不斷增加，不受額度控制，推薦使用。

第二節 創業融資案例

一、創業企業融資發展階段

創業企業一般具有兩個共同的特徵：一是不能在貸款市場和證券公開市場上籌集資金；二是發展具有階段性。而在每一階段，因企業規模、資金需求、投資風險等方面都有明顯差別，因此需要不同的融資方式。

（一）種子期

企業狀態：處於產品開發階段，產生的是實驗室成果、樣品和專利，而不是產品。這一階段的投資成功率最低（平均不到10%），但單項資金要求最少，成功后的獲利最高。企業規模小，基本上沒有管理隊伍，企業生死依託掌握關鍵技術的少數管理人員和業務人員身上，而且他們同時還是經營管理者。

融資方式：創業者前期以個人累積以及親朋好友資助資金為主，也可以從政府專項撥款、社會捐贈、創業投資風險基金獲得。

（二）創建期

企業狀態：企業已經有了一個處於初級階段的產品，開始向市場供應新產品；而且擁有了一份很粗的經營計劃，初步組建了經營管理團隊，內部分工開始明確。有一定的經營收入，但基本未能實現盈利，開銷也極低。技術風險與種子階段相比，有較大幅度下降，但投資成功率依然較低（平均不到20%）。

融資方式：此階段，仍以私人資金為主要融資方式，但規模小，運作較為靈活的風險投資機構開始投資企業。

（三）成長期

企業狀態：成長期是企業技術發展和生產擴大階段。技術風險大幅度下降，產品或服務進入開發階段，並有數量有限的顧客試用，費用在增加，但仍沒有銷售收入。至該階段末期，企業完成產品定型，著手實施其市場開拓計劃。此階段企業進行廠房建設、設備購置、行銷推廣，還要不斷完善企業治理結構。

融資方式：此階段資金需求量迅速增長，企業也具有一定資產，具備一定的融資能力。銀行信貸、風險投資成為主要投入形式。

（四）擴張期

企業狀態：企業的生產、銷售、服務已具備成功的把握，企業可能希望組建自己的銷售隊伍、擴大生產線、增強其研究發展的后勁，進一步開拓市場，或拓展其生產能力或服務能力。此時成功率已接近70%。

融資方式：風險投資基金機構投資者、私募基金以及其他優先股投資者。

企業的生產、銷售、服務已具備成功的把握，企業可能希望組建自己的銷售隊伍，擴大生產線、增強其研究發展的后勁，進一步開拓市場，拓展其生產能力或服務能力。

此時成功率已接近70%。

（五）獲利期

企業狀態：企業的銷售收入高於支出，產生淨收入，創業投資家開始考慮撤出。成功上市得到的資金一方面為企業發展增添了后勁，拓寬了運作的範圍和規模；另一方面也為創業資本家的撤出創造了條件。

融資方式：發行股票上市，一方面為企業發展增添了后勁，拓寬了運作範圍和規模；另一方面也為風險投資機構撤退創造條件。

二、創業企業融資案例

創業不等於融資，但沒有融資萬萬不行。特別是對於眾多的互聯網金融企業來說，從天使輪到A輪再到B輪甚至最后的上市，都離不開資金的支持。對於互聯網金融行業的創業者來說，如何讓融資速度與企業的發展速度更好地匹配，如何針對企業不同的發展階段匹配更適合的資本是需要考慮的。

眾籌在國內還是初期階段，各種眾籌融資的案例很多，但成功運作的項目卻是鳳毛麟角。接下來分享國內眾籌的五個經典案例。

案例一：美微創投——憑證式眾籌

朱江決定創業，但是拿不到風投。2012年10月5日，淘寶出現了一家店鋪，名為「美微會員卡在線直營店」。淘寶店店主是美微傳媒的創始人朱江，原來在多家互聯網公司擔任高管。

消費者可通過在淘寶店拍下相應金額的會員卡，但這不是簡單的會員卡，購買者除了能夠享有「訂閱電子雜誌」的權益，還可以擁有美微傳媒的原始股份100股。朱江2012年10月5日開始在淘寶店裡上架公司股權，4天之后，網友湊了80萬。

美微傳媒的眾募式試水在網路上引起了巨大的爭議，很多人認為有非法集資嫌疑，果然還未等交易全部完成，美微的淘寶店鋪就於2月5日被淘寶官方關閉，阿里對外宣稱淘寶平臺不准許公開募股。

而證監會也約談了朱江，最后宣布該融資行為不合規，美微傳媒不得不像所有購買憑證的投資者全額退款。按照證券法，向不特定對象發行證券，或者向特定對象發行證券累計超過200人的，都屬於公開發行，都需要經過證券監管部門的核准才可以。

后來，美微傳媒創始人朱江復述了這一情節，透露了比「叫停」兩個字豐富得多的故事：

「我的微博上有許多粉絲一直在關注著這事，當我說拿不到投資，創業啟動不了的時候，很多粉絲說，要不我們湊個錢給你吧，讓你來做。我想，行啊，這也是個路子，我當時已經沒有錢了。」

「這讓我認識到社交媒體力量的可怕，之後我就開始真正地思考這件事情了：該怎麼策劃，把融資這件事情當做一個產品來做。」

於是，朱江在2013年2月開始在淘寶店上眾籌。

「大概一週時間，我們吸引了1,000多個股東，其實真正的數字是3,000多位，之

后我們退掉了 2,000 多個，一共是 3,000 多位投資者打來 387 萬……目前公司一共有 1,194 個投資者。」

「錢拿到之後，在上海開了一個年度規劃會。我的助手接到一個電話：你好，我是證監會的，我想找你們的朱江。」

「剛開始我很坦然，心想為什麼證監會會出來管？去證監會的時候，一路上心情很輕鬆，但在證監會的門口，我突然心情沉重起來了，應該是門口的石獅子震懾住了我（門前倆石獅子的錢沒白花），四個月時間裡，我們和證監會一共開了九次會。」（顯然延續到了媒體說的「叫停」之後）

「我的律師在北京很有名，通過代持協議達成了這麼多投資人的方案。這樣的協議沒有樣板，都是一行行給我打好的，律師告訴我，他做的這個代持協議，主要是針對工商、稅務和公安做的，沒想到是證監會來管我，這是最為開放的一個部門，我的運氣很好。」

「第一次會議上我就誠懇地認錯，反省自己法律意識淡薄，證監會的領導說我一點都不淡薄，整個法律文件寫得相當專業，不是法律意識淡薄的人寫的。接下來的八次會議討論的事情，就是之前的那張代持協議是有效協議還是無效協議，證監會聯合多家部門，給我們公司的帳都翻了一遍。」

「證監會干的讓我覺得最了不起的一件事情，是給 1,194 個投資人都打過電話。一半的投資人接到電話就直接掛了，都以為是騙子，在群裡說，今天遇到騙子打電話來說是證監會，要來瞭解美微傳媒，我告訴他們的確是證監會在調查。」

據朱江描述，證監會重點問了所有投資人兩個問題：第一朱江有沒有承諾你保本？第二，有沒有承諾每年的固定收益率？

案例二：3W 咖啡——會籍式眾籌

互聯網分析師許單單這兩年風光無限，從分析師轉型成為知名創投平臺 3W 咖啡的創始人。3W 咖啡採用的就是眾籌模式，向社會公眾進行資金募集，每個人 10 股，每股 6,000 元，相當於一個人 6 萬元。那時正是玩微博最火熱的時候，很快 3W 咖啡匯集了一大幫知名投資人、創業者、企業高級管理人員，其中包括沈南鵬、徐小平、曾李青等數百位知名人士，股東陣容堪稱華麗，3W 咖啡引爆了中國眾籌式創業咖啡在 2012 年的流行。

幾乎每個城市都出現了眾籌式的 3W 咖啡。3W 很快以創業咖啡為契機，將品牌衍生到了創業孵化器等領域。

3W 的游戲規則很簡單，不是所有人都可以成為 3W 的股東，也就是說不是你有 6 萬就可以參與投資的，股東必須符合一定的條件。3W 強調的是互聯網創業和投資圈的頂級圈子。而沒有人是會為了 6 萬未來可以帶來的分紅來投資的，3W 給股東的價值回報更多地在於圈子和人脈價值。試想如果投資人在 3W 中找到了一個好項目，那麼多少個 6 萬就賺回來了。同樣，創業者花 6 萬就可以認識大批同樣優秀的創業者和投資人，既有人脈價值，也有學習價值。很多頂級企業家和投資人的智慧不是區區 6 萬可以買的。

其實會籍式眾籌股權俱樂部在英國的 M1NT Club 也表現得淋漓盡致。M1NT 在英國

有很多明星股東會員，並且設立了諸多門檻，曾經拒絕過著名球星貝克漢姆，理由是當初貝克漢姆在皇馬踢球，常駐西班牙，不常駐英國，因此不符合條件。后來M1NT在上海開辦了俱樂部，也吸引了500個上海地區的富豪股東，主要以老外圈為主。

案例三：大家投自眾籌——天使式眾籌

2012年12月10號，李群林把他的眾籌網站大家投（最初叫「眾幫天使網」）搬上了線。在這之后，直到今天10個月內，他做了5件「大事兒」——給「大家投」眾籌了一筆天使投資，推出領頭人+跟投人的機制，推出先成立有限合夥企業再入股項目公司的投資人持股制度，推出資金託管產品「投付寶」，「大家投」有了第一個自己之外的成功案例。

李群林之前是做技術和產品的，2012年想創業，可錢不夠，想找投資卻不認識天使投資人。環顧一圈，中國創業這麼熱，像他這樣沒有渠道推廣自己的想法，苦於找投資人的創業者比比皆是。同時，除了那些能幾十萬上百萬投資的天使投資人之外，中國還有大把有點存款、閒錢的人。而且，目前中國的天使投資人還太少，遠不能滿足創業者的需求。李群林想到做一個眾籌網站，把創業者的商業想法展示出來，把投資人匯聚起來，讓他們更有效率地選擇。

那時，中國最早的眾籌網站點名時間已經推出1年多，最開始李群林也想上去碰碰運氣，看看能不能先幫自己籌到項目資金。但他發現，點名時間採用的是預購的方式，就像當時的法律規定那樣，眾籌網站給支持者的回報不能涉及現金、股票等金融產品，也就是對支持者來說，參與眾籌是一項購買行為。李群林覺得這對自己來說有些不實際，自己做互聯網項目，推出的大多是虛擬產品和服務，而且鑒於中國互聯網的免費特徵，很難事先跟支持者約定回報的方式。不僅對自己不適用，李群林也覺得這種認購的方式吸引力有限。買東西的動力不足，僅為了幫別人實現理想就拿出錢財支持，這也不太適合國人的務實精神，至少難以擴散開來。李群林判斷，把眾籌作為一種購買行為會限制它的成長速度和規模，他覺得作為投資行為更符合大家參與眾籌的需求。於是，他決定做一個股權融資模式的眾籌網站。

第一個實驗對象就是他自己的項目「大家投」。李群林把「大家投」的項目說明放在了網站上。那時，他的想法特別簡單，創業者把自己的項目展示在網站上，設定目標金額和期限，投資人看了覺得不錯就來溝通，然後投資成為項目股東，投的人多了逐漸把錢湊齊。眾籌完成，平臺收取服務費。

不久，有人給他建議，這麼搞是不行的。投資需要專業能力，投資人需要帶動，最好是設立領投人+跟投人的機制，可以通過專業的投資人，把更多沒有專業能力但有資金和投資意願的人拉動起來，這樣才能匯聚更多的投資力量。同時，在投資過程中和投資后管理中，有一個總的執行人代表投資人進入項目公司董事會行使項目決策與監督權力。李群林採納了這條建議，為「大家投」增加了這一條規則，投資人可以自行申請成為領投人，平臺審核批准之后就可以獲得這一資格。

「要想眾籌得快，最好是創業者熟人+生人的結合」，聊起現在網站上還沒籌資成功的項目，李群林反覆強調這句話。眾籌是個匯聚陌生人的平臺，創業者最好能先發動自己的熟人支持自己，然後由這些熟人的行為帶動平臺上的陌生人。這是李群林的經

驗之談,「大家投」到今年3月份共3個月時間成功籌得100萬人民幣,在項目團隊只有自己一個人的情況下獲得共計12個投資人的支持就是這樣做到的。

大家投的12名投資人中,有投資經驗的只有5個人。這有點像美國人所說的最早的種子資金應該來自於3F,Family(家庭)、Friends(朋友)和Fool(傻瓜)。

在先被一些天使投資人拒絕之後,李群林把目光轉向了微博與各類創投沙龍活動,在上面找認同他的人。最後,他找到深圳創新谷的合夥人余波,余波覺得大家投的股權融資眾籌模式是當時能填補初創企業融資渠道空白、構築微天使投資平臺的業務模式,所以決定做一做這種金融創新背後的推手。於是,創新谷成為了「大家投」這個項目本身第一個投資者,也是唯一一個機構投資者。有了創新谷的信用背書,大家投又成功吸引了后面11個跟投人。這十二位投資人分別來自全國八個城市,六人參加了股東大會,5人遠程辦完了手續,這裡面甚至有四個人在完全沒有接觸項目的情況下決定投資。

大家投網站的模式是:當創業項目在平臺上發布項目後,吸引到足夠數量的小額投資人(天使投資人),並湊滿融資額度後,投資人就按照各自出資比例成立有限合夥企業(領投人任普通合夥人,跟投人任有限合夥人),再以該有限合夥企業法人身分入股被投項目公司,持有項目公司出讓的股份。而融資成功後,作為中間平臺的大家投則從中抽取2%的融資顧問費。

如同支付寶解決電子商務消費者和商家之間的信任問題,大家投將推出一個中間產品叫「投付寶」。簡單而言,就是投資款託管,對項目感興趣的投資人把投資款先打到由興業銀行託管的第三方帳戶,在公司正式註冊驗資的時候再撥款進公司。投付寶的好處是可以分批撥款,比如投資100萬,先撥付25萬,根據企業的產品或營運進度決定是否持續撥款。

對於創業者來講,有了投資款託管后,投資人在認投項目時就需要將投資款轉入託管帳戶,認投方可有效,這樣就有效避免了以前投資人輕易反悔的情況,會大大提升創業者融資效率;由於投資人存放在託管帳戶中的資金是分批次轉入被投企業的,這樣就大大降低了投資人的投資風險,投資人參與投資的積極性會大幅度提高,這樣也會大幅度提高創業者的融資效率。

社交媒體的出現,使得普通人的個人感召力可以通過社交媒體傳遞到除朋友外的陌生人,使得獲得更多資源資金創立公司成為可能。

案例四:羅振宇用眾籌模式改變了媒體形態

2013年最矚目的自媒體事件也似乎在證明眾籌模式在內容生產和社群營運方面的潛力:《羅輯思維》發布了兩次「史上最無理」的付費會員制:普通會員,會費200元;鐵桿會員,會費1,200元。買會員不保證任何權益,卻籌集到了近千萬會費。愛就供養不愛就觀望,大家願意眾籌養活一個自己喜歡的自媒體節目。

而《羅輯思維》的選題,由專業的內容營運團隊和熱心「羅粉」共同確定,用的是「知識眾籌」,主講人羅振宇說過,自己讀書再多累積畢竟有限,需要找來自不同領域的牛人一起玩。眾籌參與者名曰「知識助理」,為《羅輯思維》每週五的視頻節目策劃選題,由老羅來白活。一個中國人民大學的叫李源的同學因為對歷史研究極透,

老羅在視頻中多次提及，也小火了一把。要知道，目前《羅輯思維》微信粉絲150餘萬，每期視頻點擊量均過百萬。

羅振宇以前是央視製片人，正是想擺脫傳統媒體的層層審批和言論封閉而離開電視臺，做起自己的自媒體，靠粉絲為他眾籌來養活自己，並且過得非常不錯。這是自媒體人給傳統媒體人的一次警示。

案例五：樂童音樂眾籌——專注於音樂項目發起和支持的眾籌平臺

據樂童音樂創始人馬客介紹，近期完成了一個百萬級的音樂硬件類產品眾籌，成為眾多成功融資的經典案例之一。馬客表示，目前樂童音樂的主要支出是人力成本，所得融資會更多地去做產品，內容上也會有變化，多去拓展音樂衍生品、藝人演出方面，突破現有音樂產業模式，探討更多新的可能。

馬客認為，眾籌模式已經改變了很多的行業和鏈條，這種方式很有價值，之前曾入駐眾籌網開放平臺，對樂童音樂在資源整合，以及產品曝光方面幫助不小。此次再次與網信金融旗下的原始會合作發起融資，他表示很受益，對股權眾籌這種全新的融資方式抱有信心。

作為專注於做音樂的垂直類眾籌網站，樂童音樂在音樂眾籌，音樂周邊的實物預售等方面已經取得了不小的成績，在業內頗有名氣。

當談及樂童音樂能夠成功融資的秘訣時，他認為，除了明確的商業目標和未來規劃，對於一個初創企業來說，投資人很看重團隊的執行力，因為這會直接影響到企業的運作。

據瞭解，除了樂童音樂，原始會還幫助過許多的企業成功融資。公開資料顯示，截至目前，原始會的合作創業項目已有2,000多個，投資人（機構）超過1,000位，成功融資的項目已有8個，融資額已經超過1億元。

原始會首席執行官陶燁表示，基於互聯網的優勢，眾籌最終也會把傳統線下融資改為線上融資。一方面，投資人可以在這個平臺上找到海量的融資。另外一方面，投資變化也可以在我們這個平臺上找到，不會有一對一線下的渠道可以找到。此外，在這個平臺上，互聯網投融資雙方，可以在這種海量信息中快速配對，快速找到買家和賣家。樂童音樂之所以能夠快速在原始會融資成功，主要在於其項目足夠優秀。「互聯網金融是新興行業，股權眾籌市場潛力非常大，把線下的傳統投融資，逐漸轉到線上投融資，它是一個變革性的東西，是一次革命。」

套用一句有點爛俗的話：理想很豐滿，現實很骨感。不盈利並不代表能保證不虧損，不以營利為目的不代表虧錢了也無所謂。之所以不少眾籌咖啡店在經營將近一年時傳出面臨倒閉的新聞，正是因為當初開店時眾籌的原始資金只夠第一年初始投資費用，即裝修、家具、咖啡機等一次性硬件投入和第一年的租金。假如第一年咖啡店持續虧損，則意味著咖啡店只有兩條出路：要不就是進行二次眾籌，預先籌集到第二年的房租、原料、水電、員工等剛性成本，繼續燒錢；要不就是關門歇業，一拍兩散。

討論：五個創業融資方案帶給你怎樣的思考？

第三節　創業融資實訓

一、實訓項目

創業初期自己的房產抵押貸款實例。

二、實訓目的

通過實訓，要求實訓者掌握與無效抵押存在關聯的買賣協議、按揭房屋抵押的處理、房地產抵押貸款合同的訂立。

三、實訓條件

多媒體教室。

四、實訓步驟

第一步，完成角色扮演，請全班同學分為4~6個組，由四個組扮演抵押仲介服務機構，兩個組同學扮演銀行（一個扮演地方性銀行，一個扮演股份制大銀行）；其他同學分別扮演不同行業進行抵押貸款，由自己團隊選擇行業。

第二步，不同團隊根據自己扮演的角色通過網路瞭解自己的基本流程、各類合同格式。材料清單及書寫格式文本。

第三步，進行合同訂立的實務操作（按流程圖進行）。

第四步，分組進行討論，對自己進行問題交流。

第五步，各小組對自己的抵押合同文件進行交流講評。扮演仲介機構和銀行角色小組進行點評。

五、實訓報告

重慶的石先生需要貸款50萬元，貸款期限一年，用於重慶市巴南區的自營旅館擴建，證照齊全，已經營近20年。由於是家裡的老房子，現在客源增大，需要擴建。預計建好后年收入將在30萬~50萬元。土地是自家的宅基地，現有20多間房，在巴南區中心位置。石先生在找到重慶興隆投資向貸款顧問介紹了自己的情況，並帶來了相關辦理手續，請你為石先生做一份抵押貸款案例。

以團隊為單位撰寫實訓報告。

思考與討論

1. 什麼是創業融資？融資有哪些渠道？
2. 直接融資與間接融資各有什麼特點？
3. 創業企業發展的不同階段應該採取什麼樣的融資策略？

4. 如何確定創業融資的需要量？
5. 如何選擇創業資金來源？
6. 小企業或新企業如何獲得貸款？這類企業貸款難的原因是什麼？
7. 案例討論：瀟湘設計「融資就像第 101 次求婚」。

企業名稱：瀟湘設計工作室

創業人物：名牌大學畢業生李南

融資概況：在半年的融資歷程中，見過幾十個投資人，但最終未能達成融資協議。

事件回放：第一次談判，李南就被投資人批駁得喪失信心，模式不創新，運作不穩定，計劃不現實……投資人直接判了死刑，完全不容他再贅述發展目標。

以前，李南總愛說自己做項目不是純粹為賺錢，而盈利是投資人最關心的問題，李南的回答徹底觸動了投資人的底線，有了這樣的失敗經歷后，他開始改變自己的說法，並把自己的宏偉藍圖描述得非常動人。但這種缺乏數據支撐的虛化說辭似乎也不受歡迎，尤其是面對有豐富經驗的投資人。

經過一次次失敗，李南更加清楚地認識了自己的價值和項目的瑕疵。他說：「融資，就像 101 次求婚一樣，可能要身經百戰、反覆磨礪才能促成。」

李南的總結：一個好的項目必須確實能解決一個關鍵問題，而且這個關鍵問題能夠迅速累積用戶或者掙到錢；同時要讓投資人相信自己能做好，並且比別人做得更好。至於壁壘、商業模式都是后話。

討論：

(1) 李南融資失敗的原因有哪些？
(2) 你會給李南什麼建議，助他轉敗為勝？
(3) 你從案例中學到了什麼？

第七章　虛擬仿真創設公司
——企業註冊

小王創業已經是萬事俱備，準備開業。導師告訴他：企業的成功就得依法經營，按章納稅。所以完成公司註冊是一個企業得以生存和發展的重要條件，也是一個企業在履行社會責任的重要體現。工商註冊是一個複雜而嚴謹的事情，圖 7-1 體現了工商註冊的基本流程。

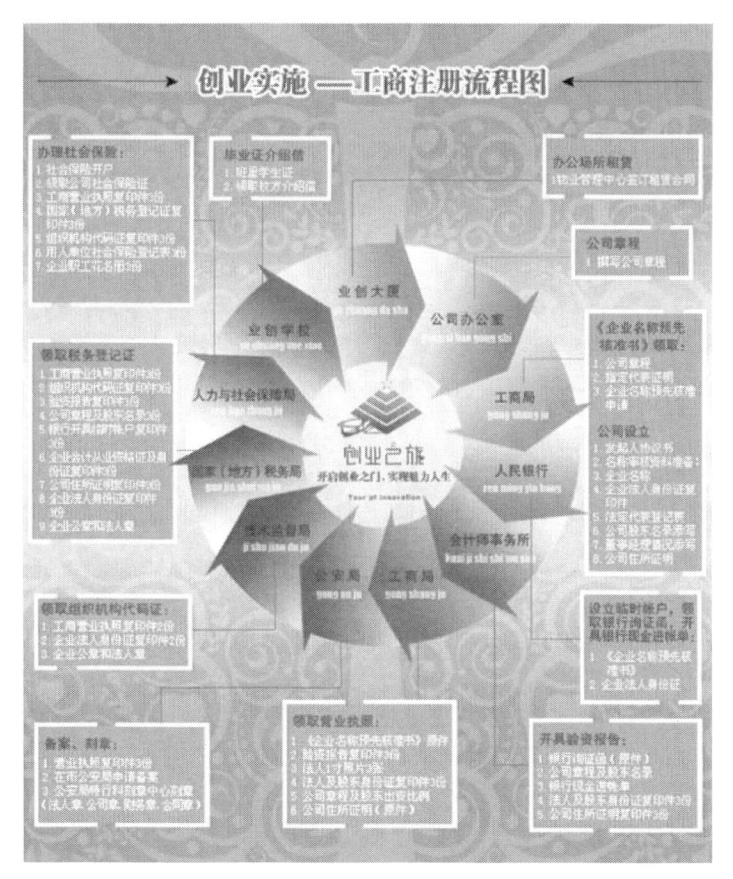

圖 7-1

第一節　創業公司註冊基礎

一、創業公司選擇類型

（一）創業的企業類型

　　企業合法經營必須向政府主管部門申辦經營許可證，完成相應的登記。工商部門審批企業的營業執照，如果企業的經營範圍或業務需要其他政府主管部門批准，經營的項目或業務還應該向政府其他主管部門申請辦理。按照國家的法律和法規，從事企業有一些類型和組織形式。目前個人能夠創業的形態有：

　　個體工商戶；

　　個人獨資企業；

　　合夥企業；

　　有限責任公司。

　　有條件的創業者還可以與境外投資者合辦中外合作或合資企業。個人還可以選擇股份合作企業。

（二）公司的命名

　　取名的原則：好叫、好聽、好寫、好記，而且要有獨特性，讓人過目不忘；要簡潔，字數要少；盡量使名字能夠反應企業的業務、核心產品、價值觀、企業文化等。

　　取名常用的方法：創業者的姓名或諧音；直接用產品或核心產品命名；從宣傳企業角度，讓客戶喜歡的角度，如「娃哈哈」；用外文譯名。

二、瞭解申辦一家小企業的流程

（一）設立新公司所需要的資料及流程

　　1. 公司名稱查詢

　　名稱核准時，您需要準備：

　　全體股東（法人+合夥人）的身分證複印件各一份；

　　法人及合夥人出資比例（百分比）；

　　擬定公司名稱1~5個；

　　擬定公司經營範圍的主營項目。

　　2. 名稱核准后，您需要提供

　　全體股東的身分證原件及複印件各一份；

　　全體股東戶口簿複印件（戶主首頁+本人頁）各一份；

　　法人照片6張、合夥人照片6張；

　　全體股東簡歷各一份。

　　3. 辦證流程

　　如第169頁圖7-1所示。

4. 辦理完畢的公司所包含的（行政部門簽發）證件

營業執照正副本（含電子營業執照）；

驗資報告、銀行開戶註銷單；

組織機構代碼證正副本；

IC卡、發票購用印製簿；

公司章（公章、發票章、財務章、法人章）；

稅務登記證正副本。

（二）進行工商登記

工商登記，即企業法人登記，指國家授權的登記主管機關（工商行政管理機關）依法對企業法人的籌建、開業、變更、分立、合併、中止進行登記註冊，確認企業法人的資格和合法經營權，並對企業法人的生產經營活動進行監督管理等活動的總稱。

工商登記分為設立登記、變更登記、註銷登記。本章主要介紹開辦公司前進行的開業登記。

申請企業法人登記應當具備以下條件：

有自己的名稱、組織機構和章程；

有固定的經營場所和必要的設施；

符合國家規定並有與其生產經營和服務規模相適應的資金數額和從業人員；

能夠獨立承擔民事責任；

符合國家法律、法規和政策規定的經營範圍。

2. 一般程序和需要提交的文件

表 7-1

登記順序	登記所填表格	戶主提供資料
一、查名	1. 名稱預先核准申請書 2. 委託書	1. 全體投資人身分證複印件 2. 投資人私章
二、工商登記	母體： 代理書 2 份 公司設立登記申請書 1 份 公司章程 1 份 股東履歷表（合夥人）1 份 承諾書 1 份 股東會決議 1 份 註冊資金到位證明（驗資報告）	法定代表人材料： 戶口簿複印件 1 份 身分證原件及複印件 1 份 一寸照片 6 張 合夥人材料： 戶口簿複印件 1 份 身分證原件及複印件 1 份 一寸照片 6 張
	分支： 分公司名稱預先核准申請書 分公司設立登記申請書 經營場所租房協議書（產權證） 任職書 分支場地驗資承諾書	分支負責人： 身分證複印件 1 份 一寸照片 1 張 私章 場所材料： 租房協議書 1 份 產權證 1 份
各項說明	經營範圍中如需前置審批的（如：衛生、治安、印刷、廣告、環保、房產、科委、消防、菸酒、技監等），應先經有關部門審批后再進行工商註冊登記	

(三) 進行稅務登記

1. 辦理稅務登記的對象

領取法人營業執照或者營業執照（以下統稱營業執照），有繳納增值稅、消費稅義務的國有企業、集體企業、私營企業、股份制企業、聯營企業、外商投資企業、外國企業以及上述企業在外地設立的分支機構和從事生產、經營的場所；

領取營業執照，有繳納增值稅、消費稅義務的個體工商戶；

經有關機關批准從事生產、經營，有繳納增值稅、消費稅義務的機關、團體、部隊、學校以及其他事業單位；

從事生產經營，按照有關規定不需要領取營業執照，有繳納增值稅、消費稅義務的納稅人；

實行承包、承租經營，有繳納增值稅、消費稅義務的納稅人；

有繳納由國家稅務機關負責徵收管理的企業所得稅、外商投資企業和外國企業所得稅義務的納稅人。

2. 開業登記流程

提供證件、資料—稅務登記窗口—申報徵收窗口繳納工本費—稅務登記窗口領取稅務登記證

3. 需提供的證件、資料

個體稅務登記需要提供的證件、資料：

「稅務登記表」一式兩份；

「稅務人稅種登記表」一式一份；

營業執照或其他核准執業證件及工商登記表或者其他核准執業登記表原件及複印件；

業主居民身分證、護照或者其他證明身分的合法證件原件及複印件；

業主一寸免冠照片2張；

住所、經營場所證明（產權證明或租賃合同）；

稅務機關要求提供的其他證件、資料；

企業、企業分支機構稅務登記需要提供的證件、資料；

「稅務登記表」一式兩份；

「稅務人稅種登記表」一式一份；

營業執照或其他核准執業證件及工商登記表或者其他核准執業登記表原件及複印件；

組織機構統一代碼證書原件及複印件；

法定代表人和董事會成員名單；

法定代表人（負責人）或戶主居民身分證、護照或者其他證明身分的合法證件原件及複印件；

有關合同、章程（分支機構須帶總公司章程）、協議書；

住所、經營場所證明（包括產權證和租賃協議）；

銀行帳號證明；

總機構稅務登記證副本（僅適用於分支機構稅務登記）；

稅務機關要求提供的其他證件、資料。

4. 注意事項

納稅人應自領取營業執照之日起 30 日內申請辦理稅務登記。

稅務登記證的工本費為 20 元每套。

納稅人開戶銀行帳戶，申請減稅、免稅、退稅，申請辦理延期申報、延期繳納稅款，領購發票，申請開具外出經營活動稅收管理證明，辦理停業、歇業等有關稅務事項時，必須持稅務登記證件副本。

納稅人未按規定期限申報辦理稅務登記的，由稅務機關責令限期改正，可以處 2,000 元以下的罰款；情節嚴重的，處 2,000 元以上 10,000 元以下的罰款。

納稅人不辦理稅務登記的，由稅務機關責令限期改正；逾期不改正的，經稅務機關提請，由工商行政管理機關吊銷其營業執照。

納稅人未按規定使用稅務登記證件，或者轉借、塗改、損壞、買賣、偽造稅務登記證件的，處 2,000 元以上 10,000 元以下的罰款；情節嚴重的，處 10,000 元以上 50,000 元以下的罰款。

第二節　仿真創業公司註冊

一、本實訓目的

虛擬仿真創業公司註冊流程，從而瞭解公司註冊流程圖。

二、實訓內容

學生根據教師介紹工商企業註冊基本情況，通過仿真企業的場地租賃、資金驗資、工商註冊、雕刻公司各類印章、取得組織機構代碼證書、稅務證、勞動社會保障辦理等事務，全面仿真創業公司註冊全過程。

三、實訓設備

本實訓使用的設備：虛擬仿真軟件創業之旅一套，局域網相連接的電腦、投影儀一部。

四、虛擬仿真創設公司基本步驟

以北京主要街景為模擬場景，主要採用 FLASH 動畫方式、3D、交互第一人稱真實地模擬展示公司工商註冊流程，以直升機導航，鼠標劃過以 FLASH 畫軸方式展開提示。

領取畢業證和介紹信—名稱審核—租賃場地—公司章程—銀行註資—驗資報告—

工商登記—申請刻章—質量監督—銀行開戶—稅務登記—社會保險—頒發營業執照、稅務登記證、組織機構代碼證、社會保險登記證、銀行開戶許可證、公司印章—公司成立。

獲取上述各種證件完整、逼真，整個模擬場景以直升機導航，並配有音樂，各個環節的辦公設置與現實吻合。系統在創業實戰環節中加入業創大學、天使風投公司、人才市場的環節。

創業全景（圖7-2）：

圖7-2

培訓中心（圖7-3）：

圖7-3

創業培訓畢業證及介紹信（圖 7-4）：

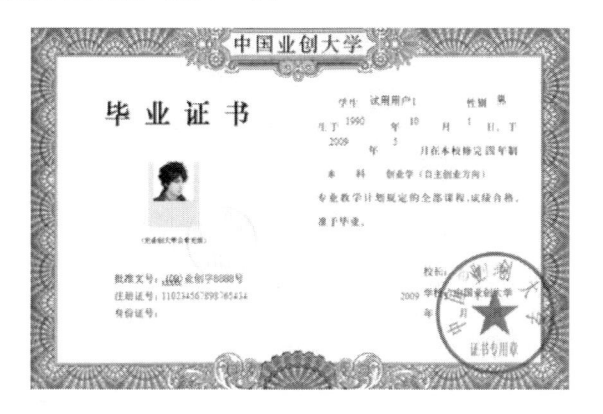

圖 7-4

物業大廈場景（圖 7-5）：

圖 7-5

175

租賃辦公場所（圖 7-6）：

圖 7-6

（一）公司名稱登記

確定公司的名稱，在主場景點擊「工商行政管理局」入口，進入工商局內部。會看到辦事窗口有三個，點擊最左邊的窗口。根據彈出窗口提示，選擇「指定代表證明」，按要求填寫相關信息，並簽字。再選擇第一個菜單「名稱預先核准」，完成公司名稱預先審核申請書的信息填寫。全部填寫完整后提交，如填寫內容符合要求且公司名稱沒有和其他小組衝突，會提示申請成功，可以使用申請的名稱作為公司名稱。

工商註冊包括：領取畢業證和介紹信—名稱審核—租賃場地—公司章程—銀行註資—驗資報告—工商登記—申請刻章—質量監督—銀行開戶—稅務登記—社會保險—頒發營業執照、稅務登記證、組織機構代碼證、社會保險登記證、銀行開戶許可證、公司印章—公司成立（圖 7-7）。

圖 7-7

（二）撰寫公司章程

退出工商行政管理局回到主場景中，點擊進入創業大廈；或直接在下面的導航儀表盤上點擊「業創公司」，直接快速跳轉到公司場景，如圖7-8所示。點擊「會議室」，點擊菜單「公司章程」，完成公司章程的編寫，並在最後簽名確認。

（三）領取驗資報告

點擊「業創銀行」窗口，在彈出的窗口中點擊「股東資金存款」菜單，確認將股東資金存入銀行（圖7-8）。

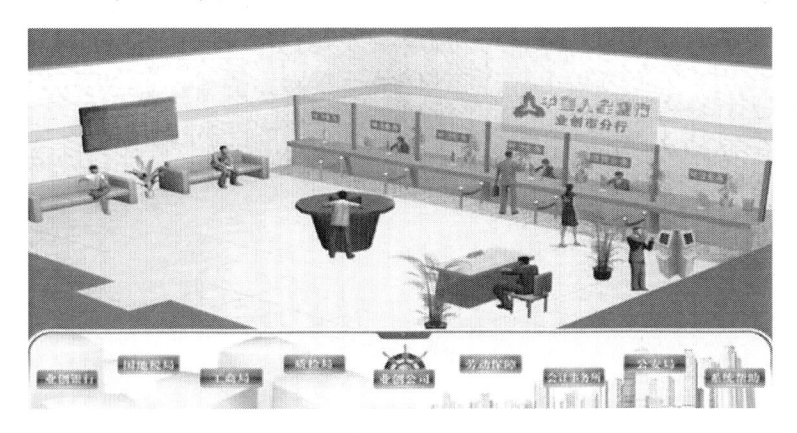

圖7-8

進入「會計師事務所」，點擊前臺位置，在彈出窗口中點擊「出具驗資報告」，完成公司註冊資金的驗資。

(四) 公司設立登記

退出公司回到主場景，點擊進入工商行政管理局；或直接在下面的導航儀表盤上點擊「工商」，進入工商局內部。

點擊「工商局」窗口，在彈出窗口中，依次點擊「指定代表證明」「董事經理情況」「公司股東名錄」「法定代表登記」「發起人確認書」，根據窗口提示信息完成相關內容填寫，注意輸入信息的正確性。全部完成後，最後點擊「公司設立申請」，注意辦理工商營業執照所需的各項材料是否都已準備好，如準備好會標誌「√」。按要求填寫完所有內容，點擊最後的簽字確認，點擊「辦理營業執照」菜單，領取已辦好的企業法人營業執照（圖 7-9）。

圖 7-9

(五) 刻制公司印章

進入「刻章店」，憑營業執照刻制公司章、財務章、法人章（圖 7-10）。

公章		业创市fefs有限公司公章
財務專用章		业创市fefs有限公司财务专用章
合同章		业创市fefs有限公司合同章
法人章		演示学生1印

圖 7-10

(六) 辦理機構代碼

進入「質檢局」，辦理公司組織機構代理證（圖7-11）。

圖7-11

(七) 辦理稅務登記

進入「國家稅務局」，點擊「國地稅局」窗口，按要求填寫相關信息，領取國稅登記證（圖7-12）。

圖 7-12

進入「地方稅務局」，點擊「國地稅局」窗口，按要求填寫相關信息，領取地稅登記證（圖7-13）。

圖 7-13

（八）開設公司帳戶

點擊「業創銀行」窗口，在彈出的窗口中點擊「開設銀行帳戶」菜單，開設公司銀行帳戶。

（九）辦理社會保險

進入「人力資源和社會保障局」，點擊「勞動保障」窗口，在彈出窗口中點擊「社會保險登記」，完成「用人單位社會保險登記表」的填寫。再點擊「社會保險開戶」，完成「企業社會保險開戶」登記表的填寫。至此，已完全完成公司工商稅務登記所有的流程工作，公司正式成立，可以開張營業了。接下來將進入到創業企業營運管理階段（圖7-14）。

圖 7-14

五、企業的特別許可

在我們國家對一些企業的經營項目是要一些特別申請才能開辦的。為了方便，我們列舉了一些常見的需要特別許可的項目：

(一) 項目不需要特別資質

1. 經行銷售類

針紡織品、百貨、日用雜品、五金交電、化工產品、土特產品、民用、工藝美術品、家具、計算機及外圍設備、金屬材料、機械電器設備、木材和橡膠製品、建築材料、裝修材料、辦公用品。

2. 技術開發類

技術開發、技術諮詢、技術轉讓、技術培訓、技術服務。

3. 諮詢服務類

信息諮詢、企業策劃和管理諮詢、裝飾設計、勞務服務、彩色擴印、翻譯、打字等。

(二) 項目需要專項審批的有

在企業經營管理中，國家規定了在相應的主管部門審批的，如表 7-2 所示：

表 7-2

經營項目	審批機關
食品、餐飲（生產、經營）	衛生檢疫部門、環保局
菸草製品（批發、零銷）	菸草專賣局
建築、裝修	建設委員會
道路運輸	交通運輸局、交通指揮部門

表7-2(續)

經營項目	審批機關
搬家公司	公安局、交管局
醫療機構	衛生局
旅行社	旅遊局
圖書、報刊、音像（批發、零銷）	新聞出版局、文化委員會
化肥、農藥、農具、種子	農業局
印刷	新聞出版局、公安局
特種行業（旅館、刻字、印章、物品寄存等）	公安局
婚介	民政局
幼兒園、學校	教育委員會
對外貿易	商務局（備案）
網吧	通信管理局、公安局
網站、網上論壇	通信管理局、新聞管理局
臺球、電子遊藝廳、棋牌室、歌廳、卡拉OK室	文化委員會、公安局
保險代理	保監會
基金代理	中國人民銀行、銀監會

需要向政府有關部門專項審批的業務範圍廣，隨著政府機構的改革和發展，審批的機關也會發生一些變化，可以在申請辦理相關手續時向工商行政管理機構查詢和瞭解。

(三) 前置審批和后置審批

政府主管部門在專項審批時，可以分為前置審批和后置審批。前置審批是指必須在申辦工商營業執照前完成的審批手續，后置審批是可以在辦理完工商營業執照後補辦的審批。

前置審批項目的經營登記程序：

向政府主管部門申辦特批的業務經營許可→申辦和完成工商稅務登記。

申請和完成工商稅務的初次登記→向政府主管部門申辦特批業務經營許可→向工商局申辦經營增項。

后置審批項目的經營登記程序：

申辦和完成工商稅務登記→在規定的期限內，向政府主管部門申請特批業務經營許可→完成工商局備案登記。

六、其他登記事宜

成立新的企業需要在政府部門辦理的其他登記手續：

統計登記：需要在領取營業執照后的 30 天內向當地統計局辦理統計登記。

社會保險登記：向當地人事勞動保障局的社保中心辦理。

如果是聘用會計公司為企業做稅務登記和每月的報稅工作，可以將統計登記和社保登記工作交由他們處理。

思考題：

請同學們思考以下行業申辦的要求：

網吧、服裝零售、圖書、音像、軟件、休閒娛樂場所、食品加工、養殖業、菸草零售、幼兒園、餐飲、連鎖超市、美容美髮店。

表 7-3　　　　　　　　　　經營許可登記要求

經營業務類別	可以申辦類型	經營審批機構	業務、行業審批機構	前置和后置審批	稅務登記要求	其他
網吧						
服裝零售						
圖書、音像、軟件						
休閒娛樂						
食品加工						
養殖業						
菸草零售						
幼兒園						
餐飲業						
連鎖超市						
美容美髮店						

附錄：重慶市微型企業創業扶持政策解讀

一、微型企業的定義

微型企業是一種企業雇員人數少、產權和經營權高度集中、產品服務種類單一、經營規模微小的企業組織，具有創業成本低、就業彈性空間大、成果見效快等特點。我市扶持發展的微型企業主要是指雇工（含投資者）20人以下、創業者投資金額50萬元及以下的企業。

二、微型企業創業扶持對象

微型企業創業扶持對象為國家政策聚集幫扶的「九類人群」，具體包括：

（一）大中專畢業生，指畢業未就業的全日制中專、高職、大專、本科、研究生等學歷層次的畢業生，以及取得職業技能等級證書和職業教育畢業證書的職教生（含本市集體戶口）。

（二）下崗失業人員，指持有「下崗證」或「職工失業證」的本市國有企業下崗失業人員、國有企業關閉破產需要安置的人員、城鎮集體企業下崗失業人員三類人員；持有「城鎮失業人員失業證」和「最低生活保障證明」的已享受城鎮居民最低生活保障且失業的本市城鎮其他登記失業人員。

（三）返鄉農民工，指在國家規定的勞動年齡內，在戶籍所在地之外從事務工經商1年以上，並持有相關外出務工經商證明的本市農村戶籍人員。

（四）「農轉非」人員，指因農村集體土地被政府依法徵收（用）進行了城鎮居民身分登記的本市居民。徵地時已作就業安置、戶籍關係已遷出本市的人員除外。

（五）三峽庫區移民，指在本市行政區劃內安置的長江三峽工程重慶庫區水淹移民和占地移民。

（六）殘疾人，指持有「中華人民共和國殘疾人證」和「中華人民共和國殘疾軍人證」，並具備創業能力的本市居民。

（七）城鄉退役士兵，指在本市行政區劃內，所有城鎮戶籍和農村戶籍的退役士官和義務兵。符合退役士兵安置條件，已安置工作的除外。

（八）文化創意人員，指從事文化藝術、動漫游戲、教育培訓、諮詢策劃及產品、廣告、時裝設計等的本市居民。

（九）信息技術人員，指從事互聯網服務、軟件開發、信息技術服務外包服務的本市居民。

三、申請享受微型企業創業扶持需具備的條件

申請享受微型企業創業扶持政策的創業者應具備下列條件：

（一）具有本市戶籍（含集體戶口）；

（二）屬於「九類人群」；

（三）具有創業能力；

（四）無在辦企業；

（五）屬於「九類人群」的申請人出資比例不低於全體投資人出資額的50%；

（六）其他應當具備的條件。

四、申請人需提交的材料

申請微型企業創業扶持的創業者，應當向居住地鄉鎮人民政府、街道辦事處提交以下材料：

（一）微型企業創業申請書；

（二）身分證明；

（三）戶口簿；

（四）居住證明；

（五）屬於「九類人群」的證明材料；

（六）其他需要提交的材料。

居住地與身分證明或戶口簿載明的住址一致的，申請人可不提交居住證明。

五、申請人是否必須進行創業培訓

各區縣（自治縣）微企辦收到工商所報送的申請審批資料後，應當對申請人組織開展微型企業創業培訓，已經接受創業培訓或具有相關創業知識的申請人可不參加。申請人有創業培訓經歷的，應在向工商行政管理機關提交申請書的同時，提交人力社保部門培訓證書等相關證明材料。

六、創業培訓的主要內容

微型企業創業培訓是政府提供的免費培訓。微型企業創業培訓以提高申請人創業能力為目的，開展政策解讀、項目選擇、擔保貸款、企業管理、市場行銷、合同簽訂及風險的規避、員工聘用與社會保障、工商稅務知識、創業實例分析、創業投資計劃書製作及答辯等培訓內容。培訓結束後培訓機構將出具結業鑒定意見。

七、創業審核的流程及時限

創業審核按照盡職審查和集中會審相結合的原則進行。申請人向擬創業所在區縣（自治縣）微企辦提交創業投資計劃書後，微企辦審核人員應在3個工作日內完成初審，並將初審意見提交由工商、財政、稅務、教育、人力社保、科技、金融、承貸銀行、擔保機構等部門和單位組成的審核小組集中會審。審核小組原則上10個工作日內會審1次，並審定財政資本金補助比例。

八、通過審核後，微型企業註冊登記的流程

（一）申請人通過企業名稱預先核准後，應在擬創業所在地的重慶農村商業銀行、重慶銀行、重慶三峽銀行等銀行中選擇一家開戶銀行以預先核准的企業名稱開設帳戶，並將投資資金存入該帳戶。

（二）申請人通過創業審核，且投資資金到位後，由區縣（自治縣）微企辦向同級財政部門申請資本金補助。財政部門按照微企辦審定的補助比例在5個工作日內將資本金補助資金轉入申請人開設的帳戶。

（三）創業者投資資金和財政補助資金到位後，區縣（自治縣）微企辦應當按照企業登記的相關規定，將相關資料轉到企業註冊登記辦理機構，5個工作日內辦完營業執照。

九、對微型企業有哪些扶持政策

（一）財政扶持政策。市級財政部門每年根據市微企辦確定的各區縣（自治縣）微型企業發展計劃，安排扶持微型企業發展資金預算，將補助資金切塊下達給各區縣（自治縣）財政部門。區縣（自治縣）財政部門對市級財政資金、區縣（自治縣）配套資金實行集中管理、統籌安排，並向申請人撥付資本金補助資金，補助比例控制在註冊資本金的50%以內。

（二）稅收扶持政策。從微型企業成立次年起，財政部門按企業上年實際繳納企業所得稅、營業稅、增值稅地方留存部分計算稅收優惠財政補貼，補貼總額以微型企業獲得的資本金補助資金等額為限。微型企業憑納稅證明和營業執照，向當地財政部門申請享受稅收扶持政策。

（三）融資擔保扶持政策。微型企業可在開戶銀行申請微型企業創業扶持貸款，用於借款人生產經營所需的流動資金或固定資產購置，貸款額度不超過投資者投資金額的50%，貸款利率按照中國人民銀行公布的同期貸款利率基準利率執行。微型企業創業扶持貸款期限為1~2年，並按有關規定享受財政貼息。微型企業申請創業扶持貸款，可由三峽擔保公司或各區縣（自治縣）政府指定的當地專業擔保公司提供擔保。

（四）行政規費減免政策。微型企業辦理證照、年檢、年審等手續，三年內免收行政性收費。

十、違反本《管理辦法》的有哪些懲處措施

有下列行為之一的，由區縣（自治縣）微企辦責令改正；情節嚴重的，由區縣（自治縣）微企辦撤銷申請人扶持資格，並由相關部門依法追究責任：

（一）不按投資計劃書使用資本金補助資金的；
（二）採用欺騙手段取得被扶持資格的；
（三）出租、出借被扶持資格的；
（四）虛假出資、虛報註冊資本、抽逃註冊資本的；
（五）其他違法違規行為。

工商、財政、稅務、人力社保、金融等部門和單位在各自職責範圍內依法對微型企業資金用途、開業狀況、關閉註銷、雇工情況等實行全過程監管，嚴厲查處套取、抽逃、轉移資金和資產的行為。涉嫌犯罪的，移交司法機關依法追究刑事責任。

申請人惡意騙取、套取、挪用資本金補助資金等違法行為記入企業徵信系統或個人徵信系統。相關行政機關、金融機構依據不良信用記錄，在銀行信貸、行政許可、政策扶持等工作中依法對違法當事人採取禁止或限制措施。

十一、公眾關注的熱點問題解答

1. 從外地來重慶讀書的大中專畢業生可不可以享受微型企業扶持政策？

答：從外地來重慶讀書的大中專畢業生，只要其戶口（包括集體戶口）還在重慶，就可以申請享受微型企業創業扶持政策。從重慶到外地讀書的大中專畢業生，只要戶口遷回重慶，也可以申請享受微型企業創業扶持政策。

2. 創業者要經過哪些環節才能享受到扶持政策？

答：創業者要經過四個主要環節：一是創業申請環節。主要由鄉鎮或街道、工商所對申請者條件進行審查。二是創業培訓環節。由培訓機構對申請人進行創業知識的培訓，提高創業者的創業能力。三是創業審核環節。由相關市級部門組成的審核小組對申請人的創業投資計劃書進行集中會審。四是註冊登記環節。申請人通過創業審核，且投資資金到位後，由微企辦向財政部門申請資本金補助。資本金補助資金到位後，企業就可以完成註冊登記，享受稅收和融資擔保等相關扶持政策。

3. 創業審核主要審查哪些內容？

答：創業審核主要審查以下內容：培訓機構結業鑒定意見；擬創辦企業及申請創業者自身基本情況；擬生產產品或提供服務情況；擬創辦企業的人員及組織結構；市場預測、行銷策略；擬生產產品或提供服務的生產管理計劃；資本金補助資金使用計劃等財務規劃；註冊登記應當提交的相關材料；創業投融資計劃等相關內容。

4. 不具備抵押或擔保條件的微型企業，可否申請享受微型企業貸款的扶持政策？

答：不具備抵押或擔保條件的微型企業，可由三峽擔保公司為微型企業貸款提供擔保。各區縣（自治縣）政府指定當地專業擔保公司為微型企業提供擔保的，由三峽擔保公司為其提供再擔保。擔保公司按現行擔保貸款管理辦法的最低標準且不高於擔保額的2%收取擔保費。

5. 已有的微型企業能不能享受扶持政策？

答：微型企業創業扶持政策主要是鼓勵創業，因此，已有的微型企業不能享受相關扶持政策，而且新創業的申請人也只能享受一次微型企業扶持政策。

十二、相關政策的查閱途徑

可以登錄「重慶紅盾網」（http://jgs.cq.gov.cn）查詢微型企業創業扶持相關政策。如有問題和疑問，可撥打當地工商部門公開諮詢電話。

重慶市微型企業創業申請書

姓名		性別		學歷	
證件名稱		證件號碼			
戶口所在地				移動電話	
現居住地				家庭電話	
人員類別	□大中專畢業生　□下崗失業人員　□返鄉農民工　□「農轉非」人員 □三峽庫區移民　□殘疾人　□城鄉退役士兵　□文化創意人員 □信息技術人員				
人員類別 證件名稱		人員類別 證件號碼			
創業培訓經歷					
擬經營場所					
擬創業項目					
組織形式	□有限責任公司		□個人獨資企業		□合夥企業
企業投資金額		申請人 出資金額		申請人 出資比例	

其他投資人姓名	證件名稱	證件號碼	出資金額	出資比例	是否屬於「九類人群」

本人提交材料真實有效，謹此對真實性承擔責。

申請人簽字：
　　　　　　　　　　　　　　　年　　月　　日

註：1. 申請書中「人員類別」只能選取 1 項。2. 如其他投資人中有屬於「九類人群」的投資人，該投資人應提交屬於「九類人群」的證明材料。3. 申請人有創業培訓經歷的，應在向工商行政管理機關提交申請書的同時，提交人力社保部門培訓證書、經濟管理類學歷證書等相關證明材料。

表（續）

鄉鎮、街道 意見	負責人： 年　月　日
工商所 意見	負責人： 年　月　日
審核人員 初審意見	負責人： 年　月　日
審核小組 審核意見	負責人： 年　月　日

思考與討論

1. 建新企業會涉及哪些法律法規？
2. 哪些行業涉及前置審批？些行業涉及后置審批？哪些行業不用審批？
3. 企業工商註冊涉及哪些部門？
4. 簡述工商註冊的基本流程。
5. 撰寫一份創業公司成立的章程。

第三篇
虛擬仿真創業企業經營管理篇

虛擬市場資源，仿真市場行為。讓學生在實訓中扮演企業營運的各種角色，配置虛擬的人、財、物資源，仿真經營場地設施、管理、服務等軟硬件環境條件，學習按照市場運行的自身規律配置資源、發展經濟、治理區域、管理營運、創業經營企業等全過程演練，以提升創業者領導力、分析力和決策力。

第八章　創業虛擬仿真企業經營管理競技

　　小王滿懷信心準備投入市場環境中進行創業實踐，來向導師辭別。導師問小王：你的企業經營能力如何？決策是否科學？管理是否規範？能否編製財務報表？風險控制是否到位？小王無言以對。於是，導師帶他到虛擬仿真市場競技中，讓他感受市場。

　　虛擬市場資源，仿真市場行為，按照國家經濟政策和微觀經濟活動設置一系列虛擬市場的參數，讓創業者在此環境中仿真博弈，瞭解市場需求、廠房的租賃與設備購買、原料採購與運輸、產品研發與製造、人員招聘與管理、資金籌措、財務報表編製、經營風險控制等經營決策，從而讓創業者在準備創業前有一個知識和能力的儲備。

第一節　創業企業經營基礎

　　企業一旦運轉起來，你每天的工作就會非常繁重。在這一步裡，你要瞭解一個優秀的業主怎樣處理好日常的企業管理工作。然而，如何管好一個企業遠比書上說的要複雜得多。一個好的業主每天都要學習新東西。

一、企業的日常活動

　　由於企業的類型不同，它們的日常業務活動也有差異。例如：零售商店的日常工作主要是銷售、採購存貨、記帳和管好店員。服務行業的日常工作是招攬生意，完成服務任務。管理職工，使他們的工作保質保量，有成效。除此之外，你還要採購材料，控制成本和為新業務定價。

　　製造企業的日常業務要複雜得多，你要接訂單，核實自己的生產能力，安排車間生產。這意味著你要購進原材料，調配好工廠的設備，監控工人的工作質量，控制成本，銷售產品等。不論企業屬於哪種類型，以下工作都必不可少。

（一）監督管理員工

　　記住：你的企業的成功是由所有員工的整體業績帶來的。如果員工的技能不足、積極性不高、配合不當，即便你有一個好的企業構思，最終也無法成功。所以要非常重視對員工的培訓和激勵。

　　第一，要建立團隊意識，因為大多數員工喜歡大家配合工作。如果任務下達到團

隊，任務一旦完成，每個成員都會受到鼓舞。這種方法的主要好處在於，提高員工的工作積極性——他們能體會到集體的成績裡有他們各自的一份貢獻。提高工作質量標準——團隊成員共同配合解決質量問題。提高生產效率——集體工作比單干更能使員工各展其長。

第二，重視培訓員工，這是企業成功的重要因素。雖然組織培訓要花錢，但好處卻很多；員工能學到新的、更有效的工作方法。員工能覺得你關心他們，滿意他們的工作。

第三，重視員工的安全。如果員工離去了，你還得招聘和培訓新人，所以要保護你的員工，防止他們發生工傷事故。作為企業主，你要對由於安全措施不夠引起的傷殘和疾病負責任。安全措施不只意味著避免工傷事故，還包括改善不良工作條件，例如降低噪聲、提高照明度、消除有害液體和氣體等。

國家規定了職業安全與衛生的最低要求，如果企業違規，不僅給別人帶來傷殘的痛苦，而且還要承擔發放撫恤金的負擔。所以，關心員工的安全，不僅有利於員工的積極性和健康，而且還會降低你的企業的費用。

(二) 採購存貨、原材料或服務

所有的企業都買進賣出。零售商從批發商處買來商品，然后賣給顧客。批發商從製造商處進貨賣給零售商。製造商從不同渠道採購原材料制成產品賣給顧客。服務行業的經營者買來設備和材料，然后出售他們的服務。慎重地採購原材料和選擇服務可以降低成本並提高利潤。

(三) 生產管理

生產監控是製造行業和服務行業的一項日常工作，通常要做以下決策：生產什麼？何處生產？何時生產？如何生產？生產數量？生產質量？

這些工作的目的就是合理組織你的企業，為顧客提供保質保量的產品。

(四) 為顧客服務

促銷是使那些現有的和潛在的顧客瞭解你的產品。以下是常見的促銷手段：
- ·在報紙或雜誌上做廣告。
- ·散發傳單或小冊子。
- ·利用廣播和電視做廣告。
- ·在櫥窗和公共場所掛廣告招牌。

記住：如果沒有顧客，任何企業都無法生存下去。

(五) 掌握和控制成本

作為企業主，你要徹底瞭解生產成本或進貨成本，這有助於你制定價格，賺取利潤，為此，把成本維持在最低限度對你來說是很關鍵的。

這方面的信息來自於你的財務會計系統。即使是最簡單的財務記錄，也會為你提供計算企業成本的依據。企業成本是企業資金支出的根源，因此，合理控制成本能提高企業的利潤。

(六）制定價格

你要為你的產品或服務制定合適的價格，使你的產品或服務既能產生利潤，又具有相當的競爭力。你要明白，只有銷售收入大於產品或服務的成本，才會有利潤。因此，制定價格之前，你必須先摸清成本，否則你無從知道企業是在盈利還是在虧本。

(七）業務記錄

作為企業主，你必須知道企業經營的狀況。如果經營遇到困難，通過分析你的業務記錄可以發現問題所在。如果企業運轉良好，你也能利用這些記錄進一步瞭解企業的優勢所在，使你的企業更具競爭力。做好業務記錄能幫助企業主做出有力的經營決策。

搞好業務記錄還有助於以下工作的開展：控制現金，控制賒帳，隨時瞭解你的負債情況，控制庫存量，瞭解員工動態，掌握固定資產狀況，瞭解企業的經營情況，上繳稅款，制訂計劃。

大多數微小企業為節省開支而不請專職會計，所以，為了掌握現金流量而自己學習簡單的記帳辦法。雖然不同企業的記帳方式有所差別，但一般都包括以下內容：收入的資金，支出的資金，債權人，資產和庫存，員工。

(八）組織辦公室的工作

辦公室是你的信息中心。因此，辦公室組織和領導得好與壞對企業也會產生影響。你需要購買辦公設備、辦公文具，需要設立一個接待顧客和來訪者的場所。

辦公室是你的工作場所，你搞好管理所需的辦公用品都要備齊。

創業計劃培訓為你開辦企業奠定了堅實的基礎，但要經營好一個企業，你還要不斷提高自己的管理能力。經營企業的課題更複雜，要學的東西更多。要想成功，你必須不斷學習，改善經營。隨著你經營管理能力的提高，你的企業也就更具成功和盈利的希望。將你的創業構想結合創業計劃培訓知識形成創業計劃書，能更詳盡地展示出你的創業信息。

二、創業仿真經營決策

(一）虛擬仿真

虛擬仿真，虛擬仿真又稱虛擬現實技術或模擬技術，就是用一個虛擬的系統模仿另一個真實系統的技術。由於計算機技術的發展，仿真技術逐步自成體系，成為繼數學推理、科學實驗之後人類認識自然界客觀規律的第三類基本方法，而且正在發展成為人類認識、改造和創造客觀世界的一項通用性、戰略性技術。虛擬仿真（virtual reality）：仿真（simulation）技術，或稱為模擬技術，就是用一個系統模仿另一個真實系統的技術。虛擬仿真實際上是一種可創建和體驗虛擬世界（virtual world）的計算機系統。此種虛擬世界由計算機生成，可以是現實世界的再現，亦可以是構想中的世界，用戶可借助視覺、聽覺及觸覺等多種傳感通道與虛擬世界進行自然的交互。

(二) 創業虛擬仿真經營決策

　　創業虛擬仿真經營決策是指在學校控制的狀態下，按照人才培養規律與目標，對學生進行職業技術應用能力訓練的教學過程。虛擬市場資源，仿真市場行為。讓學生在實訓中扮演企業營運的各種角色，配置虛擬的人、財、物資源，仿真經營場地設施、管理、服務等軟硬件環境條件，學習按照市場運行的自身規律配置資源、發展經濟、治理區域、管理營運、創業經營企業等全過程演練；以提升創業者領導力、分析力和決策力。實訓的最終目的是全面提高學生的綜合素質。經濟管理創業實訓教學，是學生經濟管理方面專業能力、創新思維、綜合技能等方面的綜合能力與創業教育過程相結合，運用現代信息技術和實驗手段，通過演示、模擬研究對象、仿真環境、綜合相關知識、創意設計方案的單一或全部的過程；是將經濟管理類專業知識在創業過程中的應用；是經濟現象和社會表象的一種模擬或重現，通過這種重現認識和瞭解客觀事物，從而發現問題。從感性知識逐步上升到理性知識，通過認識客體的自我理解和融合，形成具有自己的新的知識；反應在實訓中就是創業業績盈虧體現。

第二節　創業仿真企業經營決策競技實訓

一、實訓目的和任務

　　通過團隊分工，組建公司，公司命名，分配職責、市場分析，針對目標客戶設計產品，制訂戰略，討論並制訂企業經營戰略與經營目標，投資廠房與生產線，投資產品與市場開發，編製預算。透過各種經營數據理解創業機會與創業的複雜性，創業者、創業團隊與創業投資者的能力與實力的有限性，以及瞭解到什麼是主導創業失敗的主要風險因素，進而培養學生經營管理和決策創新能力。

二、實訓內容

　　1. 團隊分工，組建公司，公司命名，分配職責、市場分析，分析市場研究報告、客戶需求、目標市場，針對目標客戶設計產品，制訂戰略，討論並制訂企業經營戰略與經營目標，投資廠房與生產線，投資產品與市場開發，編製預算。培養學生的管理能力。

　　2. 制訂行銷策略，熟悉規則，測試市場，分析競爭對手經營策略，完成目標群體的產品設計，安排生產計劃，生產產品，拓展行銷網路，建設銷售渠道，培養學生的經營能力。

　　3. 重新審視市場測試的行銷，審閱針對各目標群體的產品市場，調整定價策略與廣告宣傳策略，掌握調整行銷網路建設與市場開發，調整產品生產計劃，本季度主要讓學生學習如何避免資金鏈斷裂、公司持有多少現金合適以及學習常用的績效分析財務指標。

三、實訓設備

仿真軟件一套，局域網相連接的電腦，投影儀一部。

四、實訓基本步驟

(一) 虛擬仿真創業企業經營管理競技規則

1. 企業基本情況

你們即將開始經營一家小型的創業公司。在這個市場環境中，你們將有 N 家企業在市場上展開激烈的競爭。每家企業在成立之初，都擁有一筆 60 萬元的創業資金，用於展開各自的經營，創業團隊成員分別擔任這家企業的不同管理角色，包括總經理、財務總監、行銷總監、生產總監等崗位，承擔相關的管理工作，通過對市場環境與背景資料的分析討論，完成企業營運過程中的各項決策，包括戰略規劃、品牌設計、新品研發、行銷策略、市場開發、人員招聘、採購計劃、生產規劃、融資策略、成本控制、財務分析等。通過團隊成員的努力，使公司實現既定的戰略目標，並在所有公司中脫穎而出。

2. 虛擬仿真競技規則

(1) 基本數據 (表 8-1)

表 8-1

項目	當前值	說明
公司初始現金	600,000.00 元	正式經營開始之前每家公司獲得的註冊資金（實收資本）
公司註冊設立費用	3,000.00 元	公司設立開辦過程中所發生的所有相關的費用。該筆費用在第一季度初自動扣除
辦公室租金	10,000.00 元	公司租賃辦公場地的費用，每季度初自動扣除當季的租金
所得稅率	25.00%	企業經營當季如果有利潤，按該稅率在下季初繳納所得稅
營業稅率	5.00%	根據企業營業外收入總額，按該稅率繳納營業稅
增值稅率	17.00%	按該稅率計算企業在採購商品時所支付的增值稅款，即進項稅，以及企業銷售商品所收取的增值稅款，即銷項稅額
城建稅率	7.00%	根據企業應繳納的增值稅、營業稅，按該稅率繳納城市建設維護稅
教育附加稅率	3.00%	根據企業應繳納的增值稅、營業稅，按該稅率繳納教育附加稅
地方教育附加稅率	2.00%	根據企業應繳納的增值稅、營業稅，按該稅率繳納地方教育附加稅
行政管理費	1,000.00 元/人	公司每季度營運的行政管理費用，按招聘的人員數目計算
小組人員工資	10,000.00 元/組	小組管理團隊所有人員的季度工資，不分人數多少
養老保險比率	20.00%	根據工資總額按該比率繳納養老保險費用

表8-1(續)

項目	當前值	說明
失業保險比率	2.00%	根據工資總額按該比率繳納失業保險費用
工傷保險比率	0.50%	根據工資總額按該比率繳納工傷保險費用
生育保險比率	0.60%	根據工資總額按該比率繳納生育保險費用
醫療保險比率	11.50%	根據工資總額按該比率繳納醫療保險費用
未簽訂勞動罰款	2,000.00元/人	入職後沒有給員工簽訂勞動合同的情況下按該金額繳納罰款
普通借款利率	5.00%	正常向銀行申請借款的利率
普通借款還款週期(季度)	3	普通借款還款週期
緊急借款利率	20.00%	公司資金鏈斷裂時,系統會自動給公司申請緊急借款時的利率
緊急借款還款週期(季度)	3	緊急借款還款週期
同期最大借款授信額度	200,000.00元	同一個週期內,普通借款允許的最大借款金額
一帳期應收帳款貼現率	3.00%	在一個季度內到期的應收帳款貼現率
二帳期應收帳款貼現率	6.00%	在二個季度內到期的應收帳款貼現率
三帳期應收帳款貼現率	8.00%	在三個季度內到期的應收帳款貼現率
四帳期應收帳款貼現率	10.00%	在四個季度內到期的應收帳款貼現率
公司產品上限	6個	每個公司最多能設計研發的產品類別數量
廠房折舊率	2.00%	每季度按該折舊率對購買的廠房原值計提折舊
設備折舊率	5.00%	每季度按該折舊率對購買的設備原值計提折舊
未交付訂單的罰金比率	30.00%	未按訂單額及時交付的訂單,按該比率對未交付的部分繳納處罰金,訂單違約金=(該訂單最高限價×未交付訂單數量)×該比例
產品設計費用	30,000.00元	產品設計修改的費用
產品研發每期投入	20,000.00元	產品研發每期投入的資金
廣告累計影響時間	3季度	投入廣告後能夠對訂單分配進行影響的時間
緊急貸款扣分	5.00分/次	出現緊急貸款時,綜合分值扣除分數/次
每個產品改造加工費	2.00元	訂單交易時,原始訂單報價產品與買方接受訂單的產品之間功能差異的改造的加工費。單個產品改造費=買方產品比賣方產品少的原料配製無折扣價之和+差異數量×產品改造加工費

表8-1(續)

項目	當前值	說明
每期廣告最低投入	1,000.00元	每期廣告最低投入，小於該數額將不允許投入
訂單報價，最低價比例	60.00%	訂單報價，最低價比例。最低價 = 上季度同一市場同一渠道同一消費群體所有報價產品平均數 × 該比例

（2）消費群體

①客戶類型

每個公司在這個行業都將面對品質型客戶、經濟型客戶、實惠型客戶三類需求各異的消費群體。公司可以根據自己的實際情況來決定設計與生產針對哪類消費群體的產品。

表 8-2　　　　　　　　　　　　　品質型客戶

消費群體	品質型客戶	
	預算價格	150.00 元/件
	關注重點	（圖：產品品牌、產品價格、產品口碑、產品銷售、產品功能）
	功能需求	他們喜歡商品具有高檔的包裝、時尚的外觀，富有質感，做工細膩，他們要求產品具有舒適的手感，高貴美觀的外觀，同時要便於洗滌，他們追求高質量生活，希望自己所購買的商品選用的是天然材料。

表 8-3　　　　　　　　　　　　　經濟型客戶

消費群體	經濟型客戶	
	預算價格	120.00 元/件
	關注重點	（圖：產品品牌、產品價格、產品口碑、產品銷售、產品功能）
	功能需求	這類用戶追求經濟、實用的外觀包裝，但又不希望毫無檔次，但過於昂貴精美的外包裝又容易讓他們感覺太奢華。他們不喜歡過於低端的面料，願意選用面料講究的產品，並且還希望是便於洗滌的。他們對填充物的要求並不是想像的那麼高，方便易洗即可。

表 8-4　　　　　　　　　　　　　實惠型客戶

消費群體	實惠型客戶	
	預算價格	90.00 元/件
	關注重點	（產品品牌、產品價格、產品口碑、產品銷售、產品功能）
	功能需求	他們精打細算，希望花最少的錢，買到自己心愛的商品。他們中意經濟適用的面料，並不希望讓物品看起來毫無檔次，對產品的內部填充物並不講究，追求實用大眾原則。

②消費者評價產品的因素

不同消費群體對產品的關注與側重點是有差異的。消費者主要從五個角度來挑選和評價產品，在五項因素中，占的比重越大，消費者對此項因素越關注，此項因素越貼近消費者，將對消費者是否購買產生越大的影響。五項因素綜合來看越適合消費者需求的產品，將會越贏得消費者的青睞，購買的數量也會越多（表 8-5）。

表 8-5

關注因素	說明
產品價格	產品價格是指公司銷售產品時所報價格，與競爭對手相比，價格越低越能獲得消費者的認可
產品功能	產品功能主要指每個公司設計新產品時選定的功能配置表（BOM 表），與競爭對手相比，產品的功能越符合消費者的功能訴求就越能得到消費者的認可
產品品牌	產品品牌由公司市場部門在產品上所投入的累計宣傳廣告多少決定，與競爭對手相比，累計投入廣告越多，產品品牌知名度就越高，越能獲得消費者的認可
產品口碑	產品口碑是指該產品的歷史銷售情況，與競爭對手相比，產品累計銷售的數量、產品訂單交付完成率越高，消費者對產品的認可就越高
產品銷售	產品銷售是指公司當前銷售產品所具備的總銷售能力，與競爭對手相比，總銷售能力越高，獲得消費者的認可也越高

（3）產品研發

①品牌設計

不同消費群體具有不同的產品功能訴求，為了產品獲得更多的青睞，每個公司需要根據這些功能訴求設計新產品。同時產品設計也將決定新產品的直接原料成本高低，另外也將決定新產品在具體研發過程中的研發難度。

構成玩具產品的物料組合清單（BOM）如表 8-6 所示。

表 8-6

產品類別	物料名稱	物料數量
玩具	包裝材料	1，必選
	面料	1，必選
	填充物	1，必選
	輔件	0 或 1 或 2，可選

對於已經開始研發或研發完成的產品，其設計是不可更改的，每完成一個新產品設計需立即支付 30,000.00 元設計費用，每個公司在經營期間最多可以累計設計 6 個產品。我們可以在公司的研發部完成新產品的設計。

②產品研發

對於完成設計的新產品，產品研發的職責主要是對其開展攻關、開發、測試等各項工作，每個完成設計的產品每期的研發費用是 20,000.00 元，不同的產品由於設計差異導致產品研發所需的時間週期並不相同，所以所需的總研發費用也將不同。我們可以在公司的研發部完成新產品的研發。

(4) 生產製造

①廠房購置

不同類型廠房的參數（表 8-7）：

表 8-7

廠房類型	容納生產線（條）	購買價（元/條）	租金（元/季）	季折舊率（%）
大型廠房	6	100,000	7,000	2
中型廠房	4	80,000	5,000	2
小型廠房	2	60,000	3,000	2

容納生產線：每個廠房內最多可以放置的生產設備數量，設備不分類型。

購買價：廠房可以選擇租用或購買，購買一個廠房時需要立即支付的現金。

租用價：對於租用的廠房，每季季末將自動支付相應的租金。

季折舊率：購買的廠房，每季度末按該折舊率計提折舊。

租用的廠房可以退租，退租前必須先將廠房內的所有設備賣掉，才能退租該廠房。退租當季度不再需要支付廠房租金。

購買的廠房可以出售，出售前必須先將廠房內的所有設備賣掉，才能出售該廠房。出售當季要計提廠房折舊，出售後立即按該廠房淨值返回現金。

②設備購置

柔性線生產設備（表 8-8）：

表 8-8　　　　　　　　　　　　　　　　　　　　　　　　　　　　　　　單位：元

設備類型	柔性線	購買價格	120,000	設備產能	2000
		成品率	90%	混合投料	是
		安裝週期	1	生產週期	0
		單件加工費	2	工人上限	4
		維護費用	3,000	升級費用	1,000
		升級週期	1	升級提升	1%
		搬遷週期	1	搬遷費用	3,000

自動線生產設備（表 8-9）：

表 8-9　　　　　　　　　　　　　　　　　　　　　　　　　　　　　　　單位：元

設備類型	自動線	購買價格	80,000	設備產能	1500
		成品率	80%	混合投料	否
		安裝週期	1	生產週期	0
		單件加工費	3	工人上限	3
		維護費用	2,500	升級費用	1,000
		升級週期	1	升級提升	2%
		搬遷週期	0	搬遷費用	2,000

手工線生產設備（表 8-10）：

表 8-10　　　　　　　　　　　　　　　　　　　　　　　　　　　　　　單位：元

設備類型	手工線	購買價格	40,000	設備產能	1,000
		成品率	70%	混合投料	否
		安裝週期	0	生產週期	0
		單件加工費	4	工人上限	2
		維護費用	2,000	升級費用	1,000
		升級週期	1	升級提升	3%
		搬遷週期	0	搬遷費用	1,000

　　購買價格：生產設備只能購買，購買時需要立即支付的現金；生產設備可以出售，要出售的生產設備上沒有在製品的情況下才允許出售，出售的生產設備將以設備淨值在期末回收現金。

　　設備產能：生產設備在同一生產週期內最多能投入生產的產品數量。

　　成品率：產品在生產過程中可能會產生一些報廢的次品，實際生產的成品由成品率來決定，報廢的次品的原料成本將會分攤到成品上。

　　混合投料：生產設備在同一生產週期內是否允許同時生產多種產品。

　　安裝週期：生產設備自購買當期開始到設備安裝完成所需的時間。

　　生產週期：原料投入到生產設備上直到產品下線所需的生產時間。

單件加工費：加工每一件成品所需投入的輔料等加工費用。

工人上限：每條生產設備允許配置的最大工人數，設備產能、成品率、線上工人總生產能力三個因素決定了一條生產線的實際產能。

維護費用：每條生產設備每期所需花費的維護成本，該費用從設備買入的下一期開始在期末自動扣除。

升級費用：對生產線進行一次設備升級所需花費的費用，該費用在升級時即自動扣除，每條生產線在同一個升級週期內只允許進行一次升級。

升級週期：完成一次設備升級所需的時間週期。

升級提升：設備完成一次升級后，設備產能將在原有產能基礎上提升的百分比。升級后設備產能＝升級前設備產能×（1+升級提升率）。

搬遷週期：設備從一個廠房搬遷到另一個廠房所需花費的時間。

搬遷費用：設備從一個廠房搬遷到另一個廠房所需花費的費用，該費用在搬遷當時即自動扣除。

③工人招聘

生產工人的參數表（表8-11）：

表8-11　　　　　　　　　　　　　　　　　　　　　　　　　　　　　　　　　單位：元

工人類型	普通生產工人			
	生產能力	450	招聘費用	500
	季度工資	3,000	試用期	1
	培訓費用	300	培訓提升	3%
	辭退補償	300		

公司可以在交易市場的人才市場內招聘到不同能力層次的生產工人。

生產能力：工人在一個生產週期內所具有的最大生產能力。

招聘費用：招聘一個工人所需花費的招聘費用，該筆費用在招聘時即自動扣除。

季度工資：支付給工人的工資，每期期末自動支付。

試用期：招聘后試用的時間，人力資源部需在試用期內與工人簽訂合同，否則試用期滿后工人將自動離職。

培訓費用：每次培訓一個工人所需花費的費用，每個工人每個經營週期最多只能做一次培訓。工人培訓由生產製造部提出，遞交到人力資源部后實施，培訓費用在實施時支付。

培訓提升：工人完成一次培訓后，生產能力將在原有能力的基礎上提升的百分比。培訓后生產能力＝培訓前生產能力×(1+培訓提升)

辭退補償：試用期內辭退工人無需支付辭退補償金，試用期滿並正式簽訂合同后需支付辭退補償金，一般在每期期末實際辭退工人時即時支付。

④原料採購

在本市場環境中，消費者需要購買的玩具產品主要由三大類原材料構成，每個大類原料又包括三個小類原料，共九種原料。下表列出了各類原料的主要參數情況（表8-12）。

表 8-12

原料大類	包裝材料			原料名稱	玻璃包裝		
到貨週期	0			到貨週期	0		
原料特性	簡單，實用，容易起皺，易破損						
價格走勢（元）	1季度 2.0, 2季度 1.8, 3季度 2.0, 4季度 2.1（玻璃包裝）						
價格折扣	採購量(件)	0~200	折扣	0%	採購量(件)	0~200	折扣	0%
	採購量(件)	201~500	折扣	5%	採購量(件)	501~1,000	折扣	10%
	採購量(件)	1,001~1,500	折扣	15%	採購量(件)	1,501~2,000	折扣	20%
	採購量(件)	2,001 以上	折扣	25%				

原料大類	包裝材料			原料名稱	紙質包裝		
到貨週期	0			到貨週期	1		
原料特性	經濟，美觀，略顯檔次						
價格走勢（元）	1季度 4.0, 2季度 4.2, 3季度 4.5, 4季度 4.3（紙製包裝）						
價格折扣	採購量(件)	0~200	折扣	0%	採購量(件)	0~200	折扣	0%
	採購量(件)	201~500	折扣	5%	採購量(件)	501~1,000	折扣	10%
	採購量(件)	1,001~1,500	折扣	15%	採購量(件)	1,501~2,000	折扣	20%
	採購量(件)	2,001 以上	折扣	25%				

原料大類	包裝材料			原料名稱	金屬包裝		
到貨週期	1			到貨週期	1		
原料特性	高檔，時尚，富有質感，做工細膩						
價格走勢（元）	1季度 6.0, 2季度 6.2, 3季度 6.5, 4季度 5.6（金屬包裝）						
價格折扣	採購量(件)	0~200	折扣	0%	採購量(件)	0~200	折扣	0%
	採購量(件)	201~500	折扣	5%	採購量(件)	501~1,000	折扣	10%
	採購量(件)	1,001~1,500	折扣	15%	採購量(件)	1,501~2,000	折扣	20%
	採購量(件)	2,001 以上	折扣	25%				

表8-12(續)

原料大類	面料			原料名稱	短平絨		
到貨週期	0			到貨週期	1		
原料特性	手感柔軟且彈性好、光澤柔和，表面不易起皺，保暖性好						
價格走勢（元）	（折線圖：1季度10、2季度11、3季度11、4季度12 短平絨）						
價格折扣	採購量(件)	0~200	折扣	0%	採購量(件)	0~200	折扣	0%
	採購量(件)	201~500	折扣	5%	採購量(件)	501~1,000	折扣	10%
	採購量(件)	1,001~1,500	折扣	15%	採購量(件)	1,501~2,000	折扣	20%
	採購量(件)	2,001 以上	折扣	25%				

原料大類	面料			原料名稱	松針絨		
到貨週期	0			到貨週期	0		
原料特性	經濟適用，高雅富貴，立體感強						
價格走勢（元）	（折線圖：1季度15、2季度17、3季度16、4季度18 鬆針絨）						
價格折扣	採購量(件)	0~200	折扣	0%	採購量(件)	0~200	折扣	0%
	採購量(件)	201~500	折扣	5%	採購量(件)	501~1,000	折扣	10%
	採購量(件)	1,001~1,500	折扣	15%	採購量(件)	1,501~2,000	折扣	20%
	採購量(件)	2,001 以上	折扣	25%				

原料大類	面料			原料名稱	玫瑰絨		
到貨週期	0			到貨週期	1		
原料特性	手感舒適、美觀高貴、便於洗滌，還具有很好的保暖性						
價格走勢（元）	（折線圖：1季度20、2季度21、3季度22、4季度21 玫瑰絨）						
價格折扣	採購量(件)	0~200	折扣	0%	採購量(件)	0~200	折扣	0%
	採購量(件)	201~500	折扣	5%	採購量(件)	501~1,000	折扣	10%
	採購量(件)	1,001~1,500	折扣	15%	採購量(件)	1,501~2,000	折扣	20%
	採購量(件)	2,001 以上	折扣	25%				

表8-12(續)

原料大類	填充物			原料名稱	PP 棉		
到貨週期	0			到貨週期	0		
原料特性	人造材料，使用最廣泛，經濟實用						
價格走勢（元）	17/16/15/14　15　16　16　16　——PP棉　1季度 2季度 3季度 4季度						
價格折扣	採購量(件)	0~200	折扣	0%	採購量(件)	0~200	折扣	0%
	採購量(件)	201~500	折扣	5%	採購量(件)	501~1,000	折扣	10%
	採購量(件)	1,001~1,500	折扣	15%	採購量(件)	1,501~2,000	折扣	20%
	採購量(件)	2,001 以上	折扣	25%				

原料大類	填充物			原料名稱	珍珠棉		
到貨週期	0			到貨週期	1		
原料特性	相比 PP 棉更有彈性、柔軟性和均勻性，並且方便洗滌						
價格走勢（元）	40/20/0　21　23　24　26　——珍珠棉　1季度 2季度 3季度 4季度						
價格折扣	採購量(件)	0~200	折扣	0%	採購量(件)	0~200	折扣	0%
	採購量(件)	201~500	折扣	5%	採購量(件)	501~1,000	折扣	10%
	採購量(件)	1,001~1,500	折扣	15%	採購量(件)	1,501~2,000	折扣	20%
	採購量(件)	2,001 以上	折扣	25%				

原料大類	填充物			原料名稱	棉花		
到貨週期	1			到貨週期	1		
原料特性	純天然材質，柔軟富有彈性，均勻性，無靜電，但不可水洗						
價格走勢（元）	30/25/20　25　26　28　29　——棉花　1季度 2季度 3季度 4季度						
價格折扣	採購量(件)	0~200	折扣	0%	採購量(件)	0~200	折扣	0%
	採購量(件)	201~500	折扣	5%	採購量(件)	501~1,000	折扣	10%
	採購量(件)	1,001~1,500	折扣	15%	採購量(件)	1,501~2,000	折扣	20%
	採購量(件)	2,001 以上	折扣	25%				

表8-12(續)

原料大類	輔件			原料名稱	發聲裝置		
到貨週期	1			到貨週期	1		
原料特性	附加功能，使玩具可以模擬真人發聲						
價格走勢（元）	1季度: 3, 2季度: 3.1, 3季度: 3, 4季度: 3.4 —— 發聲裝置						
價格折扣	採購量(件)	0~200	折扣	0%	採購量(件)	0~200	折扣	0%
	採購量(件)	201~500	折扣	5%	採購量(件)	501~1,000	折扣	10%
	採購量(件)	1,001~1,500	折扣	15%	採購量(件)	1,501~2,000	折扣	20%
	採購量(件)	2,001以上	折扣	25%				

原料大類	輔件			原料名稱	發光裝置		
到貨週期	1			到貨週期	1		
原料特性	附加功能，可使玩具具有閃光功能						
價格走勢（元）	1季度: 4.8, 2季度: 4.8, 3季度: 5, 4季度: 5.1 —— 發光裝置						
價格折扣	採購量(件)	0~200	折扣	0%	採購量(件)	0~200	折扣	0%
	採購量(件)	201~500	折扣	5%	採購量(件)	501~1,000	折扣	10%
	採購量(件)	1,001~1,500	折扣	15%	採購量(件)	1,501~2,000	折扣	20%
	採購量(件)	2,001以上	折扣	25%				

⑤資質認證

　　隨著市場競爭日趨激烈，消費者對各類產品也提出了更高的要求。在未來的某個時間，將會對所有參與該市場競爭的公司提出認證要求，公司必須通過相應的資質認證后才允許進入該市場銷售產品。如果市場要求公司通過某項認證而公司還未獲取該認證，則將不能在該市場銷售產品（表8-13）。

表 8-13

認證名稱	ISO9001	認證名稱	ICTI 認證
認證週期	2 個季度	認證週期	3 個季度
每期費用	30,000 元	每期費用	30,000 元
認證費用	60,000 元	總費用	90,000 元

在不同的市場下有不同的訂單對資質認證要求各不相同，以下是各市場對資質認證要求的詳細情況（表8-14）。

表8-14

市場	渠道	群體	認證類別	1季	2季	3季	4季	5季	6季
北京	零售	品質型客戶	ISO9001				✓	✓	✓
			ICTI						
		經濟型客戶	ISO9001					✓	✓
			ICTI						
		實惠型客戶	ISO9001						✓
			ICTI						
上海	零售	品質型客戶	ISO9001				✓	✓	✓
			ICTI						
		經濟型客戶	ISO9001					✓	✓
			ICTI						
		實惠型客戶	ISO9001						✓
			ICTI						
廣州	零售	品質型客戶	ISO9001				✓	✓	✓
			ICTI						
		經濟型客戶	ISO9001					✓	✓
			ICTI						
		實惠型客戶	ISO9001						✓
			ICTI						

（5）市場行銷

整個市場環境中包括五個市場：北京、上海、廣州、武漢、成都。各個公司可以選擇進入任何市場開展銷售工作。

①渠道開發

整個市場根據地區劃分為多個市場區域，每個市場區域下有一個或多個銷售渠道可供每個公司開拓，開發銷售渠道除了需要花費一定的開發週期外，每期還需要一筆開發費用。每個公司可以通過不同的市場區域下已經開發完成的銷售渠道，把各自的產品銷售到消費者手中（表8-15）。

表 8-15

所屬市場	北京
渠道名稱	零售渠道
開發週期（季）	0
每期費用（元）	20,000
開發總費用（元）	0

所屬市場	上海
渠道名稱	零售渠道
開發週期（季）	1
每期費用（元）	20,000
開發總費用（元）	20,000

所屬市場	廣州
渠道名稱	零售渠道
開發週期（季）	2
每期費用（元）	20,000
開發總費用（元）	40,000

所屬市場	武漢
渠道名稱	零售渠道
開發週期（季）	2
每期費用（元）	20,000
開發總費用（元）	40,000

所屬市場	成都
渠道名稱	零售渠道
開發週期（季）	3
每期費用（元）	20,000
開發總費用（元）	60,000

②品牌推廣

品牌推廣主要指廣告宣傳，每個產品每期均可以投入一筆廣告宣傳費用，某一期投入的廣告對未來若干季度是有累積效應的，投入當季效應最大，隨著時間推移，距離目前季度越久，效應逐漸降低。

③銷售人員

要在各個市場上開展產品銷售工作，公司需要先從人才市場招聘銷售人員，並安排到各個市場上，由銷售人員來完成產品的銷售。銷售人員的主要參數如下（表8-16）。

表 8-16　　　　　　　　　　　　　　　　　　　　　　　　　　　　　　　　單位：元

銷售人員	普通銷售人員	
	銷售能力	500
	招聘費用	500.00
	季度工資	3,600.00
	試用期	1
	培訓費用	500.00
	培訓提升	5.00%
	辭退補償	300.00

銷售能力：銷售人員在一個經營週期內所具有的最大銷售能力。

招聘費用：招聘一個銷售人員所需花費的招聘費用，該筆費用在招聘時即自動扣除。

季度工資：支付給銷售人員的工資，每期期末自動支付。

試用期：招聘后試用的時間，人力資源部在員工上崗后應及時與銷售人員簽訂合同。

培訓費用：每次培訓一個銷售人員所需花費的費用，每個銷售人員每個經營週期最多只能做一次培訓。銷售人員培訓由銷售部提出，遞交到人力資源部后實施，培訓費用在實施時支付。

培訓提升：銷售人員完成一次培訓后，銷售能力將在原有能力的基礎上提升的百分比。培訓后銷售能力＝培訓前銷售能力×(1+培訓提升)。

辭退補償：試用期內辭退銷售人員無需支付辭退補償金，試用期滿並正式簽訂合同后需支付辭退補償金，一般在每期期末實際辭退銷售人員時即時支付。

④產品報價

每個經營週期，對於已經完成開發的渠道，將有若干來自不同消費群體的市場訂單以供每個公司進行報價。每個市場訂單均包含以下要素：資質要求、購買量、回款週期、最高承受價，各公司可以以不超出最高承受價的價格參與相應市場的競爭，並確定最多希望獲得的訂單數量。

當訂單無法按量滿額交付時，需支付訂單違約金，訂單違約金＝(該訂單最高限價×未交付訂單數量)×訂單違約金比例（30.00%）。

需求預測：不同市場區域下的不同銷售渠道消費群體的市場需求量詳見系統中的資料。

(6) 評分方法

綜合表現分數計算法則：

綜合表現＝盈利表現+財務表現+市場表現+投資表現+成長表現

基準分數為100.00分，各項權重分別為：

盈利表現權重30.00分；

財務表現權重30.00分；

市場表現權重20.00分；

投資表現權重10.00分；

成長表現權重10.00分。

盈利表現＝所有者權益／所有企業平均所有者權益×盈利表現權重

・盈利表現最低為 0.00，最高為 60.00
　財務表現＝（本企業平均財務綜合評價／所有企業平均財務綜合評價的平均數）×財務表現權重
・財務表現最低為 0.00，最高為 60.00
　市場表現＝（本企業累計已交付的訂貨量／所有企業平均累計交付的訂貨量）×市場表現權重
・市場表現最低為 0.00，最高為 40.00
　投資表現＝（本企業未來投資／所有企業平均未來投資）×投資表現權重
　未來投資＝累計產品研發投入＋累計認證投入＋累計市場開發投入＋∑（每個廠房和設備的原值／相應的購買季度數）
・投資表現最低為 0.00，最高為 20.00
　成長表現＝（本企業累計銷售收入／所有企業平均累計銷售收入）×成長表現權重
・成長表現最低為 0.00，最高為 20.00。

(二) 虛擬仿真創業企業競技操作系統

創業虛擬仿真競技以創業之星為平臺，多個創業者在同一市場環境下經營一家小型的製造業公司。

1. 平臺的運行

《創業之星》整個系統平臺包括了服務器端、教師端、學生端三部分。

(1) 運行《創業之星》服務器

要運行《創業之星》系統，首先需要啟動安裝《創業之星》系統所在的服務器電腦，運行 SQL Server 數據庫，再運行服務器上的《創業之星》數據處理中心程序，啟動服務。

(2) 啟動《創業之星》教師端

運行《創業之星》教師端程序，出現以下界面（圖 8-1）：

圖 8-1

①點擊「進入教室」，如果服務器連接正確，會出現該教室的班級列表。第一次使用時，還沒有建立任何上課的班級，班級列表是空的。可以選擇「新建班級」菜單，

創建一個新的班級，再選擇該班級進入。

②建立的班級名會出現在班級列表中，在班級列表中選擇該班級，點擊「登錄班級」。

③進入教室后，顯示教師端程序進入后的主界面。教師端程序主界面分為三大部分：左邊為參數配置等所有操作菜單，右上為操作顯示內容的主窗口，右下為參加訓練的小組情況及基本信息列表。

（3）啟動《創業之星》學生端

①運行《創業之星》學生端程序，出現以下界面（圖8-2）：

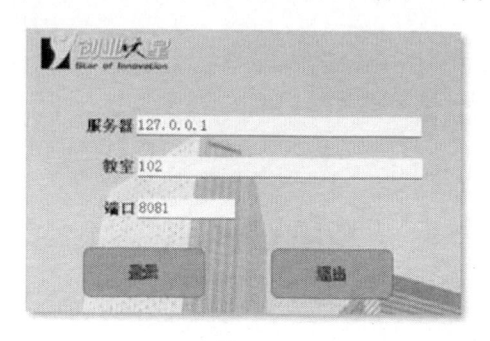

圖8-2

②如正常連接，將會出現學生登錄窗口。在第一次使用時，沒有任何學生可以登錄，需要學生提交申請，教師審核通過後才可以使用該學生名字登錄。

③點擊「註冊新用戶」，在出現的註冊頁面輸入登錄的學生信息。學生要完成註冊，教師還需要先設定參加訓練的小組數。在教師端程序主界面，點擊左邊菜單「系統參數設置—學員分組管理」，按提示創建小組序號和小組名稱。創建成功後會在中間列表中顯示已創建的小組序號及名稱（圖8-3）。

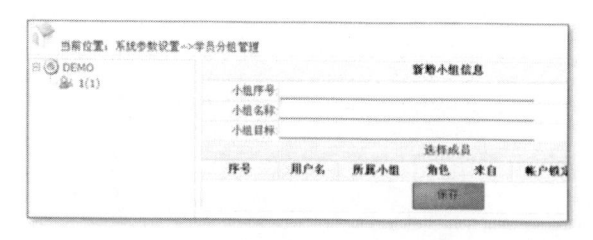

圖8-3

④教師合建了小組後，學生端在註冊新成員信息頁面的「小組」欄，選擇要加入的小組。其他所有標誌「＊」的表示該欄信息必須輸入，有些信息是后面工商登記註冊需要用到的。完成全部信息輸入後，點擊「註冊」。

⑤學生提交註冊申請后，在教師端程序，點擊左邊菜單「系統參數設置—學員分組管理」，右邊會顯示出新申請的學生姓名。點擊該名字右邊的「帳戶鎖定」一欄的加鎖標誌，標誌變為「 」，則表示已同意該學生註冊（圖8-4）。

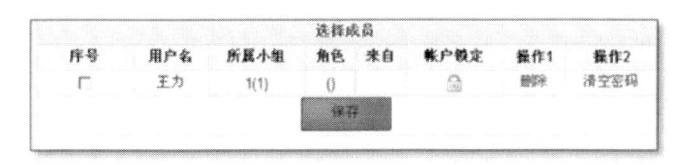

圖 8-4

⑥再到學生端，按「F5」鍵刷新屏幕，或重新啓動程序，會看到申請已獲教師批准。選擇剛申請註冊的學生名字，點擊「登錄」，即可進入學生端程序的主場景；最後，發布任務（進入下一週期經營）選擇「任務進度控制」（圖 8-5）。

圖 8-5

(三) 創業虛擬仿真企業營運決策

系列的準備終於都完成了，王小平、程銘和楊歡歡的公司也正式成立了。接下來就要面對最具挑戰性的經營管理環節。我們知道，在營運管理中，要進行企業戰略管理、產品研發、市場行銷管理、生產製造管理、人力資源管理、財務管理工作，並根據企業發展經歷的初創、成長、成熟、衰退等生命週期，作出各種經營決策，確保企業生產經營正常運轉，使企業獲得更多的利潤。

1. 創業虛擬仿真企業營運管理流程（圖 8-6、圖 8-7）

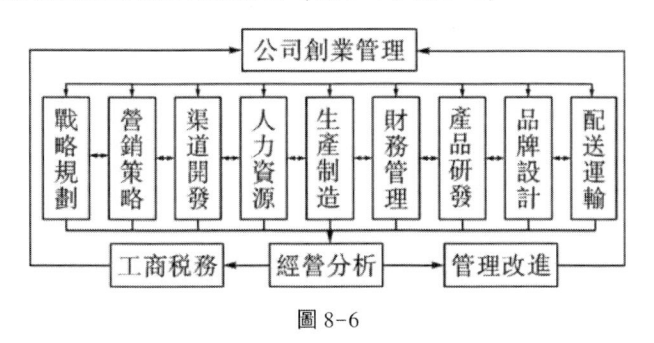

圖 8-6

圖 8-7

每一季度需要完成的決策任務，除個別任務外，大部分決策不分先後次序，可由每位成員根據公司戰略規劃和生產經營情況制定相關決策。

在每一季度時間截止前，小組成員可以反覆對決策的內容進行調整修改。一旦教師端控制結束該季度營運，則不能再修改已完成的所有決策。

在企業營運管理實訓中具體的實訓內容包括企業戰略管理、產品研發管理、市場行銷管理、生產製造管理、人力資源管理、財務管理等。對每項實訓內容，各團隊都要根據企業發展戰略、經營目標和市場需求、競爭對手情況以及企業實際經營情況作出決策。

2. 企業戰略管理決策任務

企業要評估企業資源與外部環境，制定企業的中長期發展戰略。

（1）擬定企業發展戰略和職能戰略規劃

企業首先應當進行市場調查和市場分析，包括市場需求分析、行業分析、市場競爭形勢分析等，對市場進行較為準確的預測，包括預測各個市場產品的需求情況和價格水平，預測競爭對手可能的市場策略和產品策略。在此，擬定企業發展戰略，各部門經理撰寫本部門發展戰略規劃，各項戰略需提交企業會議討論通過。各職能戰略規劃是圍繞落實總體發展戰略來制定的。

（2）制定初始創業資金的現金預算與各階段盈利預測

對本項目進行了論證後，按月、季、年進行資金、現金預算，做好各階段的盈利預測，為科學決策打下良好的基礎。

（3）確定企業發展戰略和各階段盈利目標

討論通過各項企業發展戰略規劃，討論通過初始創業資金現金預算與各階段盈利

目標。

企業會議由各企業總經理組織召開。會議主要內容包括：討論通過企業總體發展戰略；討論通過各職能戰略，包括各研發部、市場部、銷售部、製造部、財務部、人力資源部提出的產品研發規劃、市場開發規劃、銷售規劃、生產規劃、財務規劃、人力資源戰略規劃。

管理團隊針對各項戰略規劃進行討論，在充分考慮各方面因素和權衡利弊後，修改完善企業總體發展戰略和各職能戰略規劃。

制定企業發展的戰略至關重要，通過制定企業發展戰略，決定企業的總體營運與經營目標，使各部門經理對各項經營決策達成共識，可以讓管理團隊成員做到經營過程中胸有成竹，知道自己什麼時候應該做什麼，為什麼要做，有效預防經營過程中決策的隨意性和盲目性，減少錯誤決策與經營失誤。同時，可以使企業的各項經營活動有條不紊地進行，增強團隊的合作精神，提高團隊的戰鬥力、向心力和工作純淨。

3. 研發部決策任務

（1）研發部負責研發的營運管理工作

創業企業要想贏得市場、掌握競爭的主動權，在市場競爭中生存並獲得創業的成功，就必須做好產品研發工作，要堅持不懈地進行產品創新，向市場提供設計新穎、技術先進、功能多樣、適銷對路、質優價廉的新產品，以增強企業的市場競爭能力。研發部要在市場需求調查和分析的基礎上，根據公司的總體戰略規劃，制定出產品研發規劃，包括產品的種類、數量、產品的原料構成等，還應與行銷部密切配合，共同做好產品研發工作。

研發部在進行產品研發規劃時，要作出以下決策：一是選擇什麼樣的產品研發策略。不同階段市場對產品的需求不同，企業的資金、人員等資源有限，且不同產品的成本不同、研發時間也不同，企業可以選擇研發一種產品，也可以選擇研發多種產品。企業要以市場需求為導向，結合企業資源情況及競爭對手的情況，找準產品開發目標，把握產品開發時機。二是如何安排產品研發時間。企業確定研發產品的品種後，需要制定產品研發時間安排。不同的產品可以同時研發，也可以分步研發，企業可以根據市場需求、資金、人員、競爭對手等情況綜合考慮。

（2）研發部每季度需要完成的決策

①產品設計決策

進入公司場景，點擊「研發部」，在彈出窗口中選擇「決策內容——產品設計」后，彈出「產品設計」窗口，見下圖，在這裡，完成公司需要設計的產品及每一種產品的原料構成工作。在產品設計時，會提示組成產品的原材料成本以及設計需要的週期時間（圖8-8）。

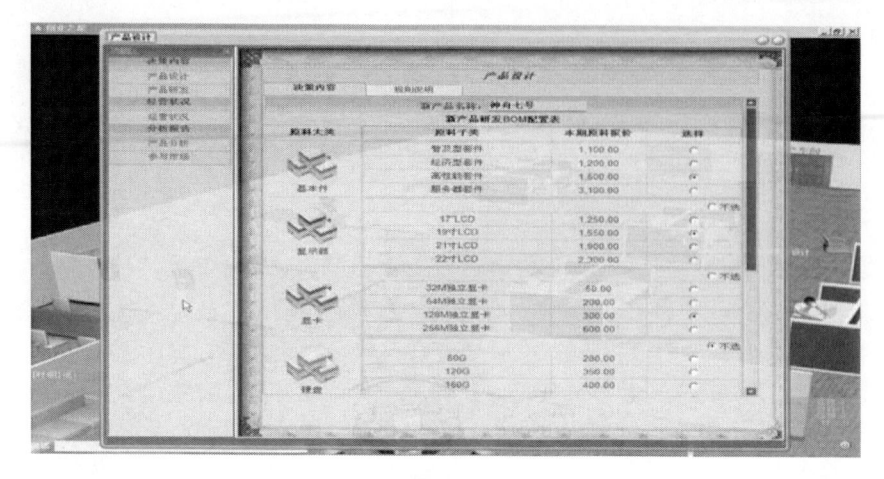

圖 8-8

②產品研發決策

不同的產品，研發時間不同。一般而言，原材料組成種類越多，設計的複雜性越高，所要花費的研發時間會越多。進入公司場景，點擊「研發部」，在彈出窗口中選擇「決策內容──產品研發」后，彈出「產品研發」窗口，在這裡，完成公司相關產品的研發工作（圖 8-9）。

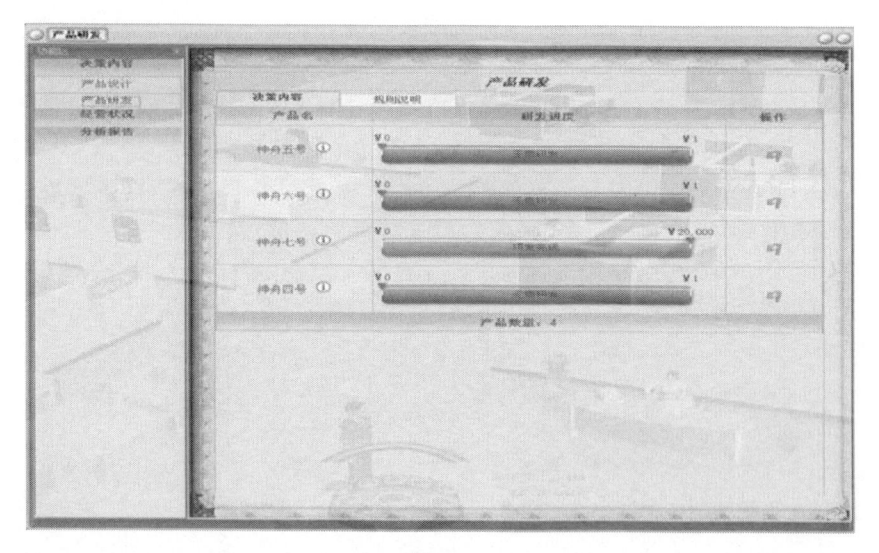

圖 8-9

③新產品設計

進入公司場景，點擊「研發部」，在彈出窗口中選擇「決策內容—產品設計」，完成公司需要設計的品牌數量、品牌名稱及每一個產品品牌的原料構成。

在窗口右邊，　　　標籤是產品設計的主界面，顯示構成產品的所有可用原料類型及組合；　　　標籤則顯示有關設計產品的相關操作說明（圖 8-10）。

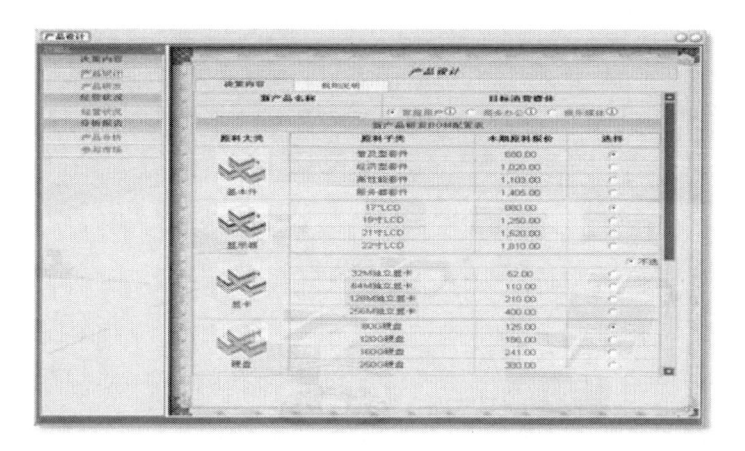

圖 8-10

「新產品名稱」欄：輸入新設計的產品名稱。

「目標消費群體」欄：市場上共有三類消費群體（根據系統初始化設定），選擇確定該品牌產品所面對的消費群體，即計劃針對哪一類用戶進行銷售。

「BOM 配置表」欄：選擇構成該產品的原料組合，組合不同，該產品的生產成本也不相同，對消費者的影響也不同。

選擇好原料組合後，在后面會動態顯示構成該產品的所有原料的成本價以及完成該產品所需要花的研發時間，確定選擇好后點擊「保存」。

在窗口的下方會顯示出已經完成設計的產品品牌，右邊有一個「ⓘ」標誌。將鼠標移到這個位置，會即時顯示出該產品的原料構成等信息。同時，如果產品還沒有投入研發，可以隨時撤銷剛設計的品牌，點擊「撤銷」可撤銷該產品品牌。

④新產品研發

進入公司場景，點擊「研發部」，在彈出窗口中選擇「決策內容—產品研發」，完成公司相關產品的研發投入工作，全部完成了產品的研發後，才允許正式生產製造該產品（圖 8-11）。

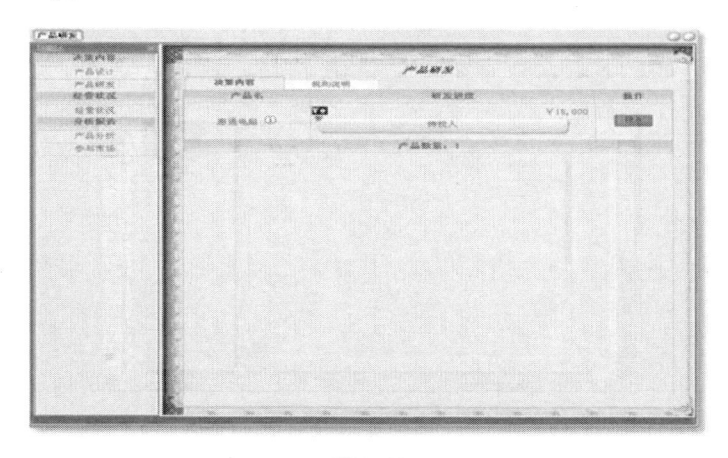

圖 8-11

根據產品原料的組合情況，不同設計的產品的研發週期也不相同。一般而言，原材料組成種類越多，設計的複雜性越高，所要花費的研發時間及費用會越多。

點擊「投入」即可投入本季度的產品研發經費，點擊「撤銷」可撤銷本季度的投入。

4. 製造部決策任務

（1）製造部經理（CPO）負責製造部營運管理工作

製造部要根據公司的總體發展戰略規劃，科學地制定和執行生產計劃、物料採購計劃和生產作業計劃，合理地組織公司產品生產，綜合平衡生產能力，有效利用企業的製造資源，不斷降低人力、物力、財力消耗，降低生產成本，縮短生產週期，確保生產系統的高效運作，全面完成產品品種、質量、成本、產量、環保、安全等各項要求，保證及時為行銷部正常供貨，為消費者提供滿意服務。

（2）製造部每季度需要完成的決策任務

製造部決策任務表（表8-17）：

表8-17

決策任務	任務說明
廠房購置	根據產能規模購置廠房，廠房可購買，也可租用，應根據公司規劃及資金狀況決策
設備購置	為了生產產品，需要購置生產設備。設備只能購置，不可租用。不同類型的設備其產能、價格等參數均不相同，需要根據公司的生產計劃、產品種類、產能和資金狀況來確定生產設備的組合
生產計劃	公司的生產計劃對企業的生產任務作出統籌安排，是公司在計劃期內完成生產目標的管理依據，也是公司編製其他計劃的重要依據。它規定了公司在計劃期內生產的品種、質量、成本、數量和進度等指標，對生產設備進行了安排，確保生產設備利用率達到最大化。製造部要根據生產計劃安排，確保落實所有產品的生產，按時按量交貨，否則，公司將承受訂單違約的懲罰
原料採購	根據公司研發好的所有產品，核算出所需要的各類原材料的數量，並根據原料的到貨週期及銷售計劃，合理制定物料採購計劃，保障生產計劃的正常執行
資質認證	資質認證是對整個公司的生產資質進行認證。隨著市場競爭的激烈與管理體系的成熟，部分市場在未來的某一時刻要求公司必須有資質證書才允許進入市場開展產品銷售工作。資質認證工作需要投入一定的時間及費用。如果要進入有資質認證要求的市場，公司應提前做好資質認證工作，取得資質證書
生產工人	對生產工人進行管理

（3）決策操作流程

進入公司場景後，點擊「製造部」，會出現與生產製造有關的操作內容，主要包括原料採購、廠房購置、設備購置、資質認證、生產工人、訂單交付等內容。

①原料採購決策

進入公司內部場景，點擊「製造部」，在彈出窗口處選擇「決策內容—原料採購」後，彈出「原料採購」窗口，根據產品的原料構成、訂單任務、交貨期等信息，完成所有生產產品的原料採購。

在採購產品原料時，要注意的是，這裡所有的單價都是指不含稅的價格，實際支付的金額是最右邊的價稅合計金額。此外，不同原料的訂貨週期是不同的。要根據公司整個生產計劃的安排提前做好所有原料的採購計劃（圖 8-12）。

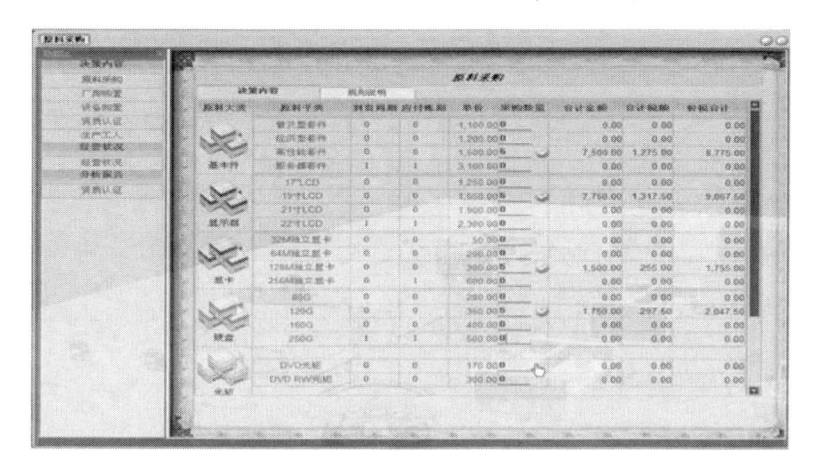

圖 8-12

②廠房購置決策

進入公司內部場景，點擊「製造部」，在彈出窗口選擇「決策內容—廠房購置」後，彈出「廠房購置」窗口，見下圖，在這裡，要根據公司生產規模的需要以及現金狀況，通過購買或租用的方式獲取相應的廠房（圖 8-13）。

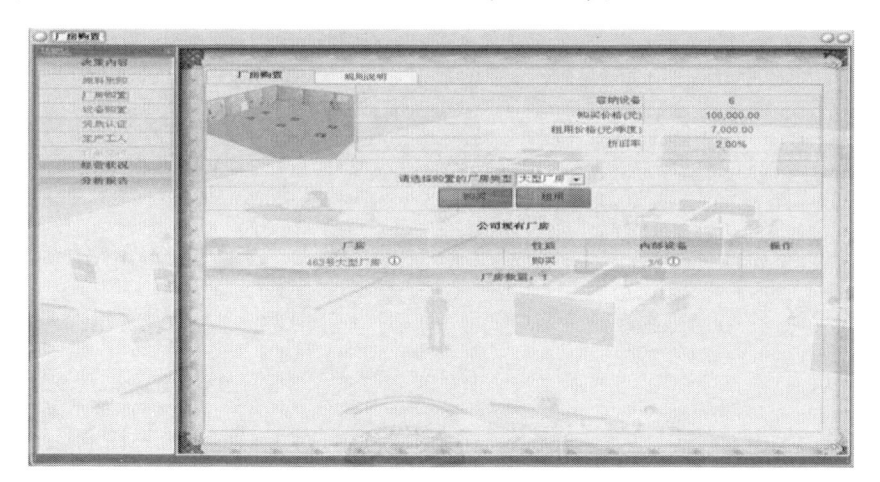

圖 8-13

③設備購置決策

進入公司內部場景，點擊「製造部」，在彈出窗口選擇「決策內容—設備購置」後，彈出「設備購置」窗口，見下圖，在這裡，進行生產設備的購置工作。生產設備只能購買不能租用。不同類型的生產設備其相關參數有較大差異。如何選擇適合的設備組合來滿足公司當期或未來生產製造的需要，是生產部門的一項重要任務

219

（圖 8-14）。

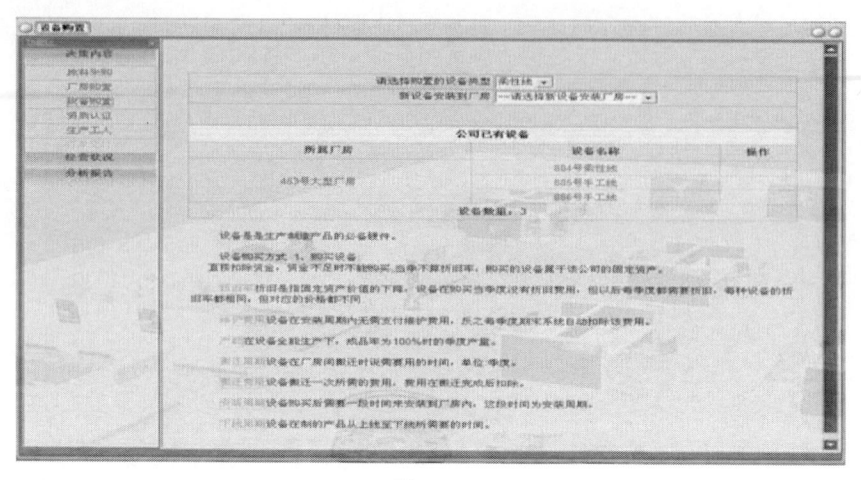

圖 8-14

④資質認證決策

進入公司內部場景，點擊「製造部」，在彈出窗口選擇「決策內容—資質認證」後，彈出「資質認證」窗口。如圖 8-15 所示，進行資質認證工作。

公司應根據各類認證的投入時間週期提前做好認證資質工作，以確保市場開始要求認證資格時公司已經拿到相關認證的資質證書。要核算取得資質證書所需投入的費用。

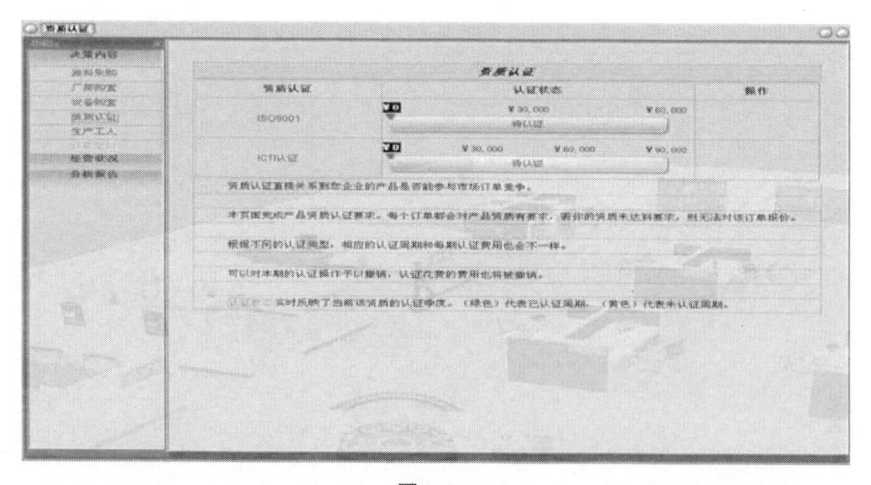

圖 8-15

⑤生產工人決策

進入公司內部場景，點擊「製造部」，在彈出窗口選擇「決策內容—生產工人」後，彈出「生產工人」窗口。對製造部現有的所有生產工人進行管理，對不需要的人員可以點擊「辭退申請」，並遞交給人力資源部，由人力資源部安排解除勞動合同，從下一季開始正式離職（圖 8-16）。

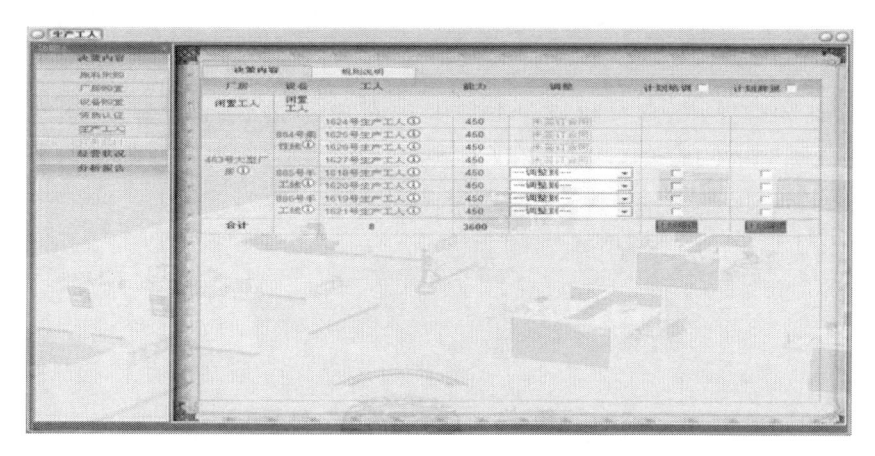

圖 8-16

⑥生產計劃決策

進入公司內部場景，點擊「生產車間」，在彈出窗口中可以看到所有的廠房情況及生產設備情況。如果要對某一條生產線進行計劃編排，則點擊這個生產線所在的廠房後面的「進入」標誌，進入該廠房，見圖 8-17。

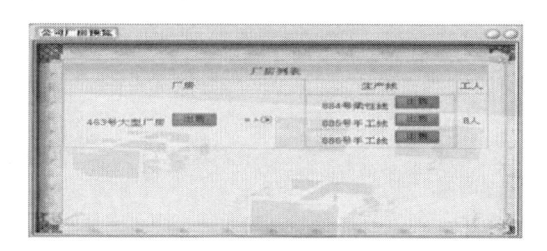

圖 8-17

進入廠房後，可以看到廠房內的所有生產設備及設備上的工人數量。

要對某一條生產線進行操作，則點擊回應的生產線，在彈出窗口中完成對該生產設備的生產計劃編排，也可以在這裡對該生產設備進行升級、搬遷等操作，見圖 8-18。

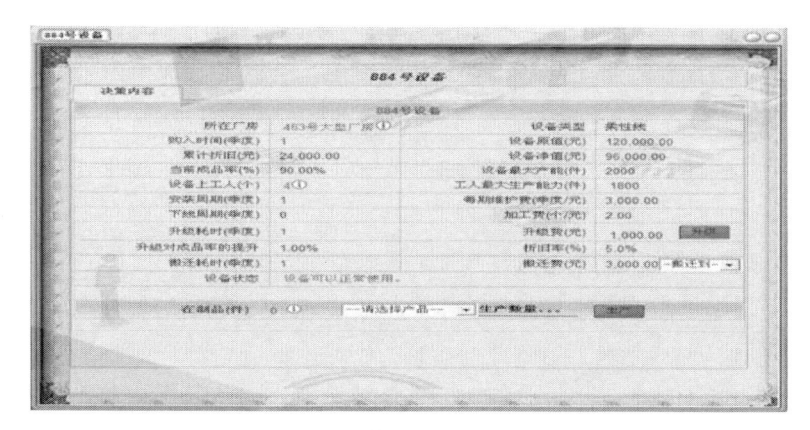

圖 8-18

221

5. 市場部決策任務

（1）市場部經理（CMO）負責市場部的營運管理工作

市場部負責公司的企業宣傳與市場開拓工作。市場部需要對市場環境與競爭形勢進行深入調研分析，根據公司發展的不同階段，設計行銷組合，制訂與執行行銷計劃，更好地提升品牌形象，促進公司產品銷售，提高市場佔有率。

在進行市場開發時，要作出以下決策：

一是確定企業的行銷策略。行銷策略主要有產品功效優先策略、品牌提升策略、價格適中策略、銷售渠道策略、媒體組合策略、終端包裝策略、現場體驗策略以及動態行銷策略等。企業可結合自身實際情況設計有特色的行銷組合作為公司的行銷策略。

二是確定企業的目標市場及進行產品定位。公司可以進入的目標市場有多個選擇，可以主攻開拓某一個市場，也可以所有市場全面開花。雖然各個市場均有銷售機會，但公司要選擇哪些市場開展行銷推廣，還需要結合企業產品的市場分析和市場開發所需時間、費用、人員進行綜合分析判斷，確定公司需要進入的目標市場，然後在目標市場確定公司產品的獨特定位。對市場開發完畢，就可以派駐銷售人員在這些區域進行產品銷售工作。公司不同發展階段市場開發策略不同。

（2）市場部每季度需要完成的決策任務（表8-18）

表 8-18

決策任務	任務說明
市場開發	企業目標市場確定後，要結合企業生產製造能力和市場開發所需時間、費用、人員等因素進行綜合分析判斷，確定需要開發的市場，並投入費用開發，市場開發成功後即可以派駐銷售人員展開銷售工作
廣告宣傳	要利用一定媒體對公司的產品進行廣告宣傳，增加客戶對公司產品的瞭解和信任，充分開發市場，擴大長篇銷售量和提升銷售收入，同時，提升公司與品牌的知名度

（3）市場部決策流程

①市場開發決策

進入公司內部場景，點擊「市場部」，在彈出窗口選擇「決策內容—市場開發」後，彈出「市場開發」窗口，在這裡，選擇需要開發的市場投入市場開發費用。有的市場需要多個開發週期才能完成，開發費用必須分期分批投入（圖8-19）。

②廣告宣傳決策

進入公司內部場景，點擊「市場部」，在彈出窗口選擇「決策內容—廣告宣傳」後，彈出「廣告宣傳」窗口，見下圖，在這裡，確定當季度公司計劃投入的廣告費用（圖8-20）。

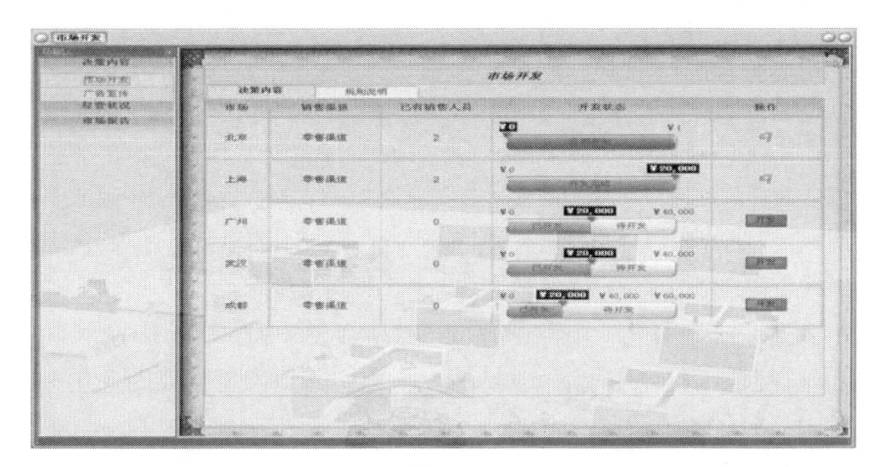

圖 8-19

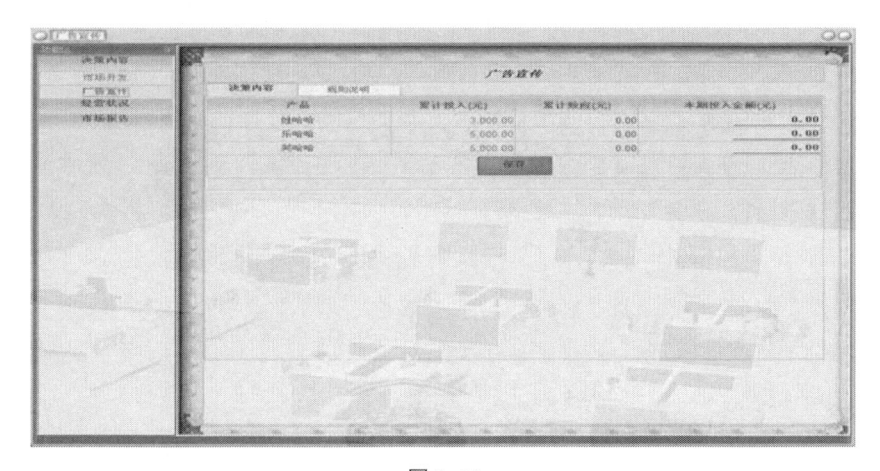

圖 8-20

6. 銷售部門決策任務

(1) 銷售部經理（CSO）負責銷售部的營運管理工作

銷售部負責將公司生產的產品銷售給消費者，完成銷售業績、回籠資金。銷售計劃是否完成或超額完成，將直接影響公司的營運成果。

(2) 銷售部每季度需要完成的決策

銷售部決策任務（表 8-19）：

表 8-19

決策任務	任務說明
銷售人員	銷售部負責對銷售人員、培訓計劃等工作進行統籌安排，並可以對不需要的銷售人員進行辭退。人力資源部負責銷售人員的招聘工作和解除辭退人員的勞動關係
產品報價	公司在完成相關市場調研開發以及資質，獲得進入該市場的資格，並已經派駐了銷售人員在當地開展銷售工作之后，公司就可以參與該區域的產品銷售訂單報價。為了控制訂單問題，還可以設定針對某一品牌產品在某一市場上的最多獲取訂單量，以確保生產將會得到保障

(3) 銷售部操作流程

①銷售人員決策

進入公司內部場景，點擊「銷售部」，在彈出窗口中選擇「決策內容—銷售人員」，彈出「銷售人員」窗口，見下圖。在這裡可對銷售部的所有銷售人員進行安排，包括銷售人員的區域調整、培訓計劃以及人員辭退。其中，銷售人員的區域調整直接由銷售部完成。對銷售人員的辭退，由銷售部提出申請，再由人力資源審核同意後解除與該員工的勞動合同關係，則該員工從下一季度開始將正式辭退，本季度仍將繼續工作（圖8-21）。

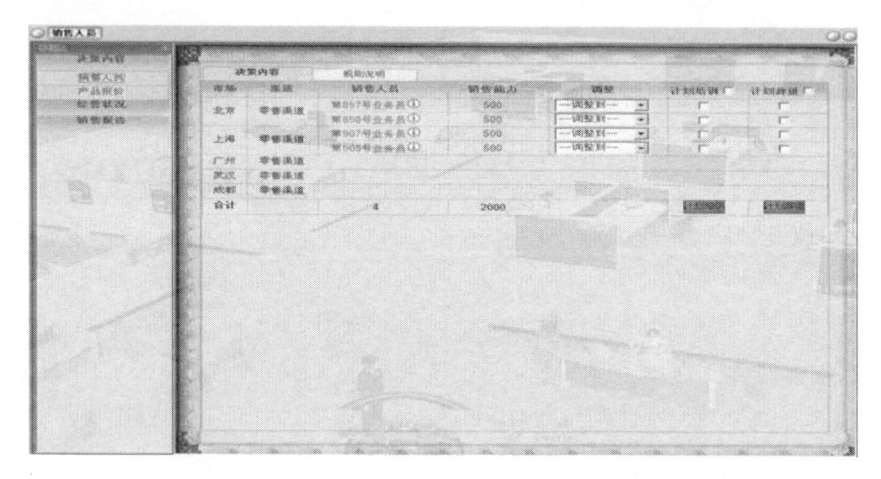

圖8-21

②產品報價決策

進入公司內部場景，點擊「樂府部」，在彈出窗口中選擇「決策內容—產品報價」後，彈出「產品報價」窗口，見圖8-22。在這裡，填寫各產品的市場報價以及訂貨數量。

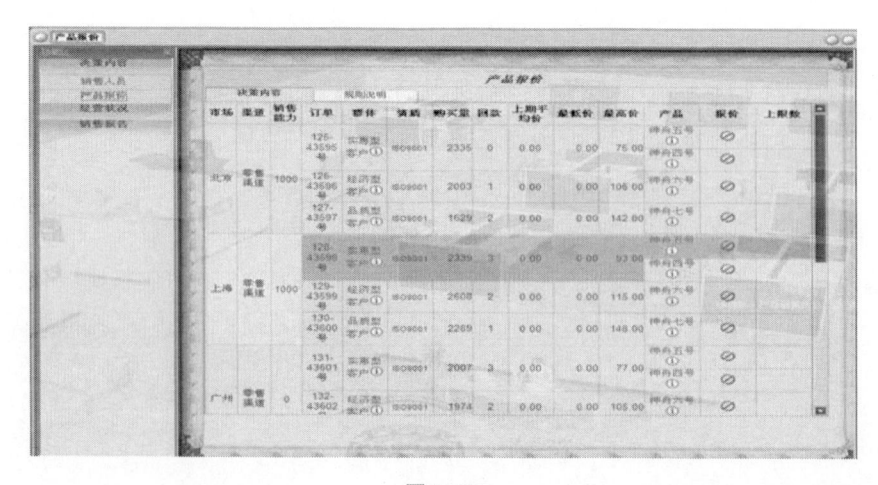

圖8-22

7. 人力資源部決策任務

（1）人力資源部經理（CHO）負責人力資源部營運管理工作

在「創業之星」模擬系統中，人力資源部的工作是根據生產部和銷售部的工作規劃及用人要求，及時完成人力資源的招聘及培訓工作，與所有員工簽訂勞動合同，為員工購買養老保險，對不適用的員工解除勞動合同。

（2）人力資源部每季度需要完成的決策任務

人力資源部決策任務（表8-20）：

表 8-20

人員招聘	在虛擬公司中，銷售部需要招聘人員從事銷售工作，生產部需要招聘人員從事生產產品的工作。人力資源部根據銷售部和生產部的工作規劃及用人要求，及時完成人力資源的招聘及培訓工作
簽訂合同	所有招聘進來的人員，包括管理人員、銷售人員、生產工人，均需要簽訂勞動合同，並為員工辦理各類保險。對於沒有簽訂合同、辦理保險的員工，將會受到相關處罰
解除合同	公司因生產經營的調整需要解聘人員，先由相關部門提出解聘申請，再由人力資源部審核同意並向有關人員發出解聘通知，解除勞動合同。解聘的人員從下一季度開始將從崗位離職

（3）人力資源部決策流程

①人員招聘決策

人力資源部從人才市場招聘需要的銷售人員、生產工人和管理人員。比如，招聘銷售人員，先進入主場景，點擊「交易市場」，進入後，點擊「人才市場—招聘銷售人員」後，彈出「招聘銷售人員」窗口，見圖8-23，在這裡完成銷售人員的招聘決策。

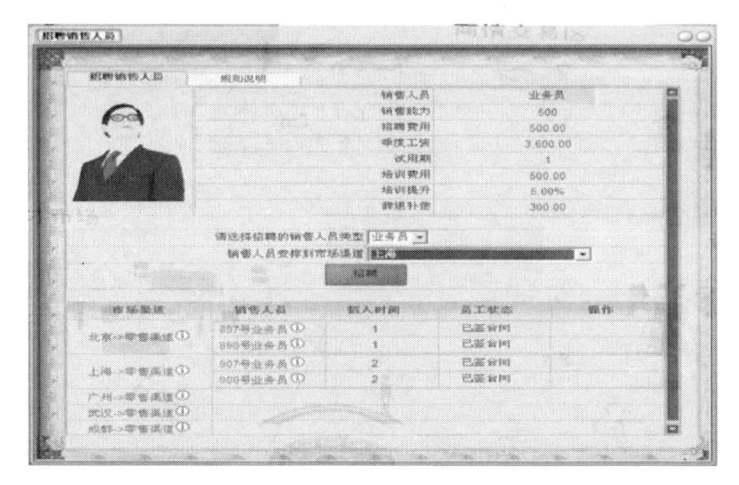

圖 8-23

②簽訂合同

公司所有招聘的人員都要簽訂勞動合同，辦理養老保險。

需要簽訂勞動合同時，先進入公司內部場景，點擊「人力資源部」，在彈出窗口中選擇「決策內容—簽訂合同」後，彈出「簽訂合同」窗口，見圖8-24，在這裡，公司管理層人員和招聘的人員簽訂勞動合同。

圖 8-24

③解除合同

如果需要對不適用的員工解除勞動合同，先由相關部門提供解聘申請，再在人力資源部完成勞動合同解聘事項。

進入公司內部，點擊「人力資源部」，在彈出窗口中選擇「決策內容—解除合同」後，彈出「解除合同」，在這裡，可列表顯示相關部門已提交辭退的人員清單，經人力資源部確認后解除勞動合同（圖8-25）。

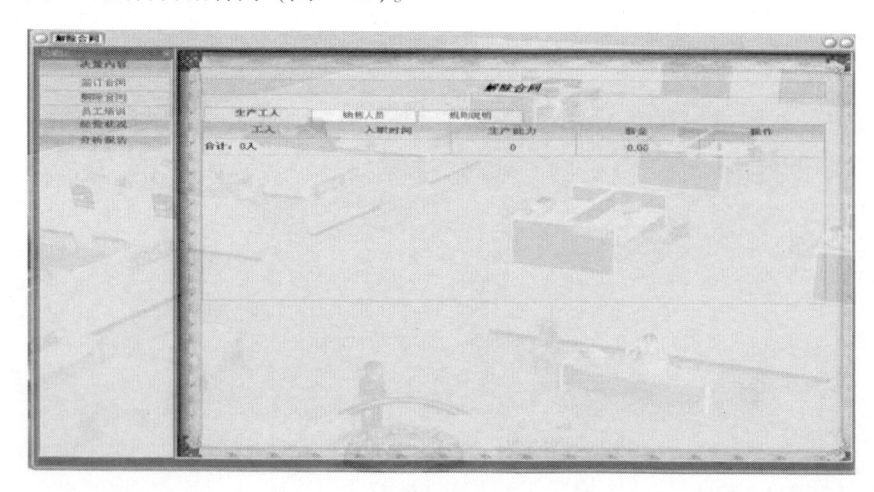

圖 8-25

8. 財務部決策任務

(1) 財務部經理（CFO）負責財務部的營運管理工作

模擬系統中，企業在經營過程中的有關工作，如產品研發、市場開發、廣告宣傳、人員招聘等都離不開資金支持，如果資金少，虛擬企業生產經營工作會受到很大影響。因此，在虛擬企業追求利潤時，應當充分考慮到企業的現金少，謹防一味擴張冒進導致企業現金鏈斷裂。財務部門要充分做好資金的動作管理，既要最大限度地提高資金使用效率，達到資產保值增值的目的，同時，還要考慮到資金使用不當給企業帶來的風險。模擬系統中，財務部主要有以下任務：資金籌措。在模擬系統中，每家虛擬企業成立後，系統會提供 30 萬元創業資金，如需要更多的資金，企業可以通過銀行貸款或者帳款貼現來籌集資金。如果營運中出現資金鏈斷裂，為了使企業能繼續營運下去，系統還會自動為企業提供緊急貸款，利率要比銀行貸款利率高出數倍，同時，最終生產經營成績也將要扣分。

財務指標是生產經營最直接的反應。財務部在做好企業每一階段的財務報表的基礎上，還要進一步對財務報表進行分析，分析企業的盈利能力、勞動能力，對企業進行綜合分析評價，以全面分析企業生產經營得失，發現企業經營管理中存在的問題，並在後續生產經營中加以改進與完善。

(2) 財務部經理決策流程

財務部要與各部門保持密切的聯繫與溝通，在公司總體發展戰略規劃的指引下，作出各項決策，合理進行資金安排，完成公司生產經營目標。

銀行貸款。進入主場景，點擊「業創銀行」，進入銀行後，點擊「信貸業務」窗口，彈出「申請貸款」窗口，見圖 8-26，在這裡，完成貸款任務。

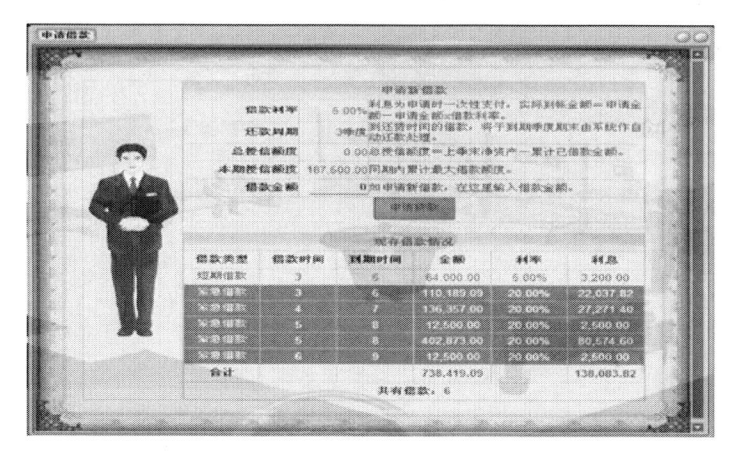

圖 8-26

9. 管理分析

(1) 查看經營狀況

在公司場景中點擊「研發部」，在彈出窗口中選擇「經營狀況」，可以查看到公司已設計的所有產品的配置情況，以及該產品的研發進度情況（圖 8-27）。

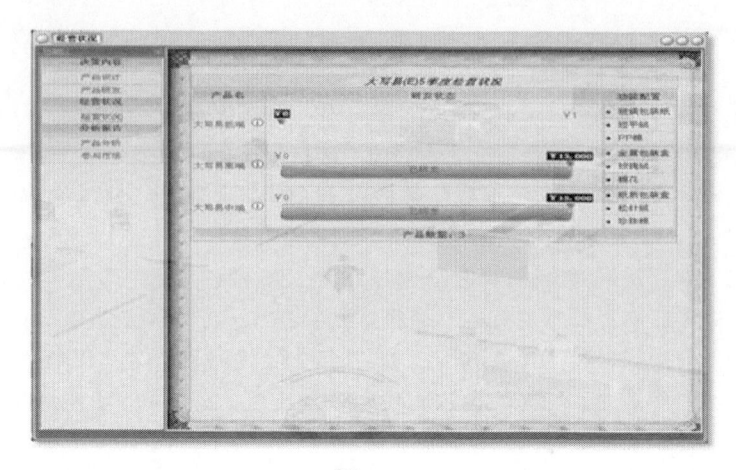

圖 8-27

（2）查看分析報告

產品分析：選擇「分析報告—產品分析」，在上面的產品品牌類別選擇需要對比查看的產品，下面會將選中的產品品牌對比列出各產品的原料構成情況（圖 8-28）。

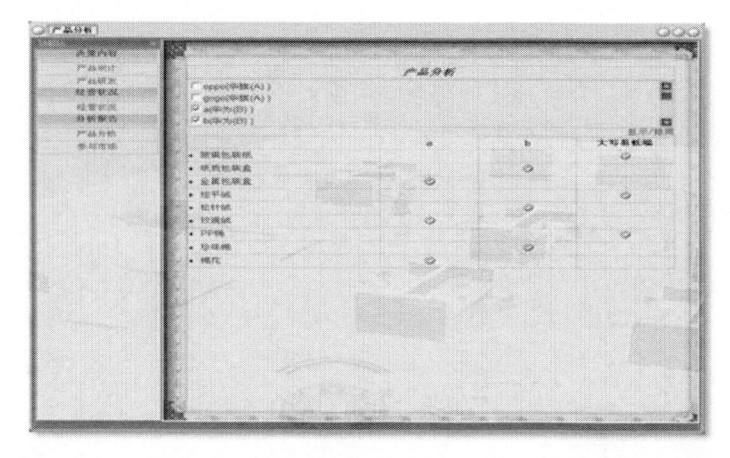

圖 8-28

參與市場：選擇「分析報告—參與市場」，選擇要查看的季度及市場，可以查看到該季度在選中市場上所有公司銷售的產品品牌。

五、實訓記錄與數據處理要求

1. 熟悉創業虛擬仿真經營管理競技規則；
2. 對創業虛擬仿真經營管理競技數據進行分析。

表 8-21

≪創業虛擬仿真經營管理競技≫實訓				
實驗項目名稱		實驗時間		實驗地點
實驗類型		實驗設備		
實驗要求	1 2			
實驗步驟	實驗內容			完成情況
1 2 3				
數據處理情況				

六、實驗中的注意事項

1. 熟悉創業虛擬仿真經營管理競技規則；
2. 對規則中數據認真仔細分析研究；
3. 注意到競技比賽的軟件使用流程。

思考與討論

1. 公司日常經營管理工作有哪些內容？
2. 根據創業公司經營管理競技，撰寫一份公司戰略報告。
3. 創業企業經營管理中各類角色的職責分工是什麼？
4. 虛擬仿真企業經營的決策流程是什麼？

第九章　創業仿真企業經營管理分析

　　小王的團隊經過虛擬仿真競技，每一輪都是殘酷而激烈，有成功也有失利。導師：你們感受了的企業經營基本流程，如何分析自己的決策是否科學，管理是否規範？財務報表能否編製？風險控制是否到位？

第一節　創業企業的經營管理

一、企業經營管理

　　企業管理（business management）是對企業的生產經營活動進行組織、計劃、指揮、監督和調節等一系列職能的總稱。管理一詞還有許多定義，這些定義都是從不同的角度提出來的，也僅僅反應了管理性質的某個側面。為了對管理進行比較廣泛的研究，而不局限於某個側面，我們採用下面的定義：管理是通過計劃、組織、控制、激勵和領導等環節來協調人力、物力和財力資源，以期更好地達成組織目標的過程。企業管理要點：需建立企業管理的整體系統體系。

　　第一層含義說明了管理採用的措施是計劃、組織、控制、激勵和領導這五項基本活動。這五項活動又被稱之為管理的五大基本職能。

　　所謂職能是指人、事物或機構應有的作用。每個管理者工作時都是在執行這些職能的一個或幾個。

　　1. 計劃職能

　　計劃職能包括對將來趨勢的預測，根據預測的結果建立目標，然後要制訂各種方案、政策以及達到目標的具體步驟，以保證組織目標的實現。國民經濟五年計劃、企業的長期發展計劃，以及各種作業計劃都是計劃的典型例子。

　　2. 組織職能

　　組織職能一方面是指為了實施計劃而建立起來的一種結構，該種結構在很大程度上決定著計劃能否得以實現；另一方面是指為了實現計劃目標進行的組織過程。比如，要根據某些原則進行分工與協作，要有適當的授權，要建立良好的溝通渠道等。組織對完成計劃任務具有保證作用。

　　3. 控制職能

　　控制職能是與計劃職能緊密相關的，它包括制定各種控制標準；檢查工作是否按計劃進行，是否符合既定的標準；若工作發生偏差要及時發出信號，然後分析偏差產

生的原因，糾正偏差或制定新的計劃，以確保實現組織目標。用發射的導彈飛行過程來解釋控制職能是一個比較好的例子。導彈在瞄準飛機發射之後，由於飛機在不斷運動，導彈的飛行方向與這個目標將出現偏差，這時導彈中的制導系統就會根據飛機尾部噴氣口所發出的熱源來調整導彈的飛行方向，直到擊中目標。

4. 激勵職能和領導職能主要涉及的是組織活動中人的問題

要研究人的需要、動機和行為；要對人進行指導、訓練和激勵，以調動他們的工作積極性；要解決下級之間的各種矛盾；要保證各單位、各部門之間信息渠道暢通無阻等。

二、創業仿真企業經營管理競技分析步驟

表 9-1

實訓序號	實訓項目名稱	實訓類型(驗證、設計、綜合)	實訓分析目的與要求
實訓一	第一季度戰略規劃階段	綜合	目的：團隊分工，組建公司，公司命名，分配職責、市場分析，分析市場研究報告、分析客戶需求、分析目標市場，針對目標客戶設計產品，戰略制訂，討論並制訂企業經營戰略與經營目標、投資廠房與生產線，投資產品與市場開發，編製預算 要求：學習現金預算管理的基本方法，本季度訓練內容主要幫助學生理解營運規則、學習掌握營運數據的查詢方法、認識不同戰略對經營決策的影響、透過數據的變化幫助學生認識三張財務報表
實訓二	第二季度市場測試階段	綜合	目的：制訂行銷策略、熟悉規則、測試市場、分析競爭對手經營策略、完成目標群體的產品設計、安排生產計劃、生產產品，拓展行銷網路，建設銷售渠道 要求：制訂產品售價、廣告宣傳計劃、爭取市場訂單、分析研究報告，本季度訓練內容主要幫助學生學習如何展開SWOT分析、制訂產品戰略並設計產品組合、進行細分市場定位及戰略選擇以及保障經營決策的有效性
實訓三	第三季度財務管理階段	綜合	目的：重新審視市場測試的行銷、審閱針對各目標群體的產品市場，調整定價策略與廣告宣傳策略 要求：掌握調整行銷網路建設與市場開發，調整產品生產計劃，本季度主要讓學生學習如何避免資金鏈斷裂、公司持有多少現金合適以及學習常用的績效分析財務指標
實訓四	第四季度生產管理階段	綜合	目的：研究分析企業營運財務報告，分析如何更好地滿足客戶需求，擴大產品線，豐富產品結構，完成產品設計、市場認證、市場開發、籌措資金，保持公司穩定的現金流量 要求：掌握本季度主要學習產品生命週期管理、產品投資回報分析、採購、生產、存貨管理以及銷售與生產的協作

表9-1(續)

實訓序號	實訓項目名稱	實訓類型(驗證、設計、綜合)	實訓分析目的與要求
實訓五	第五季度績效分析階段	綜合	目的：分析各細分市場競爭形勢，調整目標市場，加大市場投入力度、完善產品線、加大渠道擴張、擴展產能，提升盈利能力 要求：本季度主要鍛煉學生通過查看所經營季度的經營績效，找出公司存在的關鍵問題，通過分析各細分市場競爭形勢，調整目標市場，加大市場投入力度，完善產品線，加大渠道擴張、擴展產能，提升盈利能力
實訓六	第六季度風險管理階段	綜合	目的：檢驗公司行銷戰略的執行情況，強化團隊溝通合作與執行力，戰略優化與調整，風險防範與控制，通過以上季度的營運可以讓學生深刻體會到什麼是創業風險、怎麼防範創業風險？ 要求：透過各種經營數據理解創業機會與創業的複雜性，創業者、創業團隊與創業投資者的能力與實力的有限性，以及瞭解到什麼是主導創業失敗的主要風險因素
實訓七	第七季度團隊合作階段	綜合	目的：團隊分工與合作，團隊溝通和衝突管理，怎樣建設高效團隊，如何提高領導力與執行力，本季度主要強調團隊的形成、建設和企業領導人之間的協調性，成功的創業團隊運作所具備的主要特徵 要求：培養團隊成員的共同價值觀念，結合前期各公司表現，分析各公司的改進策略與方法
實訓八	第八季度管理改進階段	綜合	目的：透過各項指標與競爭對手的差距，分析企業內部管理中存在的問題，並不斷完善改進；透過市場表現分析競爭對手的策略，努力提升市場佔有率，優化各項財務指標，提升企業盈利能力，優化生產結構，控制庫存，有效控制經營成本。本季度主要進行全部經營總結，分析優劣得失，總結模擬創業的得失成敗，思考在模擬創業過程中，從戰略、行銷、生產、財務、研發、溝通等方面分析，我們哪些做得不好？哪裡做得比較出色 要求：掌握競爭對手做得好的地方有哪些？結合創業計劃書核對實際完成的情況，導致預測差異的主要原因有哪些

第二節　創業虛擬仿真企業經營管理競技分析

一、實訓目的與任務

通過分析市場研究報告、分析客戶需求、分析目標市場，針對目標客戶設計產品，制訂戰略，討論並制訂企業經營戰略與經營目標，投資廠房與生產線，投資產品與市場開發，編製預算。分析經營數據，理解創業機會與創業的複雜性，培養學生經管管理和創造能力。

二、實訓內容

（1）透過各項指標與競爭對手的差距，分析企業內部管理中存在的問題，並不斷完善改進；透過市場表現分析競爭對手的策略，努力提升市場佔有率，優化各項財務指標，提升企業盈利能力，優化生產結構，控制庫存，有效控制經營成本。

（2）分析各細分市場競爭形勢，調整目標市場，加大市場投入力度，完善產品線，加大渠道擴張，擴展產能，提升盈利能力。

（3）掌握本季度主要鍛煉學生通過查看所經營季度的經營績效，找出公司存在的關鍵問題，通過分析各細分市場的競爭形勢，調整目標市場，加大市場投入力度，完善產品線，加大渠道擴張、擴展產能，提升盈利能力。

（4）檢驗公司行銷戰略的執行情況，強化團隊溝通合作與執行力，戰略優化與調整，風險防範與控制，通過以上季度的營運可以讓學生深刻體會到什麼是創業風險、怎麼防範創業風險？

（5）透過各種經營數據理解創業機會與創業的複雜性，創業者、創業團隊與創業投資者的能力與實力的有限性，以及瞭解到什麼是主導創業失敗的主要風險因素。

（6）分析優劣得失，總結模擬創業的得失成敗，思考在模擬創業過程中，從戰略、行銷、生產、財務、研發、溝通等方面分析，我們哪些做得不好？哪裡做得比較出色？

三、實訓設備

電腦 50 臺，創業之星軟件連接互聯網。

四、實訓步驟

（一）研發部門數據查詢分析

1. 查看經營狀況

在公司場景中點擊「研發部」，在彈出窗口中選擇「經營狀況」，可以查看到公司已設計的所有產品的配置情況，以及該產品的研發進度情況（圖 9-1）。

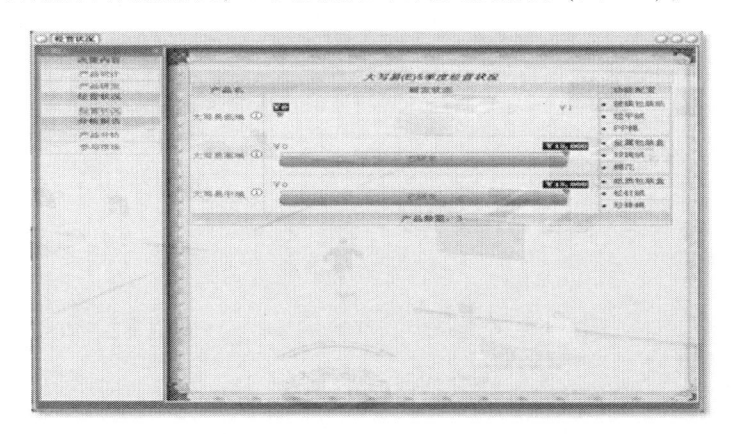

圖 9-1

2. 查看分析報告

產品分析：選擇「分析報告—產品分析」，在上面的產品品牌類別選擇需要對比查看的產品，選中的產品品牌對比列出各產品的原料構成情況（圖9-2）。

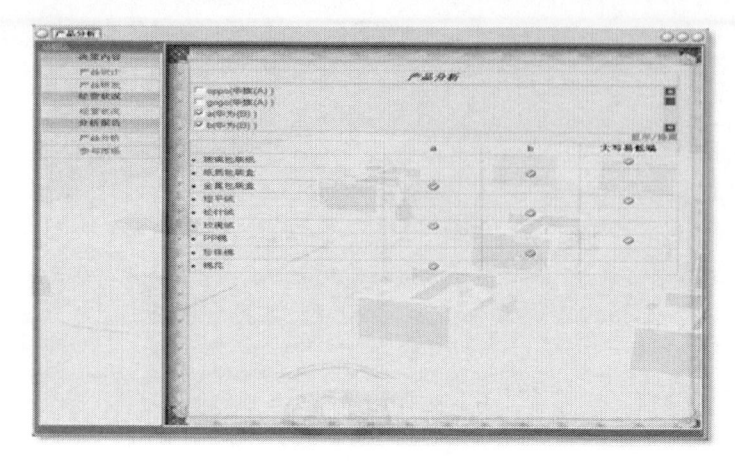

圖9-2

參與市場：選擇「分析報告—參與市場」，選擇要查看的季度及市場，可以查看到該季度在選中市場上所有公司銷售的產品品牌（圖9-3）。

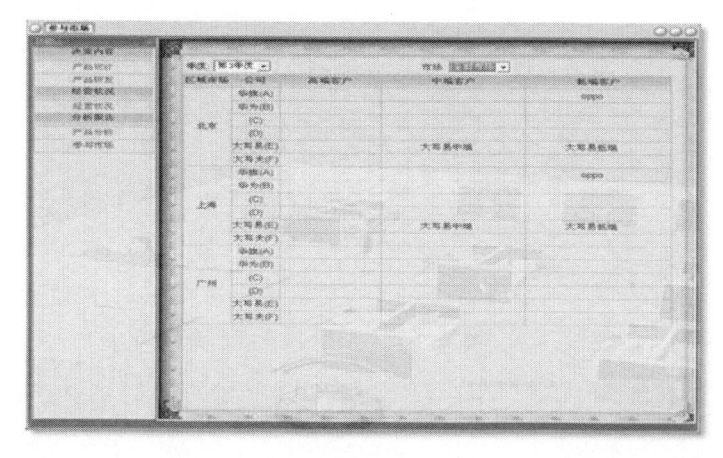

圖9-3

(二) 市場部門數據查詢分析

1. 查看經營狀況

在公司場景中點擊「市場部」，在彈出窗口中選擇「經營狀況」，可以查看到公司在各個區域市場的開發進度及完成情況（圖9-4）。

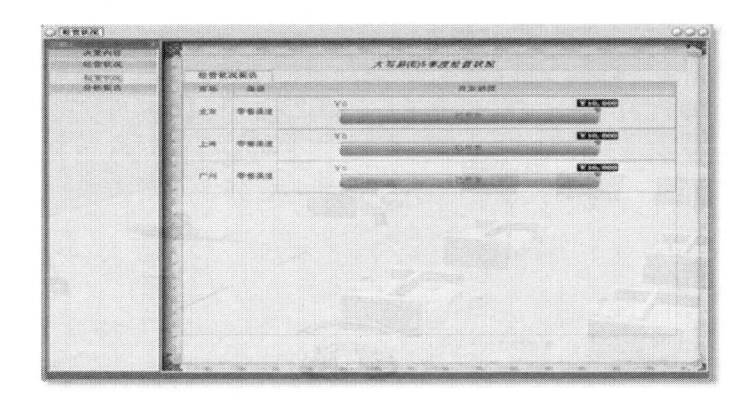

圖 9-4

2. 查看分析報告

產品評價：選擇「分析報告—產品評價」，選擇要查看的季度、市場、渠道、消費群體，可以查看到各區域市場、各消費群體對公司產品的評價分數（圖 9-5）。

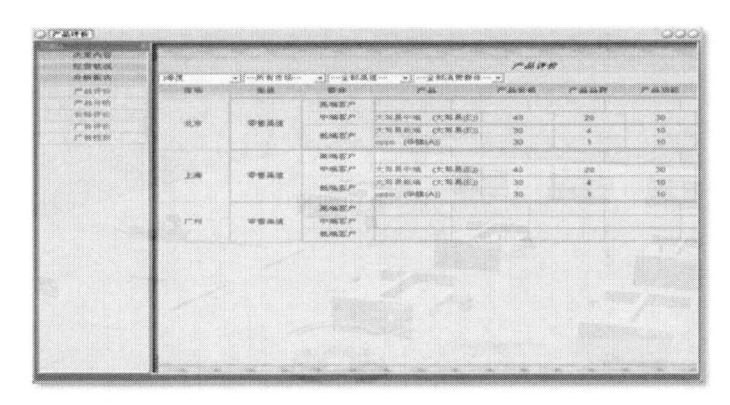

圖 9-5

產品分析：選擇「分析報告—產品分析」，選擇要查看的產品品牌，可以查看到不同產品品牌的原料構成對比資料（圖 9-6）。

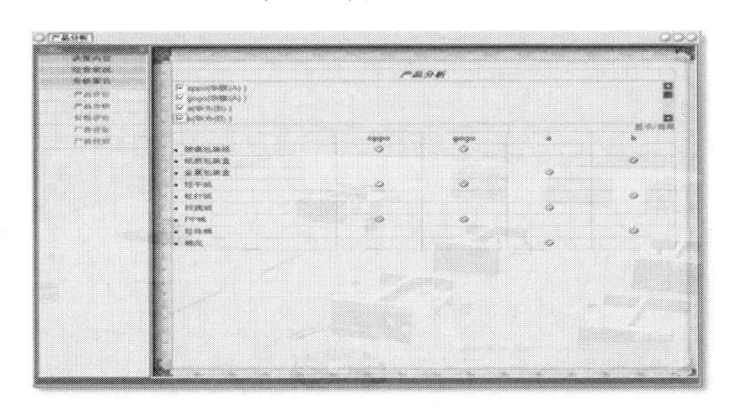

圖 9-6

235

價格評價：選擇「分析報告—價格評價」，選擇要查看的產品品牌及季度，可以查看到不同產品品牌在市場上的消費者評價分數（圖9-7）。

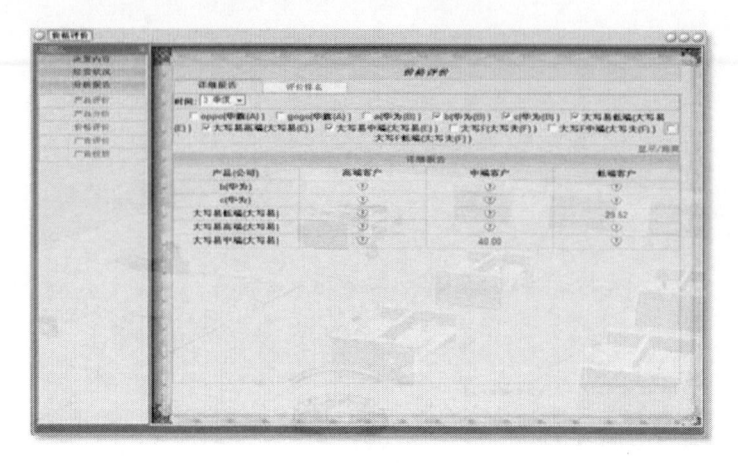

圖 9-7

選擇「評價排名」頁面，設定要查看的季度及消費群體類別，查看所有品牌的分數排名（圖9-8）。

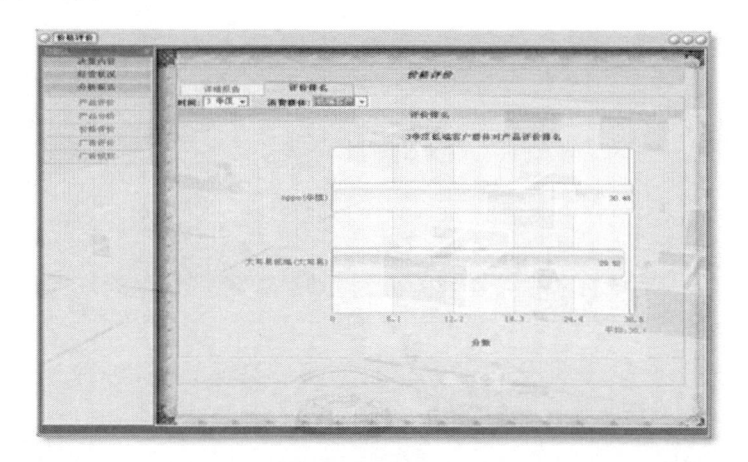

圖 9-8

3. 廣告評價

選擇「分析報告—廣告評價」，選擇要查看的產品品牌及季度，可以查看到不同產品品牌在市場上廣告投放的消費者評價分數（圖9-9）。

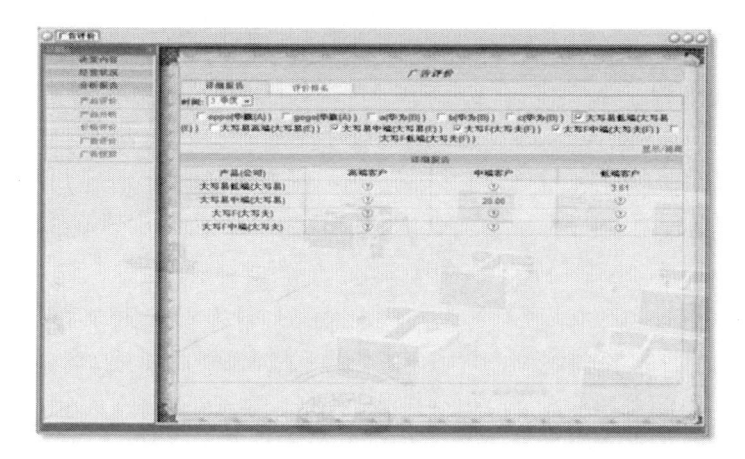

圖 9-9

4. 廣告投放

選擇「分析報告—廣告投放」，選擇要查看的產品品牌，可以查看到消費者對不同產品品牌在市場上投放廣告的評價分數（圖 9-10）。

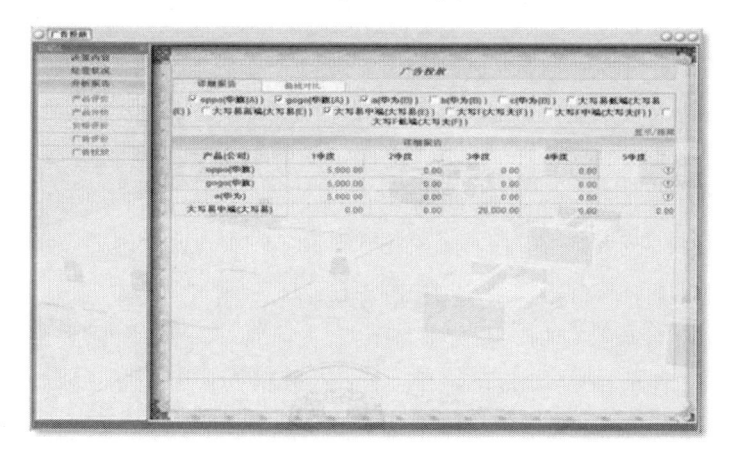

圖 9-10

(三) 銷售部門數據查詢分析

1. 查看經營狀況

銷售狀況：在公司場景中點擊「銷售部」，在彈出窗口中選擇「經營狀況—銷售狀況」，並選擇要查看的季度數，可以查看到公司各產品在市場上的銷售情況（圖 9-11）。

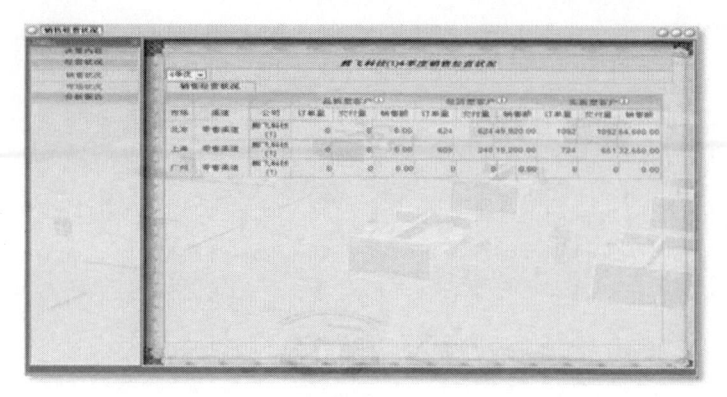

圖 9-11

市場狀況：在公司場景中點擊「銷售部」，在彈出窗口中選擇「經營狀況—市場狀況」，可以查看到公司在各個市場上的銷售能力分佈情況（圖 9-12）。

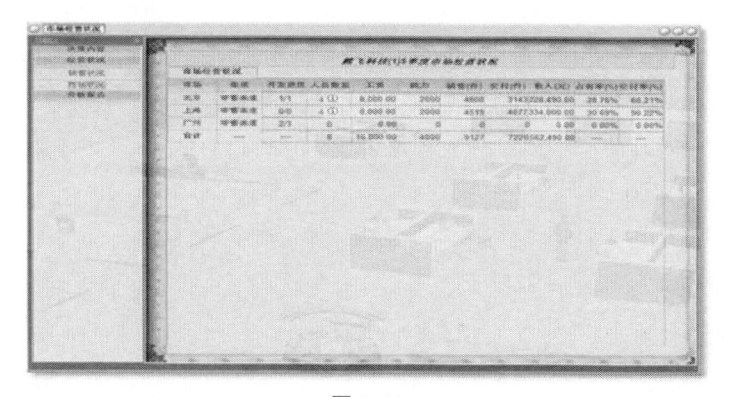

圖 9-12

2. 查看銷售分析報告

市場分佈：在公司場景中點擊「銷售部」，在彈出窗口中選擇「分析報告—市場分佈」，選擇要查看的經營期間，可以查看到公司在指定季度期間內的各細分市場的佔有率情況（圖 9-13）。

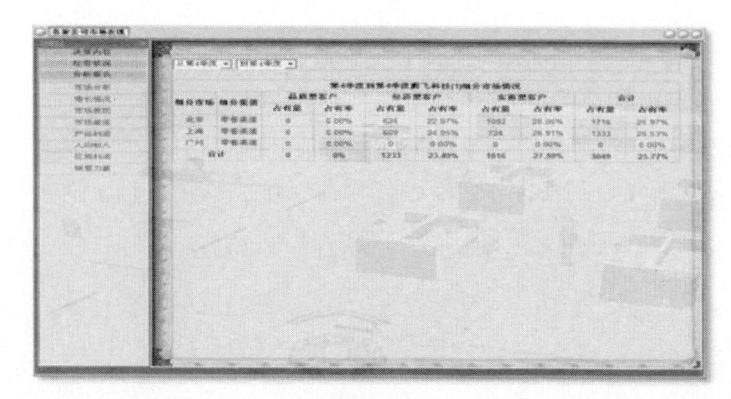

圖 9-13

增長情況：在公司場景中點擊「銷售部」，在彈出窗口中選擇「分析報告—增長情況」，選擇要查看的經營期間，可以查看到公司在指定季度期間內的各細分市場的佔有率情況（圖9-14）。

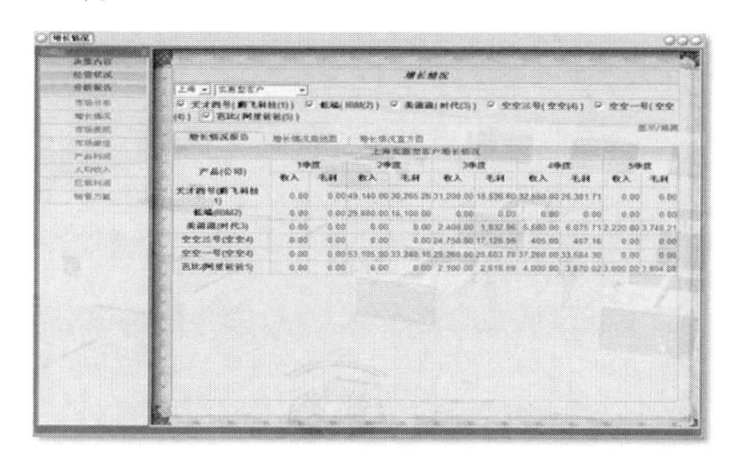

圖9-14

市場表現：在公司場景中點擊「銷售部」，在彈出窗口中選擇「分析報告—市場表現」，選擇要查看的經營期間、市場區域、銷售渠道、消費者類別等，可以查看到公司各產品在相關市場的佔有率情況（圖9-15）。

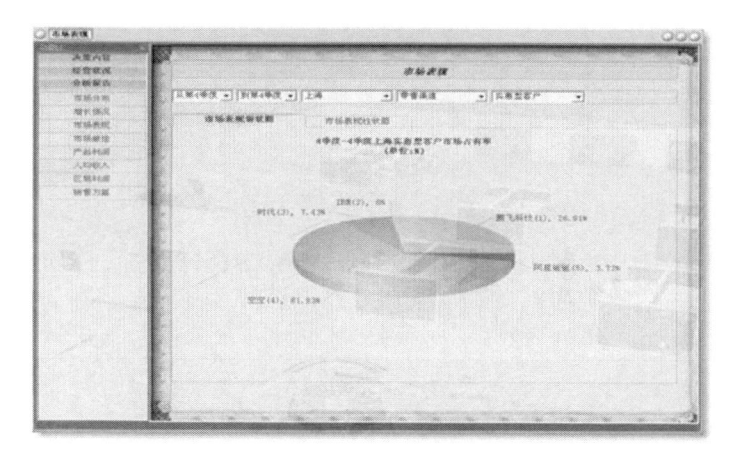

圖9-15

市場最佳：在公司場景中點擊「銷售部」，在彈出窗口中選擇「分析報告—市場最佳」，選擇要查看的經營期間，可以查看到在指定季度期間內的各細分市場表現最好的公司情況（圖9-16）。

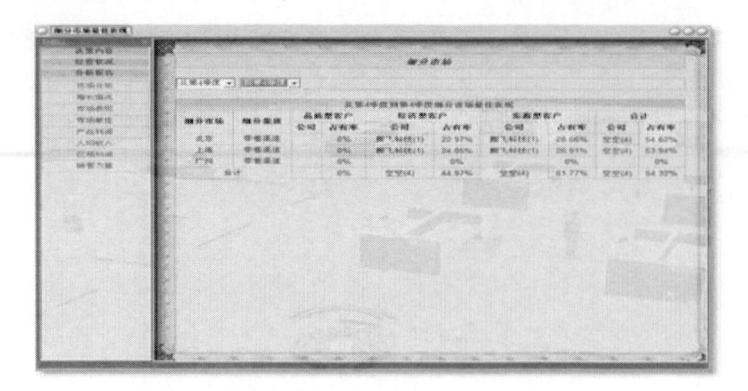

圖 9-16

產品利潤：在公司場景中點擊「銷售部」，在彈出窗口中選擇「分析報告—產品利潤」，選擇要查看的季度，選擇要對比分析的產品品牌，可以查看到不同產品的盈利能力對比（圖 9-17）。

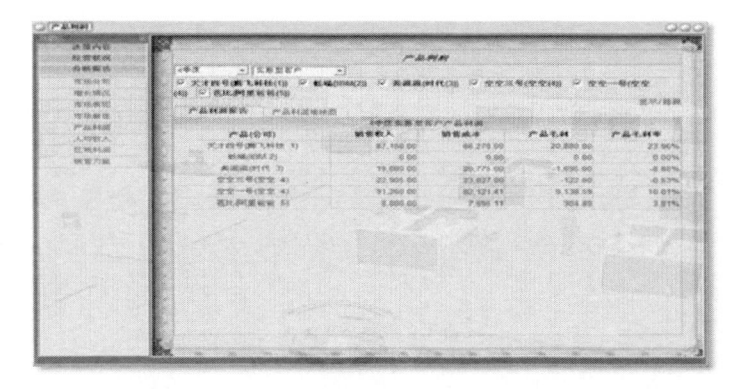

圖 9-17

人均收入：在公司場景中點擊「銷售部」，在彈出窗口中選擇「分析報告—人均收入」，選擇要查看的經營期間，選擇要對比分析的產品品牌，可以查看到產品在不同市場上的人均銷售情況（圖 9-18）。

圖 9-18

區域利潤：在公司場景中點擊「銷售部」，在彈出窗口中選擇「分析報告—區域利潤」，選擇要查看的季度和產品品牌，可以查看到產品在不同區域市場上的盈利能力。二個子頁面選擇分別以表格和圖形方式顯示具體的表現（圖9-19）。

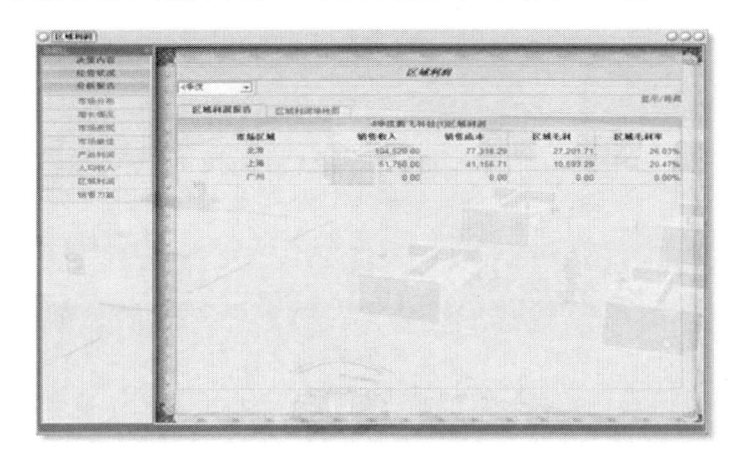

圖9-19

銷售力量：在公司場景中點擊「銷售部」，在彈出窗口中選擇「分析報告—銷售力量」，選擇要查看的季度，可以查看到所有區域市場上銷售人員的配置情況及銷售能力的分佈情況（圖9-20）。

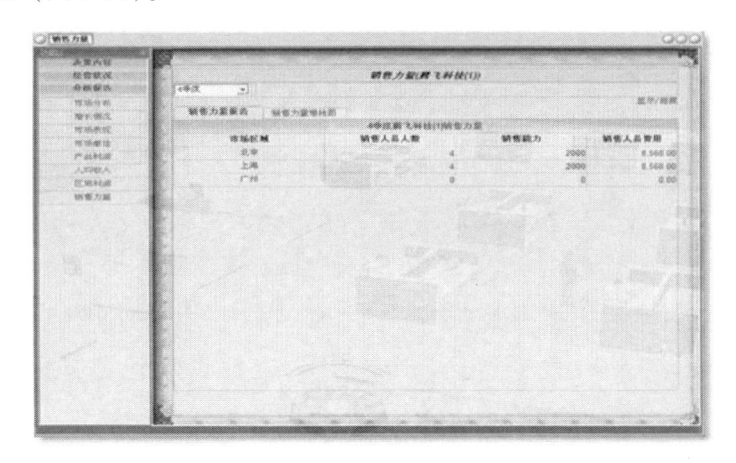

圖9-20

（四）製造部門數據查詢分析

1. 查看經營狀況

在公司場景中點擊「製造部」，在彈出窗口中選擇「經營狀況」，可以查看到公司生產製造部門的廠房、設備、工人等分佈信息（圖9-21）。

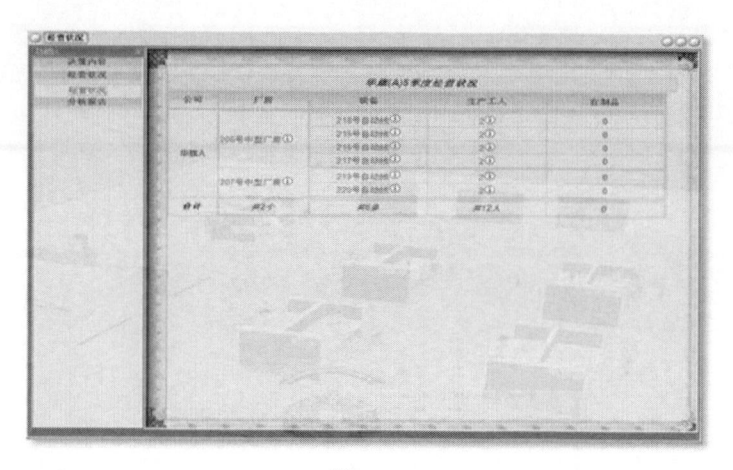

圖 9-21

2. 查看製造部分析報告

在公司場景中點擊「製造部」，在彈出窗口中選擇「分析報告—資質認證」，可以查看到公司在各項認證方面的投入及完成情況（圖 9-22）。

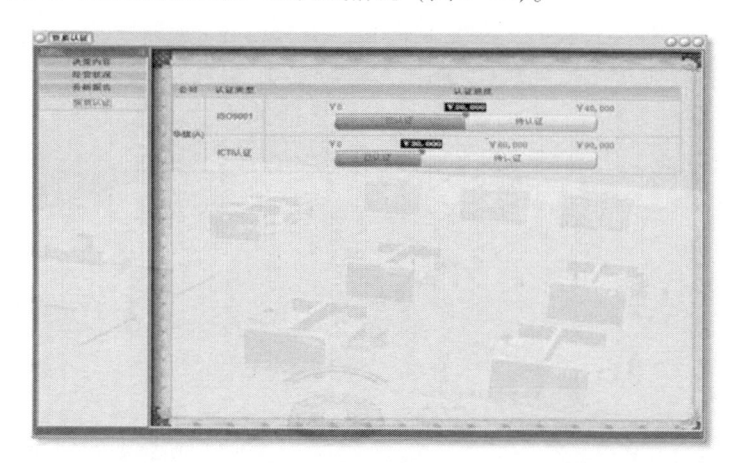

圖 9-22

（五）人力資源部門數據查詢分析

1. 查看經營狀況

在公司場景中點擊「人力資源部」，在彈出窗口中選擇「經營狀況」，可以查看到人力資源部門的相關信息（圖 9-23）。

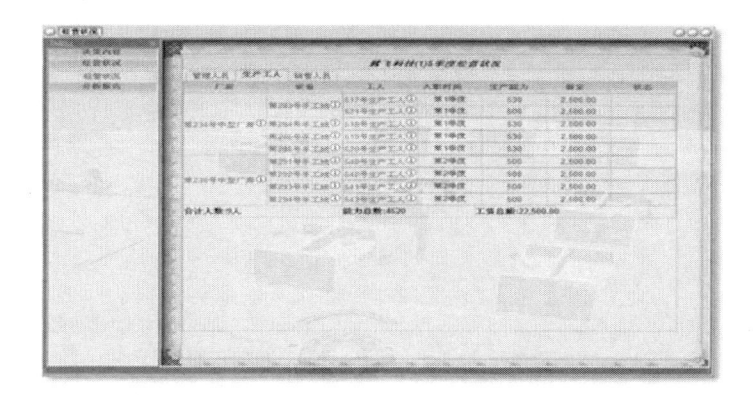

圖 9-23

2. 查看分析報告

人員分析：在公司場景中點擊「人力資源部」，在彈出窗口中選擇「分析報告—人員分析」，可以查看到人力資源部所有人員的分佈情況（圖 9-24）。

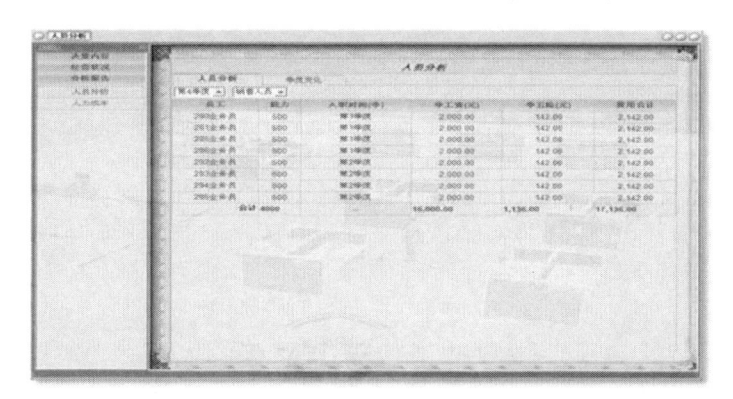

圖 9-24

人力成本：在公司場景中點擊「人力資源部」，在彈出窗口中選擇「分析報告—人力成本」，查看到人力資源部所有人員的人力成本支出分佈情況（圖 9-25）。

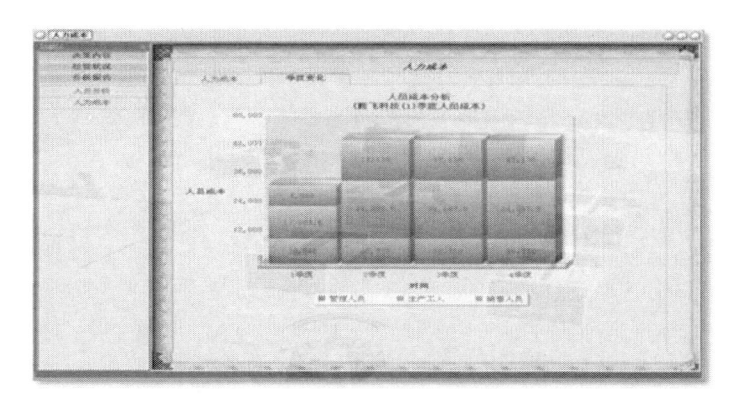

圖 9-25

（六）財務部門數據查詢分析

查看經營狀況：在公司場景中點擊「財務部」，在彈出窗口中選擇「經營狀況」，可以查看到財務部門的相關信息。

（七）總經理數據查詢分析

1. 管理駕駛艙

財務管理：在公司場景中點擊「總經理」，在彈出窗口中選擇「管理駕駛艙—財務管理」，可以查看到公司關鍵財務績效指標的數據及行業平均值（圖9-26）。

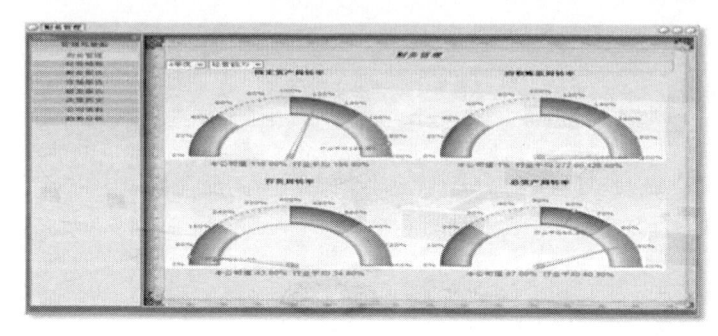

圖9-26

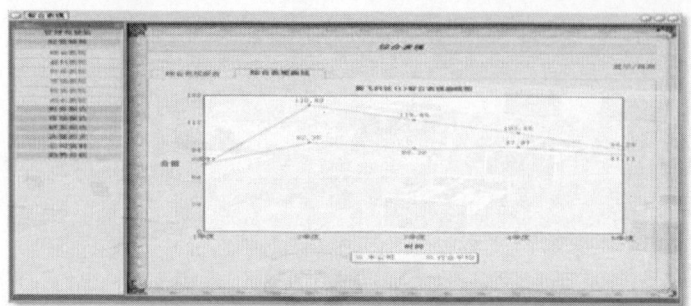

2. 查看經營績效

綜合評價：在公司場景中點擊「總經理」，在彈出窗口中選擇「經營績效—綜合評價」，可以查看到公司總體經營績效評價分數與排名情況。綜合評價是最終各公司的排名分數（圖9-27）。

圖9-27

盈利表現：在公司場景中點擊「總經理」，在彈出窗口中選擇「經營績效—盈利表現」，可以查看綜合評價分數其中的盈利表現分數情況（圖9-28）。

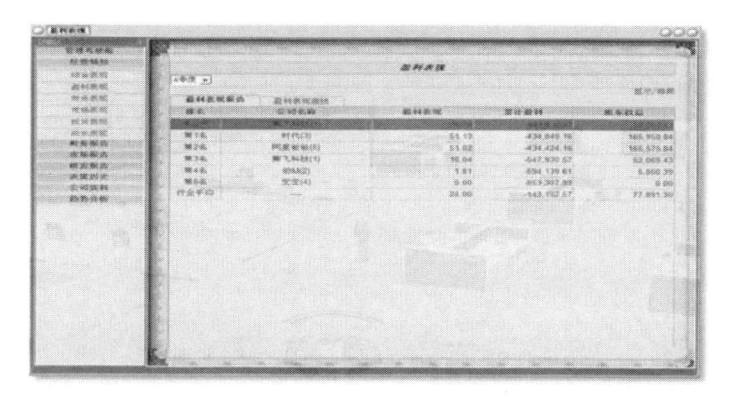

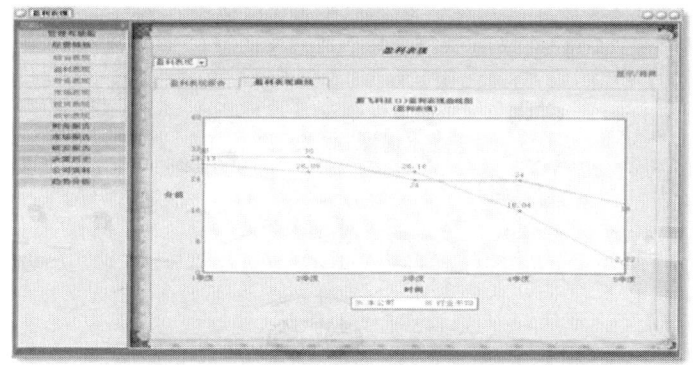

圖 9-28

財務表現：在公司場景中點擊「總經理」，在彈出窗口中選擇「經營績效—財務管理」，可以查看綜合評價分數其中的財務表現分數情況（圖9-29）。

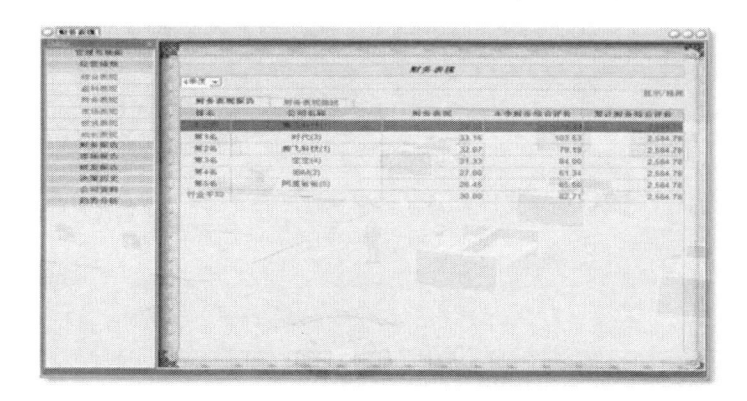

圖 9-29

市場表現：在公司場景中點擊「總經理」，在彈出窗口中選擇「經營績效—市場管理」，可以查看綜合評價分數其中的市場表現分數情況（圖9-30）。

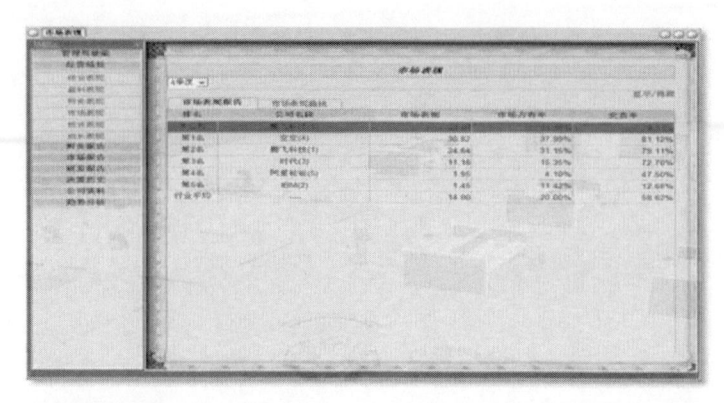

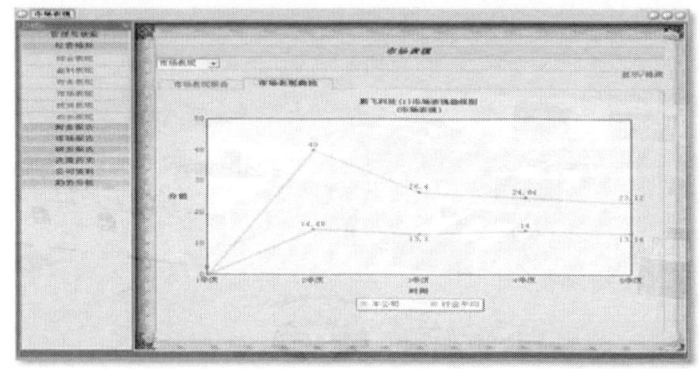

圖 9-30

投資表現：在公司場景中點擊「總經理」，在彈出窗口中選擇「經營績效—投資管理」，可以查看綜合評價分數其中的投資表現分數情況（圖 9-31）。

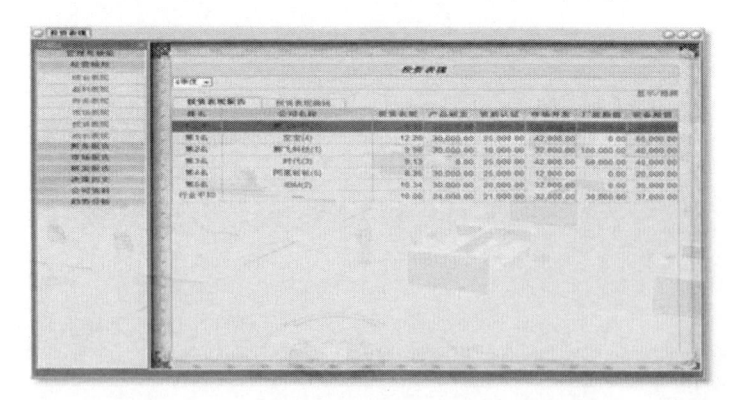

圖 9-31

成長表現：在公司場景中點擊「總經理」，在彈出窗口中選擇「經營績效—成長管理」，可以查看綜合評價分數其中的成長表現分數情況（圖 9-32）。

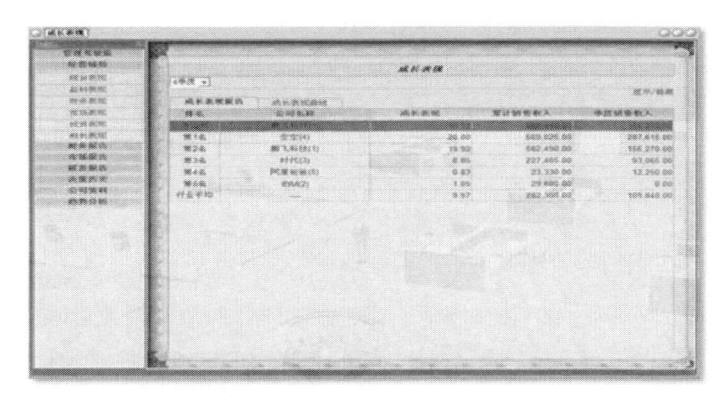

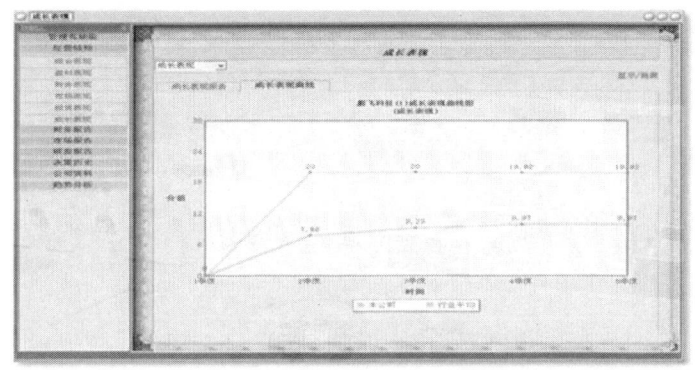

圖 9-32

3. 查看財務報告

財務報表：在公司場景中點擊「總經理」，在彈出窗口中選擇「財務報告—財務報表」，可以查看任一季度的三張財務報表（圖 9-33）。

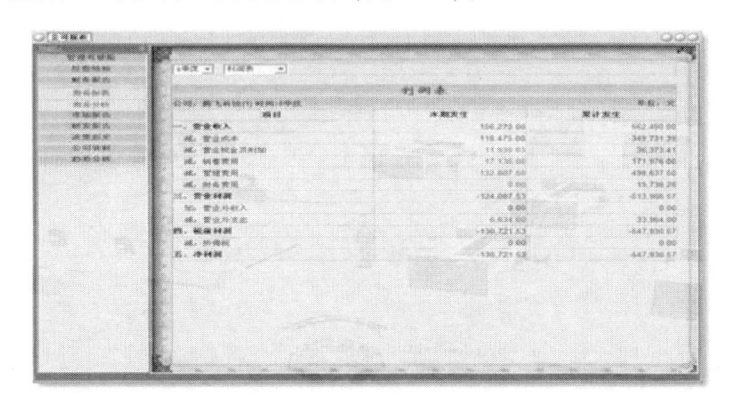

圖 9-33

財務分析：在公司場景中點擊「總經理」，在彈出窗口中選擇「財務報告—財務分析」，可以查看到任一季度的財務分析指標數值，以及綜合財務評價分數（圖 9-34）。

247

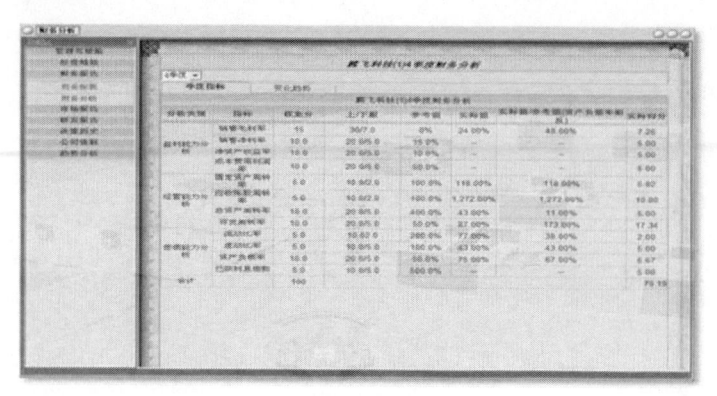

圖 9-34

4. 查看市場報告

市場開發：在公司場景中點擊「總經理」，在彈出窗口中選擇「市場報告—市場開發」，可以查看到目前公司在各個市場上的人員配置情況，以及在該市場的收入與佔有率狀況（圖9-35）。

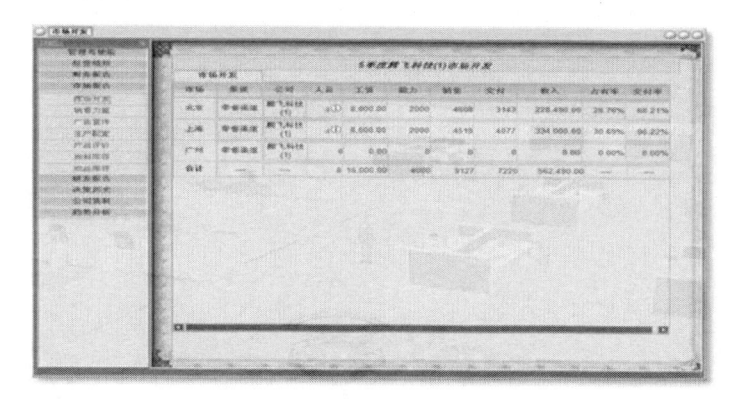

圖 9-35

在彈出窗口中選擇「市場報告—市場開發」，可以查看到任一季度公司在各個市場上的銷售人員數量與銷售能力情況（圖9-36）。

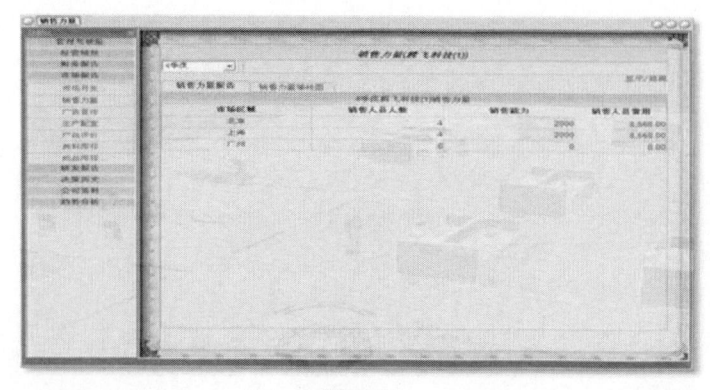

圖 9-36

廣告宣傳：在公司場景中點擊「總經理」，在彈出窗口中選擇「市場報告—廣告宣傳」，可以查看到任一季度公司針對每一品牌產品所投放的廣告宣傳情況（圖9-37）。

圖 9-37

5. 查看生產報告

生產配置：在公司場景中點擊「總經理」，在彈出窗口中選擇「生產報告—生產配置」，可以查看到當前公司所擁有的廠房與設備情況（圖9-38）。

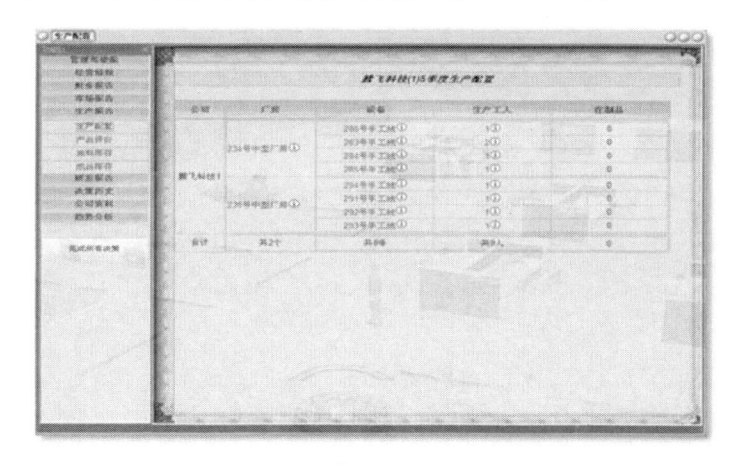

圖 9-38

產品評價：在公司場景中點擊「總經理」，在彈出窗口中選擇「生產報告—產品評價」，可以查看到任一季度公司在各個市場上的銷售人員數量與銷售能力情況（圖9-39）。

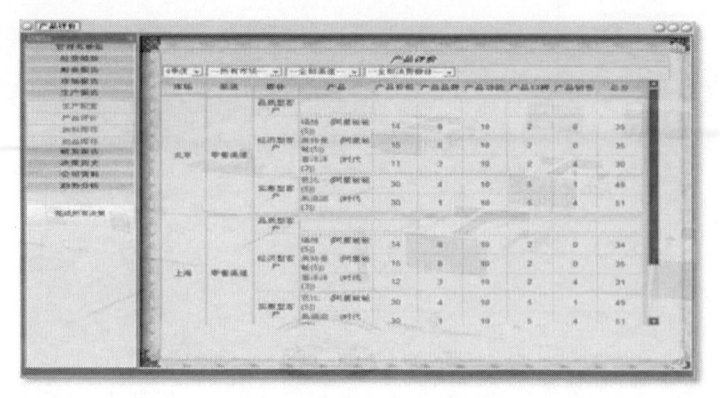

圖 9-39

原料庫存：在公司場景中點擊「總經理」，在彈出窗口中選擇「生產報告—原料庫存」，可以查看到任一季度公司在目前所擁有的所有原料庫存品種及數量等信息（圖9-40）。

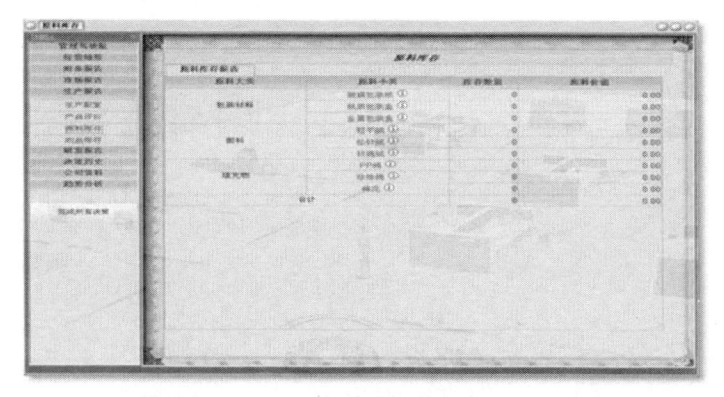

圖 9-40

成品庫存：在公司場景中點擊「總經理」，在彈出窗口中選擇「生產報告—成品庫存」，可以查看到任一季度公司在目前所擁有的所有原料庫存品種及數量等信息（圖9-41）。

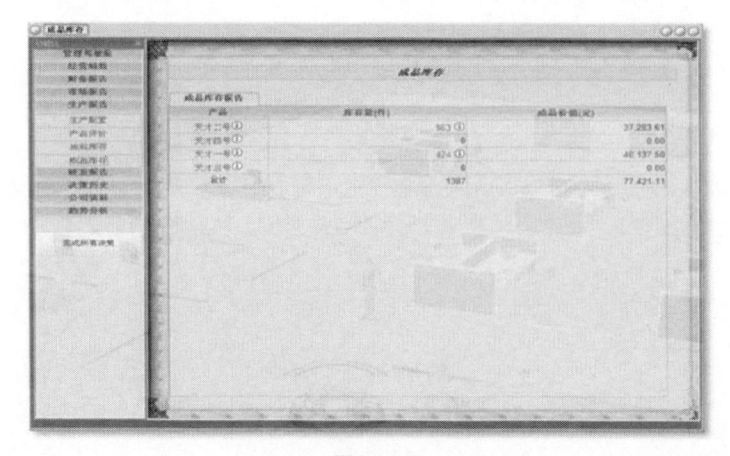

圖 9-41

6. 查看研發報告

產品研發：在公司場景中點擊「總經理」，在彈出窗口中選擇「研發報告—產品研發」，可以查看到公司目前所設計開發的所有產品品牌的配置情況及研發狀態(圖9-42)。

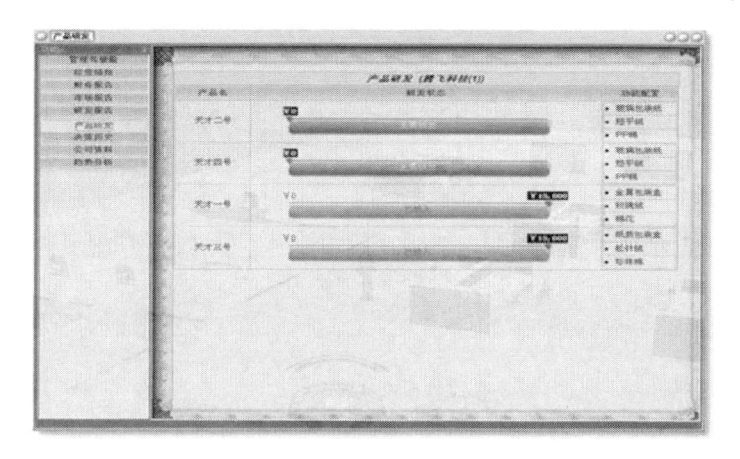

圖 9-42

7. 查看決策歷史

在彈出窗口中選擇「決策歷史—歷史決策」，可以查看到公司在各個季度所做的所有決策任務匯總及詳細的數據變化情況（圖9-43）。

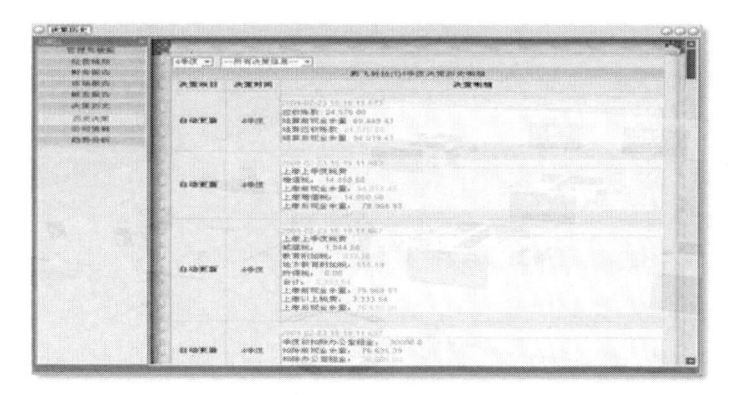

圖 9-43

8. 查看公司資料

在彈出窗口中選擇「公司資料」，可以查看到公司在工商註冊階段所完成的所有流程工作以及相關證件和報告。此部分內容已在前面創業準備環節進行了介紹，詳細操作請參閱前面的創業準備部分的相關內容。

9. 查看趨勢分析

在公司場景中點擊「總經理」，在彈出窗口中選擇「趨勢分析」，可以查看到公司各項經營指標在各個季度的發展趨勢情況（圖9-44）。

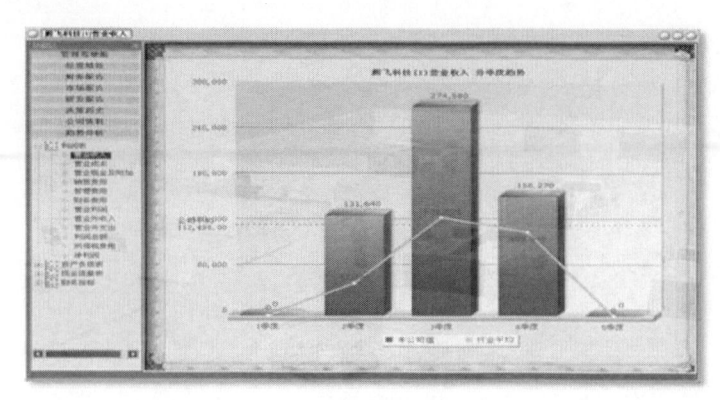

圖 9-44

五、實訓記錄與數據處理要求

（1）競技過程按照規則進行決策；

（2）注意收集競技過程各項數據：產品研發、原料購買、工廠房的租賃與購買、設備的租賃或購買、人員招聘、廣告投入、市場開拓、生產產品數量與質量、報價、產品交付；

（3）注意各項指標分析與研究，為后面的決策作好準備。

表 9-2

≪創業虛擬仿真經營決策競技分析≫實訓					
實驗項目名稱		實驗時間		實驗地點	
實驗類型		實驗設備			
實驗要求		1 2			
實驗步驟		實驗內容			完成情況	
1 2 3				
數據處理情況				

六、實訓中注意事項

注意收集競技過程各項數據：產品研發、原料購買、工廠房的租賃與購買、設備的租賃或購買、人員招聘、廣告投入、市場開拓、生產產品數量與質量、報價、產品交付。

思考與討論

討論分析創業企業經營管理競技中得失，分析自己每個階段中的收穫，並寫成一份完整的分析報告。

第四篇　創業實戰篇

創業者在創業前或創業活動中要不斷培養和提升創業能力，尤其是創業實踐能力。創業實踐能力是影響創業活動效率、促使創業實踐活動順利進行的主要因素，是具有較強綜合性和創造性的心理機能，是知識、經驗、技能經過類比、概括而形成的並在創業中表現出來的複雜而協調的行為活動。創業實戰是有效提升創業者這方面能力的載體。

第十章　創業實戰

小王創業虛擬仿真過程完成實訓，準備進行創業實戰。導師告訴他們可以以互聯網為基礎進行創業，並以創業實戰的收穫參加全國性創業大賽來獲得更多的創業資源，以推動創業公司發展。

第一節　互聯網及其發展

一、互聯網

（一）互聯網

互聯網（internet），又稱網際網路，或音譯因特網、英特網，是網路與網路之間串連成的龐大網路。這些網路以一組通用的協議相連，形成邏輯上的單一巨大國際網路。這種將計算機網路互相連接在一起的方法可稱作「網路互聯」，在此基礎上發展出覆蓋全世界的全球性互聯網路，稱互聯網，即是互相連接在一起的網路結構。互聯網始建於 1969 年的美國，又稱因特網，是美軍在 ARPA（阿帕網，美國國防部研究計劃署）制定的協定下，首先用於軍事電腦連接，后將美國西南部的加利福尼亞大學洛杉磯分校、斯坦福大學研究學院、加利福尼亞大學和猶他州大學的四臺主要的計算機連接起來。

（二）互聯網影響

1. 社會影響

互聯網互通是全球性的。這就意味著這個網路不管是誰發明了它，是屬於全人類的。互聯網的結構是按照「包交換」的方式連接的分佈式網路。因此，在技術的層面上，互聯網絕對不存在中央控制的問題。也就是說，不可能存在某一個國家或者某一個利益集團通過某種技術手段來控制互聯網的問題；反過來，也無法把互聯網封閉在一個國家之內——除非他建立的不是互聯網。

2. 經濟影響

今后 5 年，20 國集團（G20）中的發達國家互聯網年增長 8%，對 20 國集團 GDP 貢獻率將達 5.3%，發展中國家增長率高達 18%，2010—2016 年 20 國集團的互聯網經濟將近翻番，增加 3200 萬個就業機會。

3. 網路即傳媒

正如我們前面看到的那樣，互聯網的出現固然是人類通信技術的一次革命，然而，

如果僅僅從技術的角度來理解互聯網的意義顯然遠遠不夠。互聯網的發展早已超越了當初阿帕網的軍事和技術目的，幾乎從一開始就是為人類的交流服務的。

4. 網頁出版物

如果理解了「網路就是傳媒」，就很容易理解作為互聯網的功能之一的環球網的網頁實質上就是出版物，它具有印刷出版物所應具有的幾乎所有功能。當把信息提供到環球網上的時候，也就被認為是出版在環球網上了。在環球網上出版只需要「出版者」有一臺電腦和互聯網相連並且運行環球網的服務器軟件。就像印刷出版物一樣，環球網是一個通用的傳媒。然而，與印刷出版物相比較，網頁具有印刷出版物所不具有的許多特點。網頁的成本非常低。網頁的另一個優點是讀者面廣。由於網頁使用的是超文本文件格式，可以通過連結的方式指向互聯網上所有與該網頁相關的內容。不管是進行理論研究，還是讀新聞，都可以很方便地找到相關的資料。並且，這些材料好像不是別人寫好了強加於你，而是由你「參與」其中，自己「找」出來的。

5. 語言影響

互聯網的出現對傳統語言產生重大影響，從而出現了網路語言。這種語言是伴隨著網路的發展而新興的一種有別於傳統平面媒介的語言形式。它以簡潔生動的形式，一誕生就得到了廣大網友的偏愛，發展神速。

6. 消極影響

互聯網的消極影響有虛假信息、網路詐欺、病毒與惡意軟件、色情與暴力、網癮、數據丟失、網路爆紅、陰謀論、過於公開、過於商業化、黑客攻擊。

二、互聯網未來發展的前景和趨勢

互聯網可以大規模收集、存儲人類的行為信息，這在一定程度上有點像人的大腦。當互聯網越來越像人的大腦的時候，互聯網就會越來越聰明，可以用邏輯思維的方式幫助用戶解決問題，這或許是互聯網未來發展的前景和趨勢。

(一) 互聯網的用戶數量將進一步增加

目前全球互聯網用戶總量已經達到 17 億左右，相比之下，全球的總人口數則為 70 億。據國家科學基金會（National Science Foundation）預測 2020 年前全球互聯網用戶將增加到 50 億。這樣，互聯網規模的進一步擴大便將成為人們構建下一代互聯網架構的主要考量因素之一。

(二) 互聯網在全球的分佈狀況將日趨分散

在接下來的 10 年裡，互聯網發展最快的地區將會是發展中國家。據互聯網世界（Internet World）的統計數據：目前互聯網普及率最低的是非洲地區，僅 6.8%；其次是亞洲（19.4%）和中東地區（28.3%）；相比之下，北美地區的普及率則達到了 74.2%。這表明未來互聯網將在地球上的更多地區發展壯大，而且所支持的語種也將更為豐富。

(三) 電子計算機將不再是互聯網的中心設備

未來的互聯網將擺脫目前以電腦為中心的形象，越來越多的城市基礎設施等設備

將被連接到互聯網上。據美國中央情報局（CIA）公布的 2009 年版世界統計年鑒顯示（CIA World Factbook 2009），目前連接在互聯網上的計算機主機大概有 5.75 億臺。但據國家科學基金會預計，未來會有數十億個安裝在樓宇建築，橋樑等設施內部的傳感器將會被連接到互聯網上，人們將使用這些傳感器來監控電力運行和安保狀況等。到 2020 年以前，預計被連接到互聯網上的這些傳感器的數量將遠遠超過用戶的數量

（四）互聯網的數據傳輸量將增加到艾字節（exabyte），乃至皆字節（zettabyte）級別

　　由於高清視頻/圖片的日益流行，互聯網上傳輸的數據量最近幾年出現了飛速增長。據思科公司估計，在 2012 年以前，全球互聯網的流量將增加到每月 10 億 GB，比目前的流量增加一倍有餘，而且不少在線視頻網站的流行程度還會進一步增加。為此，研究人員已經開始考慮將互聯網應用轉為以多媒體內容傳輸為中心，而不再僅僅是一個簡單的數據傳輸網路。

（五）互聯網將最終走向無線化

　　目前移動寬帶網的用戶已經呈現出爆發式增長的跡象，按 Informa 預計，到 2014 年，全球無線寬帶網的用戶數量將提升到 25 億人左右。

（六）互聯網將出現更多基於雲技術的服務項目

　　互聯網專家們均認為未來的計算服務將更多地通過雲計算的形式提供。據最近國際電信趨勢（Telecom Trends International）的研究報告表明，2015 年前雲計算服務帶來的營收將達到 455 億美元。

（七）互聯網將更為節能環保

　　目前的互聯網技術在能量消耗方面並不理想，未來的互聯網技術必須在能效性方面有所突破。據專家預計，隨著能源價格的攀升，互聯網的能效性和環保性將進一步增加，以減少成本支出。

（八）互聯網的網路管理將更加自動化

　　除了安全方面的漏洞之外，目前的互聯網技術最大的不足便是缺乏一套內建的網路管理技術；比如自診斷協議，自動重啓系統技術，更精細的網路數據採集，網路事件跟蹤技術等。

三、1994—2014 年互聯網三次改變中國社會

　　1994 年 4 月 20 日，是中國互聯網的歷史性開端。本書學習並整理了方興東、潘可武等的宏文《中國互聯網 20 年：三次浪潮和三大創新》，加以濃縮。

（一）第一次浪潮：1994—2001 年：互聯網 1.0

　　商業創新：創業浪潮，熱潮，低潮（互聯網冬天）。

　　1994 年 4 月 20 號是中國互聯網的誕生之日，隨后，由清華大學等高校、科研計算機網等多條互聯網接入，國家郵電部正式向社會開放互聯網接入業務，互聯網服務供應商（ISP）如瀛海威等開始出現，互聯網創業浪潮漸起。

中國互聯網第一次熱潮，由新浪、搜狐、網易三大門戶的創建開始發端。那時候，誕生了「中國概念股」的稱呼，因為到 2000 年，中國網民才突破 1,000 萬大關。這一輪浪潮完全是由美國互聯網熱潮帶動起來的。

2000 年的以科技股為代表的納斯達克股市的崩盤和「網路泡沫」的破滅，讓全球互聯網產業都進入「嚴冬」，「多米諾骨牌」效應帶動信息技術（IT）產業整體下滑，市場一片低迷。

(二) 第二次浪潮：2001—2008 年：互聯網 2.0

商業創新：中國特色開始逐漸呈現。

互聯網第二次浪潮下，中國互聯網形成了 SP[①]、網路遊戲和網路廣告三大很紮實的盈利模式，每一項都達到數十億的年收入規模。

2002 年開始，由中國移動策動的短信 SP 業務帶動中國互聯網復甦。

阿里巴巴直接推動了中國第三次更大的互聯網熱潮，電子商務成為重中之重。2007 年 11 月 6 日，阿里巴巴在香港上市，首日股價收盤逼近 40 港元，市場價值超越 250 億美元，一舉超越了中國互聯網原本遙遙領先騰訊和百度兩大公司，更將價值只有 20 多億美元的老牌三大門戶拉開一個數量級，中國互聯網全新格局初步奠定。阿里巴巴與騰訊、百度構成第一陣營，三家百億美元級的互聯網公司優勢明顯；50 億美元左右的分眾和巨人，以及 20 億~30 億美元的攜程、新浪、網易、盛大等 6 強構成了中國互聯網的第二陣營，也是在各自領域領先的互聯網列強；而搜狐、九城、完美、金山等十多家互聯網公司構成了第三梯隊，也都各有特點。這個格局與 3~5 年前三大門戶獨領風騷，已經大不一樣。在 SP、遊戲、聊天、Q 幣等娛樂化浪潮之後，電子商務的崛起拓展了中國互聯網的深度和厚度。

阿里巴巴上市將中國的競爭正式推向了世界級的高度。此前，騰訊和百度在上市 2~3 年之後都先後跨越了百億美元大關。而阿里巴巴這次亮相完全是世界級的當量，當下全球互聯網四強的市場價值分別為谷歌（2000 億美元）、易趣（500 億美元）、雅虎（400 億美元）和亞馬遜（250 億美元），阿里巴巴的 250 億美元僅僅是商對商（B2B）部分，還不包括支付寶和人們更看好的淘寶。所以，阿里巴巴上市是中國首次誕生世界級的互聯網巨頭（阿里巴巴昂首挺進世界前五強互聯網巨頭），重新定義了中國互聯網的高度。在此時，世界級當量的互聯網公司，更讓人對中國互聯網的未來充滿更大的期望。

這個提前到來的世界級水平堪稱憂喜參半，喜就不用說，憂的是中國互聯網公司雖然價值一時很高，但是事實上還缺乏全球性的競爭力，甚至在中國市場創新方面的核心競爭力，也是非常虛弱的，需要更紮實的商業模式，更具有中國特色的創新力。

(三) 第三次浪潮：2009—2014 年：互聯網 3.0

商業創新：即時網路時代，微博和微信，世界級，自己特性。

[①] SP 指移動互聯網服務內容應用服務的直接提供者，負責根據用戶的要求開發和提供適合手機用戶使用的服務。

2009 年開始，Web2.0 的概念逐漸淡出視野，社會性網路服務（SNS）網站逐漸興起，微博、微信類服務崛起，將中國互聯網帶入即時傳播時代。中國的互聯網發展開始呈現自己的特性，並在網民數量、寬帶網民數、CN 註冊域名、個人電腦等多個指標超越美國成為世界之最，騰訊、阿里巴巴等巨頭公司的市值也躋身世界前列。

互聯網發展經歷了將近半個世紀，正在發生最大的力量轉移：2008 年 3 月中國網民數量和寬帶網民數同時超過美國；2011 年第二季度中國個人電腦（PC）銷量首次超過美國；2011 年第三季度中國智能手機銷量首次超過美國。中文網民規模繼續領跑全球。

進入 2013 年 8 月份，中國互聯網新版圖的格局初露崢嶸。360 市值突破百億美元大關，小米新一輪融資也探到百億美元大關。在易信的激勵下，網易也開始迴歸百億美元高度。三個公司接踵抵達百億美元高度，使得中國互聯網全新的第二梯隊陣容一下子豐滿起來。2014 年，百度市值超越 600 億美元，360、網易、京東、小米等百億美元級別穩穩占據全球互聯網第二陣營的份額。

2014 年，我國在網民規模與互聯網企業競爭能力的上升力量是建設網路強國最重要的驅動力。以互聯網金融為代表的互聯網新商業模式發展與創新已經超越美國。2014 年開年，余額寶取締大論戰，打車軟件與微信紅包引爆的騰訊和阿里的移動支付大戰，將中國互聯網金融的發展推向新的高潮。

（四）2014—2024 年，中美力量轉移，展望網路強國

2014 年是中國互聯網 20 年，美國互聯網 45 年。20 歲和 45 歲，是中國互聯網與美國互聯網非常形象的兩個年齡對比。20 歲將面對冉冉上升的下一個十年，45 歲將面對成熟停滯的下一個十年。

下一個十年對於中國發展至關重要，互聯網也是如此。根據發展的經驗和規律，未來十年新增的下一個 30 億網民，這些主要來自中國、印度等廣大發展中國家的網民，他們將重新改變互聯網，重新定義商業模式和市場格局。

下一個十年，正是中國企業全球崛起的最佳窗口期，中國互聯網力量的全球崛起不再是夢想。只要戰略得當，中國十年之內完成從網路大國到網路強國的目標是完全可以實現的。即將開啓的全球下一個 30 億網民浪潮中，這些未來的新網民，80% 以上來自發達國家之外的發展中國家，由於他們的文化教育水平、經濟水平、消費習慣和文化多元性，更接近於中國而不是美國，在這場新的博弈和競爭中，優勢的天秤已經開始向中國的企業傾斜。美國企業將在這個新戰場中逐漸邊緣化，競爭力也將相對下降。

下一個十年中，中國經濟總量毫無疑問將超越美國，軍事也將躋身強國行業。文化和政治力量很大程度上將借助中國互聯網的力量在全球崛起。所以，駕馭好互聯網的趨勢，把握好這個十年的大好機遇，中華民族復興之夢是可以期望的。互聯網將成為中國崛起的催化劑、加速器和驅動力，網路強國的戰略及時性和重要性顯而易見。

下一個十年，互聯網將是中國軟實力全球崛起的主戰場。面對機遇，中國互聯網也將面臨新的挑戰，一個來自於內部，即互聯網如何順利融入整個社會，成為中國未

來發展的全新基礎設施;一個來自於外部,即中國互聯網如何走出去,影響國際,在全球範圍建立競爭力和話語權。

在這過程當中,互聯網產業將繼續通過技術創新的形式,重新分配社會資源,包括注意力、財富、權力、話語權、影響力等。互聯網創業,將繼續推動社會完成大規模的、深刻的新陳代謝,激發國家新的活力和動力,並重新調整和修改社會發展的游戲規則。

四、大學生移動互聯網創業案例

(一)微信創業

如果說微信「朋友圈」是「擺地攤」,那麼微信服務號做生意更像是「進商場」。「微信服務我來做!送餐、送水果、送零食,跑腿就為你滿意……」大學城裡一股「微信行銷」風蔚然興起。大學生們申請微信公共號經營「微店」,通過微信提供服務和買賣。「只要你擁有一部智能手機,想吃什麼,發幾句留言,馬上就能送到你面前。」

案例 10-1

廣州大學城第一家微信水果商城「果姑娘」開始運行。中山大學軟件學院畢業生吳承峻和一個老鄉「合夥」開始了水果電商創業。「果姑娘」不僅送果上門,還負責水果的挑選和「售後」「發現有壞果可換可退」。短短兩週試營運時間,就賣出2,000斤水果。如今用戶已接近兩千人,日流水也達到700多元。隨著用戶數量的增長,團隊開始招聘兼職學生送果。據吳承峻介紹,他們還計劃在其他高校設置代理點,將該微信水果商城推向整個大學城。

類似的學生電商在其他高校也相繼湧現,陝西理工學院數學與計算機科學學院的5位大三學生便創辦了微信購物公眾平臺——陝理工一號店,該「微店」只針對校園用戶,主營水果和零食,接單之後送貨上門。組織者周浩說,「當收到同學下單信息後,工作就開始了,稱重、打小票、送貨上門等一系列活兒,誰有空誰就來做。學校的老師也下單買我們的水果。」此外,他們還利用微信購物公眾平臺幫同學免費發布二手交易信息,提供免費的數碼產品維修等。

從小打小鬧到成立公司

福建農林大學的林燁用微信賣水果近一年,特色是水果拼盤,最高紀錄月收入超3萬元。前期創業時,進貨、銷售、送貨全都一人包辦,「獨來獨往」太累,租店成本又太高,林燁決定將他的「創業基地」放在微信上。如今有5個小夥伴加入到了他的水果微行銷中,生意好時,一天就能收入1,000多元。「希望把利用新媒體建成的網路商店做成一個品牌。」林燁說。

同樣做水果配送的姜軍是重慶郵電大學研二學生。姜軍和他的合夥人王健樂創辦了品牌「菜小二」。「配送暫定為水果,做好了再拓展至生鮮。」他們組建團隊,找來一批技術達人,做網站、APP、微信平臺的技術研發、運作,在校外租了一個80多平方米的套間作為創業基地。姜軍說,第一筆創業資金來自於兩人的積蓄和獎學金。創業的資金不多,賣水果所掙的也不多。

業餘時間,「菜小二」的技術團隊會承接一些項目,所獲得的資金用來推動創業運轉,現在已經盈利。「我們即將推出 APP,顧客可以在線選購並搭配水果,我們根據要求配送。」

案例 10-2

掃一掃微信二維碼,便可享受周邊商店酒店的大幅折扣,還可送貨上門。這半年來,一個名為「吃喝茶山劉」的微信公眾帳號在武漢大學生中風靡起來。

靈感來自女朋友抱怨沒人送飯

該團隊負責人、中南財經政法大學大四的鄧超說,項目團隊主創人員 15 人,來自不同專業。最初萌生念頭是 2014 年 10 月,主創成員都順利拿到名企 OFFER 后空余時間比較多,就想著利用最后的大學時光做一次創業實踐。做什麼呢?幾個人想起 2013 年找工作時,都有被女友抱怨無人送飯的經歷。為安撫女友並免除當「外賣小哥」的痛苦,幾個主創人便開始研發外賣系統並跟商家合作。

上線 4 個月超萬人使用

鄧超介紹,「吃喝茶山劉」2014 年 11 月中旬正式上線,上線 3 天就有 6,000 多名用戶使用,目前已有 1.5 萬余用戶關注。業務範圍主要是折扣和外賣兩個方面,已與周邊的 100 多家飯店商鋪達成了優惠協議。

創業初期,鄧超和幾名主創為了讓更多商鋪進駐「吃喝茶山劉」,曾在 3 天內跑遍了學校周邊幾百家商鋪,最終有近百家商鋪與他們達成合作協議。

一個泰國零食公司在中國一直找不到合適的經銷商來開展在華業務,很偶然得知了「吃喝茶山劉」,便立即與鄧超等人聯繫並達成協議,5 分鐘內就賣出了上百包零食。最近「女生節」,團隊打出了「啤酒配炸雞」的套餐服務,不到 10 分鐘便銷售一空。

為進一步開拓市場,「吃喝茶山劉」2014 年年底便與中南民族大學的學生團隊合作開展了項目,其他學校也在接洽中。

婉拒 250 萬元收購請求

鄧超告訴記者,前期他們先以免費拉入合作商家,並同時免費向學生開放為主。通過產品上線前和上線后的行銷,讓公眾號先累積關注度,之后他們就可以根據粉絲數向想入駐的商家收取入駐費用,還可以通過向用戶推送某個商家新上線活動等信息來收取廣告費用……

目前,「吃喝茶山劉」每天營業額約 4,000 元,每月有約 10 萬元收入,知名度越來越高。年初,一個風投公司對整個項目估價 250 萬元,但團隊考慮到項目的持續性,並想做成一個持久的學生創業項目,最后婉拒收購,只與對方達成了同意其投資近 10 萬元的協議。

「不想賣,主要想鍛煉自己,我們幾個創始人簽約的工作薪酬不低,不需要通過此平臺賺錢。」鄧超說,他們畢業后,微信運作團隊將會交由后面的同學負責。

案例 10-3

APP 創業——超級課程表

「超級課程表」是一款由幾個 90 后以課程表為基礎而展開的校園社交軟件，面向高校大學生。

其功能不僅能夠查閱分享課程信息，除此之外，還有可以根據以往的每堂課任課老師的點名頻率進行點名預測。課表交友新方式，可以向同班同學發送私信，幫助同學認識到同一節課任意課室範圍內的同學，方便同學間即時、便捷地聯繫，擴展交際圈。

軟件內的校內以及操場板塊，可以讓用戶與同校以及全國大學生一起聊天「灌水」。操場特色板塊，各種類型的學生，一網打盡。還有限時夜聊、爆照打分、附近的同學等有趣的新玩法。更多實用功能盡在「超級課程表」。

創始人：余佳文。

創業經歷：

2009 年，余佳文進入廣州大學華軟軟件學院開始了自己的大學生涯。

2011 年，余佳文的大學生活在繼續，一星期有 30 節課，基本記不住課程表，經常忘記在哪裡上課。課堂上發現漂亮女生，也不敢主動要聯繫方式。這些日常小煩惱，給了余佳文創業靈感。他拉上幾個朋友，組建了 8 個人的創業團隊，成員都是清一色的大學生。

2011 年下半年，余佳文開始研發軟件「超級課程表」。而由於課程軟件「超級課程表」設計粗糙、功能單一、「小家子氣」，其開發團隊在廣州大學華軟軟件學院遭到冷嘲熱諷。余佳文信心滿滿地推出超級課程表時，已不再被老師看好，老師覺得超級課程表沒什麼技術含量，只有小孩子才會玩。余佳文接受不了別人的貶低。

超級課程表的點子來源於包括余佳文在內的一群思維活躍的年輕人。「xtu one」是早期超級課程表的開發團隊，而在超級課程表誕生之前，這個團隊還開發出一款郵件客戶端，「當時這個產品被學校的老師看好，不過在經營一段時間後，發現它並不能達到預期的效果，於是轉賣。」

2012 年，他成立了自己的公司——廣州超級週末科技有限公司，同年 8 月，余佳文拿到了第一筆天使投資，同年 10 月將產品向全廣州推廣，2013 年 1 月份又獲得了第二筆天使投資，有傳言稱，360 董事長周鴻禕是「超級課程表」的早期天使投資人。

拉投資

2013 年 5 月，余佳文參加東南衛視創業真人秀節目《愛拼才會贏》，目標是融資 300 萬美元，在錄制現場調侃過主持人李詠，也被導師們稱讚「聰明」，最後進入創業導師的團隊。

2013 年 6 月，《愛拼才會贏》突圍賽五進一，經歷過質疑楊宗福微博行銷作弊、龔海燕慷慨讓賢等波折後，余佳文成功入圍，成為首位全國五強，與創業導師簽署投資意向書。6 月 4 日，余佳文透露，他們剛剛獲得了由國內頂級領投的千萬級幣值 A 輪投資。此時，超級課程表已融合了國內近 2,000 所高校的課程信息，用戶已經超過了 200 萬。

2013 年 7 月，余佳文大學畢業。10 月份，他獲得了千萬元人民幣級的 A 輪投資。同月，超級課程表上線了一個英語學習模塊，由滬江英語、金山詞霸等第三方機構提供內容。

截至 2014 年 11 月，余佳文團隊已成功獲得四輪融資，僅最新一輪融資便獲得數千萬美元的投資，而公司旗下名為超級課程表的校園應用已覆蓋全國 3,000 所大學，擁有 1,000 多萬註冊用戶，用戶日均登錄量 200 多萬。

第二節　互聯網開店實訓

一、實訓目的

符合社會經濟發展的趨勢，結合現代實訓技術，滿足學生創業實踐的需要而設定虛擬仿真實戰項目，培養創業者的實踐綜合能力。

二、實訓內容

通過網上開店的準備實現創業的起步。①網上開店準備；②網上開店網路體驗；③了解市場，網上開店貨物組織；④商品出售的廣告、行銷和管理；⑤實際運作店鋪。

三、實訓設備

互聯網連接，一人一臺電腦。

四、實訓基本步驟

（一）開店準備

資金準備：交易平臺費用（增值服務費）、硬件設備的購置、週轉資金、寬帶費、自己各項生活費。

硬件準備：電腦、攝影器材、通訊設備、銀行信用卡、包裝材料與工具、設置工作環境、儲物空間。

準備軟件：圖形處理軟件、網頁設計軟件、防火牆、電子相冊、即時通訊軟件。申請購買 ALISOFT 網路版的軟件。

註冊認證：熟悉交易的各種支付手段：第三方支付、銀行櫃臺劃帳、銀行卡劃帳、郵局匯款、見面交易。

研究商品發表管理規則：認識信用評價機制，如信用評價、炒作信用度的判斷（商品發布判斷、交易行為判斷、炒作信用度判斷）。學習攝影基礎知識；學習郵寄基本知識。開店流程圖如圖 10-1 所示。

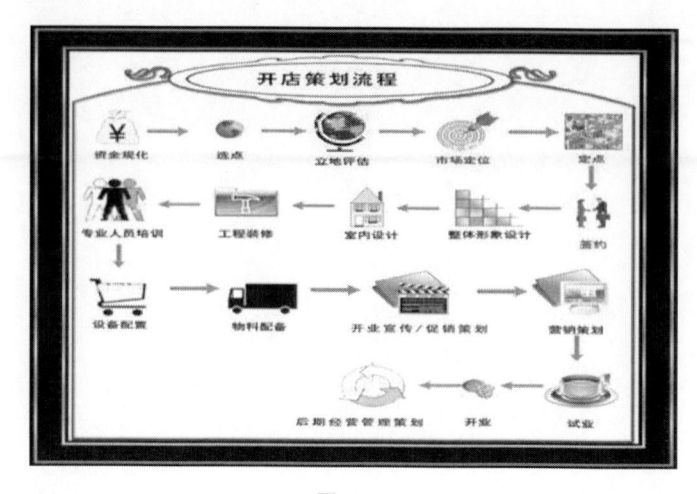

圖 10-1

（二）網上開店網路體驗

購物體驗：與賣家砍價、給賣家出難題、確認訂購商品、接收商品給予評價。

觀摩專業店鋪：店鋪風格、店標、店鋪公告、商品類目、店鋪介紹模式、個人空間、推薦商品特點、拍照頁面風格、商品描述的特點、信用評價、背景畫面和音樂。

防騙技術：騙術總匯（中獎信息、銀行轉帳、游戲點卡、租賃店鋪、訂金陷阱、低價誘餌、裝闊催貨、鎖住網銀、同城退貨、狼狽為奸、退貨退款）。防騙訓練：不要貪圖小便宜、增長學識、擺脫愚昧；最忌財迷心竅；別聽口頭承諾。

（三）淘寶開店實戰

開網店步驟與流程圖解。開網店步驟與流程是什麼？淘寶開店教程教你如何開。談到開網店，很多人都沒有經驗，也不知道如何去註冊網店。開網店的詳細步驟有哪些？下面給大家講解一下。

1. 註冊淘寶會員帳號

（1）首先，登錄淘寶網。

（2）在網頁的左上角找到「免費註冊」字樣（圖 10-2）。

圖 10-2

（3）點擊「免費註冊」，在註冊頁面填寫相關信息（圖 10-3）。

圖 10-3

（4）填寫完畢之後點擊「下一步」，出現圖 10-4。

圖 10-4

（5）填寫你的手機收到的驗證碼，並點擊確定，驗證成功之後接著填寫帳號信息，如下截圖（圖 10-5）。

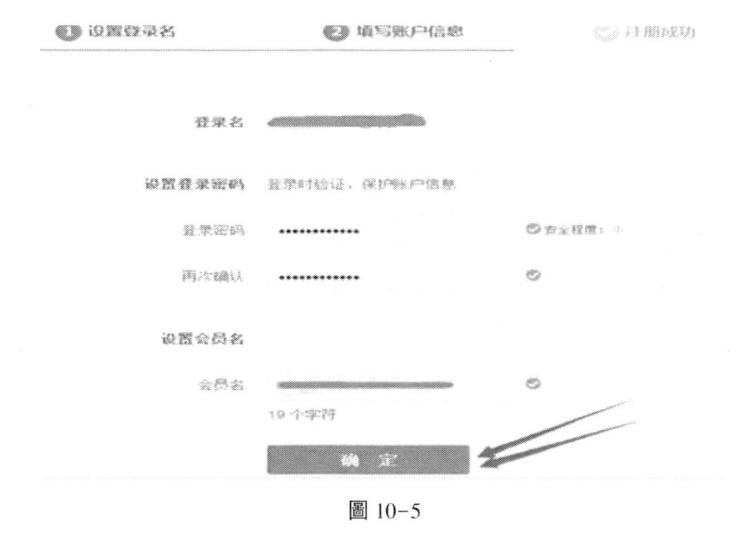

圖 10-5

（6）填寫信息完成，點擊確定，你的淘寶帳號就註冊成功了（圖10-6）。

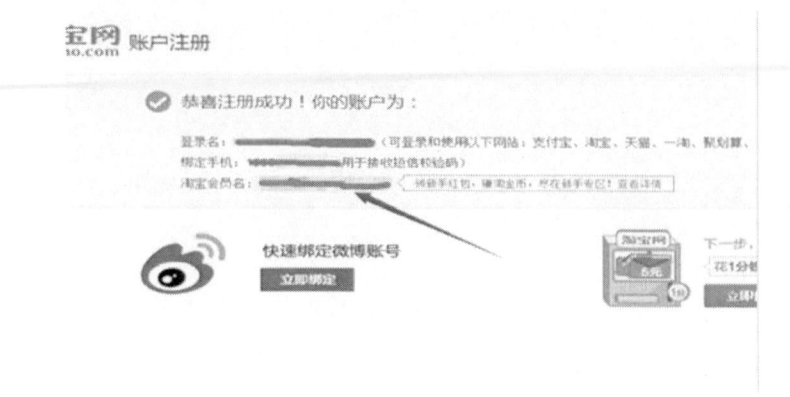

圖 10-6

2. 淘寶帳號認證
（1）支付寶實名認證
成功註冊了淘寶帳號之後，接下來便是支付寶實名認證。具體做法為：打開淘寶網，登錄帳號，在網頁右上角找到「賣家中心」（圖10-7）。

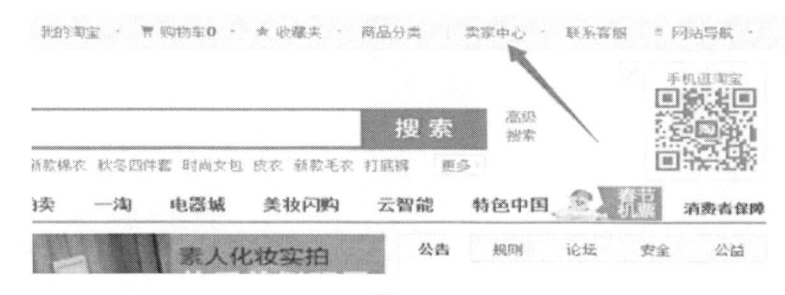

圖 10-7

點擊「賣家中心」，進入如下頁面（圖10-8）：

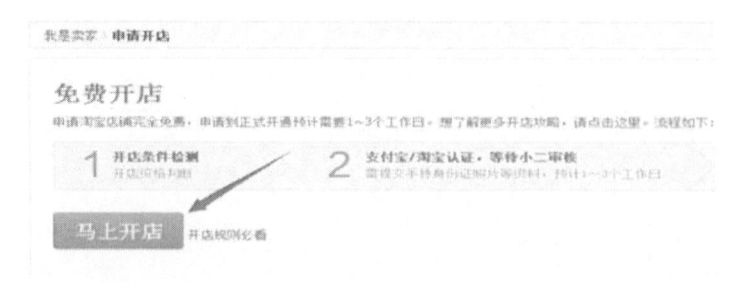

圖 10-8

點擊「馬上開店」，進入如圖10-9所示頁面：

圖 10-9

然后點擊支付寶實名認證后面的「重新認證」進入如圖 10-10 所示頁面：

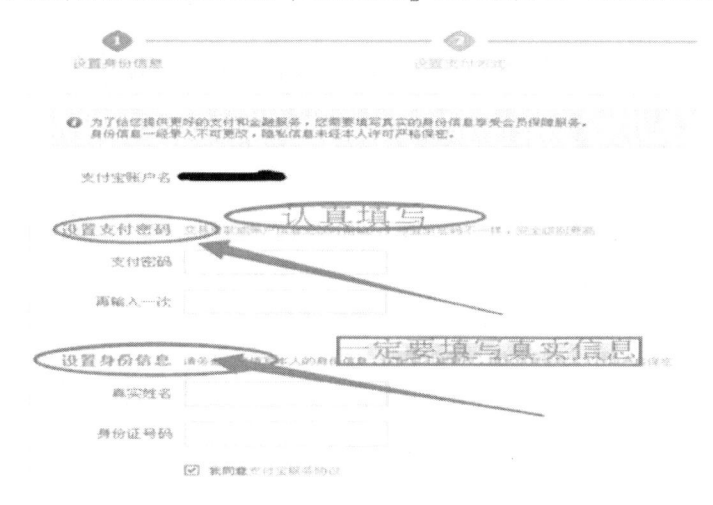

圖 10-10

按照系統提示的要求填寫完畢之后，點擊「確定」按鈕，可以看到一個界面，如圖 10-11 所示：

圖 10-11

根據提示的要求填寫本人相關信息之后，點擊「同意協議並確定」這個按鈕，出現如圖 10-12 所示頁面：

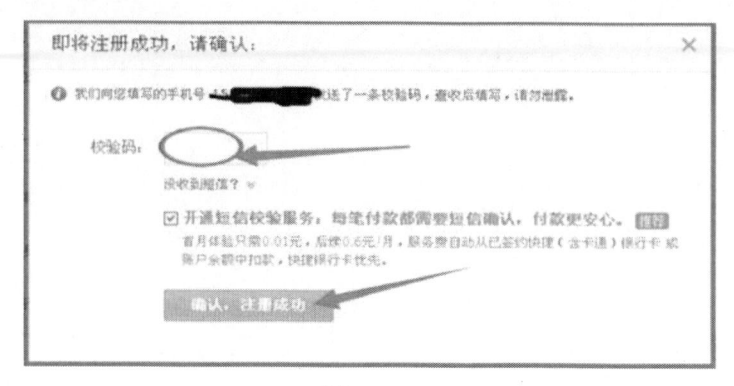

圖 10-12

輸入手機收到的驗證碼，點擊「確認註冊」按鈕，出現如圖 10-13 所示頁面：

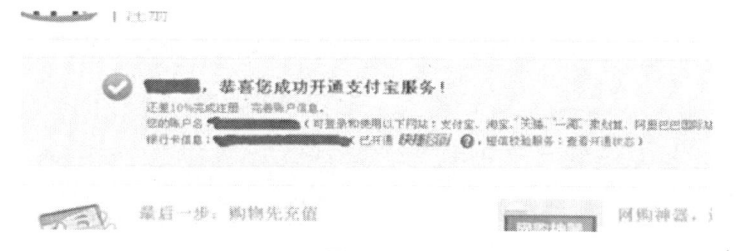

圖 10-13

到這裡我們再返回「賣家中心—馬上開店—然后點擊繼續認證」，如圖 10-14 所示：

圖 10-14

點擊「繼續認證」，系統會彈出這樣一個頁面，然后我們點申請支付寶個人實名認證，如圖 10-15 所示：

圖 10-15

然後點立即認證，如圖 10-16 所示：

圖 10-16

然後輸入姓名和身分證號碼，如圖 10-17 所示：

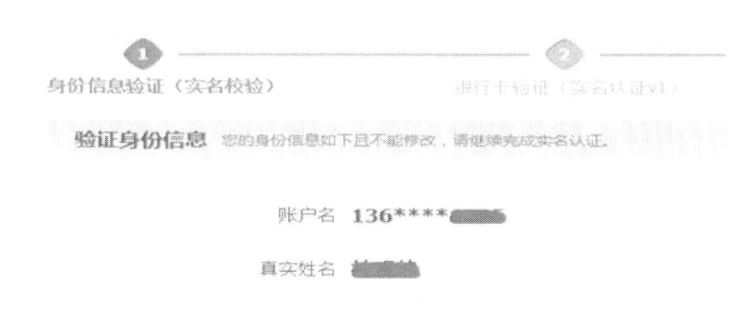

圖 10-17

然後就會提示已通過實名認證（圖 10-18）。

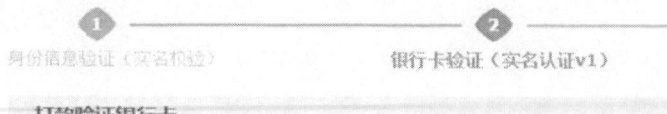

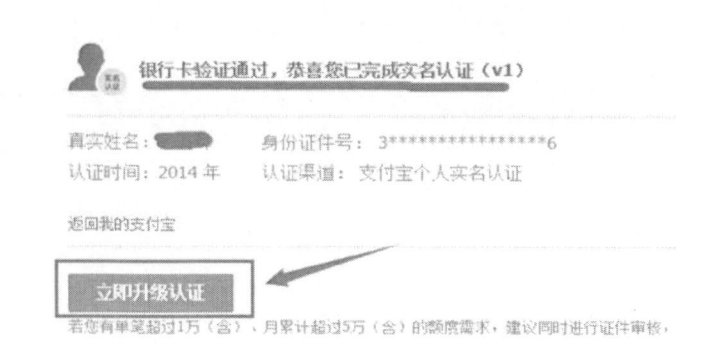

圖 10-18

此時表明，你已經通過支付寶實名認證。

點擊上面截圖中的「立即升級認證」按鈕，出現如下圖 10-19：

圖 10-19

填寫相關信息之後，出現如下界面（圖 10-20）：

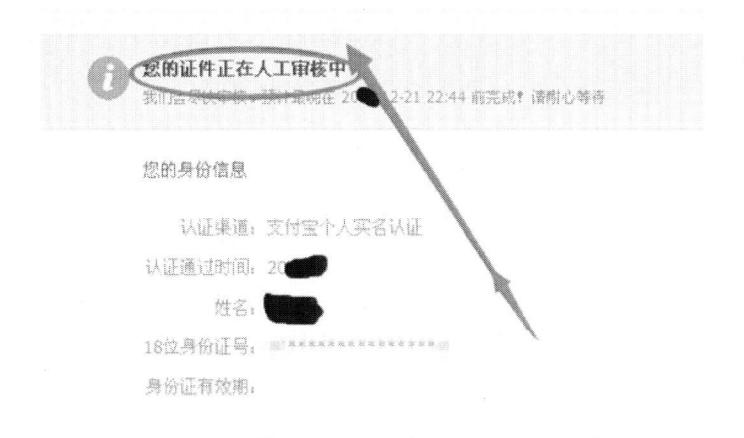

圖 10-20

說明照片已經上傳，在等待淘寶那邊的審核。

現在打開淘寶網，在網頁右上角找到「賣家中心—馬上開店」進入以下界面如圖 10-21 所示：

圖 10-21

點擊「立即認證按鈕」，出現如下界面（圖 10-22）：

圖 10-22

根據系統頁面的提示輸入相關信息，並提交事先準備的照片，填寫好了之後點擊「提交」按鈕，等待淘寶那邊的審核。

審核時間一般是 2 天左右，如果認證照片拍攝得清楚，四五個小時後就能通過，審核通過之後，點擊「賣家中心」—「馬上開店」—「創建店鋪」，就可以開店啦！是不是挺簡單的？店鋪創建成功你就可以裝修店鋪，上架商品出售了。

3. 店鋪創建

（1）淘寶帳號和支付寶帳號創建完成之后，我們進入淘寶網、個人中心，點擊賣家中心，進入淘寶店鋪后臺來進行網店的創建（圖 10-23）。

圖 10-23

（2）進入賣家中心之後，在免費開店標題下面有流程進度條，分別是，開店條件檢測，淘寶/支付寶認證審核，創建店鋪成功，我們點擊馬上開店，在點擊之前建議大家詳細閱讀開店規則（圖10-24）。

圖 10-24

（3）點擊馬上開店后，首先會看到開店檢測，會顯示狀態是成功或者不成功，下面的選項，可根據自己情況，選擇個人開店，企業開店，選擇個人所在地，也會提示目前你的淘寶帳號和支付寶帳號的認證狀態，當以上所有信息狀態為通過認證後，點擊創建店鋪，耐心等待審核期限，一般為1～2天時間，通過之后淘寶開店就成功了！

273

（4）發布商品

在淘寶網註冊成為會員和開通支付寶后，接下來就可以發布商品到店鋪了。在建立好店鋪后，為了吸引更多的顧客前來瀏覽店鋪的寶貝信息，還需要裝修店鋪，包括裝修和美化店鋪、網店宣傳技巧和淘寶助理批量發布商品。

在淘寶網開店，必須至少發布10件以上的商品。在申請到店鋪前，這些商品當作單品出售；申請到店鋪后，就可以把他們放入店鋪中出售。如果沒有通過個人實名認證和支付寶認證，可以發布寶貝，但是寶貝只能發布到「倉庫裡的寶貝」中，買家是看不到的，只有通過認證，才可以上架銷售。

①進入發布商品的頁面，在「請選擇寶貝發布方式」頁面中，選擇「一口價發布」。

②在選擇「一口價」發布后，選擇要發布寶貝的類目。

③在打開的網頁中，根據提示輸入發布寶貝的交易類型、寶貝數量、寶貝類型、寶貝標題等信息，如圖10-25所示。

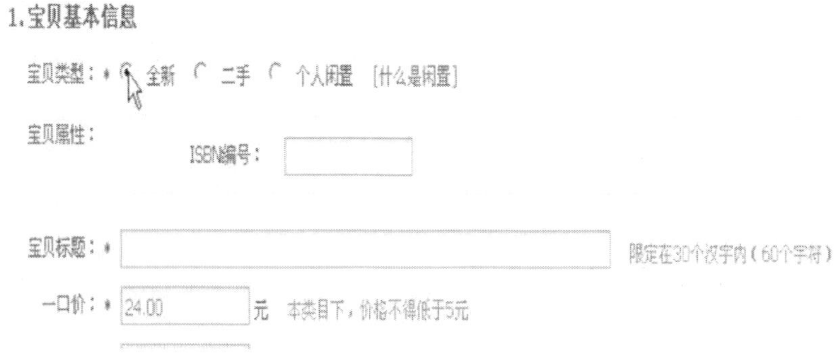

圖10-25　寶貝信息

④發布寶貝成功，如圖10-26所示。網店中寶貝的發布時間也是很有講究的。發布的時機好壞將影響寶貝的排名情況，選擇恰當的時間發布寶貝能最大限度地讓寶貝展示給買家，無形中增加交易的機會。商品一定要選擇在黃金時段內上架，在具體操作中，可以從11:00-16:00，19:00-23:00，每隔半小時左右發布一個新商品。為何不同時發布呢？因為同時發布，也就容易同時消失，如果分開來發布，那麼在整個黃金時間段內，你都有即將下架的商品，這樣就可以獲得很靠前的搜索排名，為店鋪帶來的流量也會暴增。每天都堅持在兩個黃金時段內發布新寶貝，這樣做的原因很簡單，每天都有新寶貝上架，那麼一週之后，也就每天都有寶貝下架，周而復始。對於寶貝數量多的賣家，在其他時間段內，你都為寶貝獲得了最佳的宣傳位置。

圖 10-26　寶貝發布成功

(5) 合理確定網上店鋪商品的價格

確定商品的合理價格是非常重要的。如果商品價格過高可能導致商品無人問津，如果過低，買家還要跟你討價還價，有可能到頭來是微利，甚至會沒有利潤。

①網上開店產品的定價策略

a. 競爭策略

應該時刻注意潛在顧客的需求變化，可以通過顧客跟蹤系統經常關注顧客的需求，保證網站向顧客需要的方向發展。在大多數的網上購物網站，經常會將網站的服務體系和價格等信息公開申明，這就為瞭解競爭對手的價格提供了方便。隨時掌握競爭者的價格變動，調整自己的競爭策略，可以時刻保持產品的價格優勢。

b. 捆綁銷售的秘訣

其實捆綁銷售這一概念在很早以前就已經出現，但是引起人們關注的原因是由於1980年美國快餐業的廣泛應用。麥當勞通過這種銷售形勢促進了食品的購買量。這種策略已經被許多精明的企業所應用。我們往往只注意產品的最低價格限制，卻經常忽略利用有效的手段，去減少顧客對價格的敏感程度。網上購物完全可以通過購物車或者其他形式巧妙運用捆綁手段，使顧客對所購買的產品價格感覺更滿意。

c. 特有的產品和服務要有特殊價格

產品的價格需要根據產品的需求來確定。但某種產品有它很特殊的需求時，不用更多地考慮其他競爭者，只要去制定自己最滿意的價格就可以。如果需要已經基本固定，就要有一個非常特殊、詳細的報價，用價格優勢來吸引顧客。很多企業在開始為自己的產品定價時，總是確定一個較高的價格，用來保護自己的產品，而同時又寧可在低於這個價格的情況下進行銷售。其實這一現象完全是一個誤區，因為當顧客的需求並不十分明確時，企業為了創造需求，使顧客來接受自己制定的價格，就必須去做大量的工作。然而實際上，如果制定了更能夠讓顧客接受的價格，這些產品可能已經

非常好銷了。

d. 考慮產品和服務的循環週期

在制定價格時一定要考慮產品的循環週期。從產品的生產、增長、成熟到衰落、再增長，產品的價格也要有所反應。

e. 品牌增值與質量表現

一定要對產品的品牌十分注意，因為它能夠對顧客產生很大的影響。如果產品具有良好的品牌形象，那麼產品的價格將會產生很大的品牌增值效應。在關心品牌增值的同時，更應該關注的是產品給顧客的感受，看它是一種廉價產品還是精品。

(6) 開店

①上傳 10 張圖片后才能開立自己的店鋪。點擊「我的淘寶」——「已買到的寶貝」。

②進入后，點擊左邊的「免費開店」，如圖 10-27 所示。

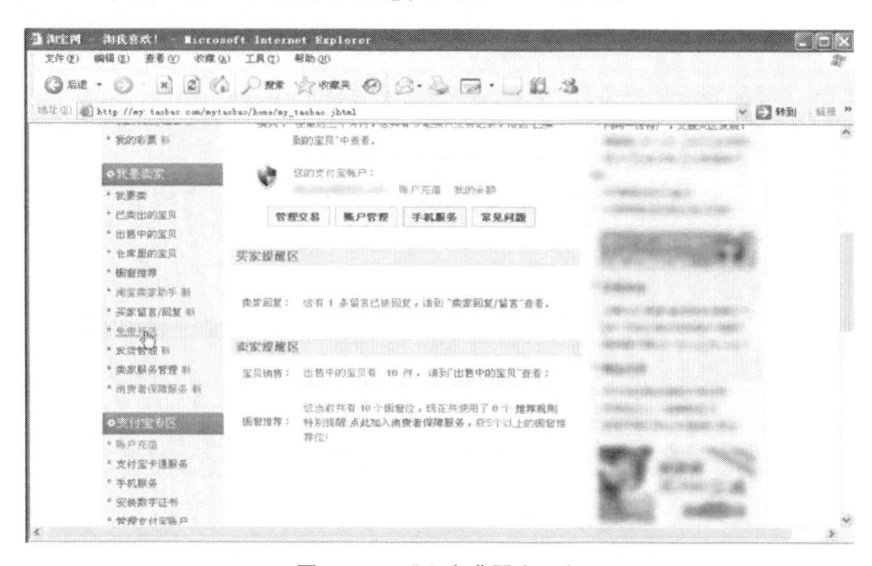

圖 10-27　進入免費開店平臺

③完成店鋪信息填寫后，店鋪創建成功。

4. 網上開店銷售選擇

(1) 哪些商品適合網上銷售

在決定到底該賣什麼時，除了要考慮自己的財力外，還要全面考察看看到底哪些產品適合在網上賣。從理論上講，只要具有了商品的屬性就可以在網路上銷售，其實不然，在網上銷售的產品具有如下幾個特點的才適合在網上銷售。

①新、奇、特

生活中不容易買到或者買不到的產品，像直接從國外帶回來的產品、外貿訂單等。

②體積小

便於郵寄，降低購買成本的物品。

③附加值較高

價值應該高於單件商品的運費，否則就不適合在網上銷售。

④價格較合理

相比網下的價格便宜，以相同的價格在網下能買到的話，就不會有人在網上購買。

⑤具有獨特性、時尚性

與眾不同，緊跟時尚潮流，具有個性的商品很容易成為搶手貨。

⑥網上可以自己談妥的

不必親眼見到實物，通過網上的瞭解就可以確定購買。

⑦用戶範圍相對寬泛

大多數人都會選擇的產品。

⑧知識型產品

屬於智力密集型的產品，像圖書、電腦軟件等。

⑨能被普遍接受的產品

產品具有較高的可靠性，其質量、性能易於鑑別，一旦發生質量糾紛容易解決。目前，網上交易量比較大的商品的主要是手機、服裝、服飾、化妝品、家居飾品、珠寶飾品等。不過隨著時間、環境、消費觀念的變化，適合在網上銷售的產品也會發生變化。其實，不管賣什麼，網上網下都差不多，尋找有競爭力的產品是成功的關鍵。此外，提供良好的服務，保證物美價廉，並遵循交易規則，一定能贏得更多人的青睞。

（2）客戶決定大熱商品

什麼商品最能熱賣，答案很簡單；客戶喜歡的東西，才能成為最好賣的商品。所以在考慮賣什麼的時候，要根據自己的興趣和能力，切忌涉足不熟悉和自己不擅長的領域，同時還要考慮你所面臨的客戶的喜好。只有確定了目標顧客，瞭解了他們的愛好，才能從他們的需求出發選擇商品，並結合時尚潮流來選擇商品的種類。目前，我國的主流網民具有年輕化、時尚化這兩個特徵。所以選擇商品的時候，一定要注意是否能夠滿足他們獵奇的心理。同時，也可以從網民的職業分析來入手，比如，對於廣大的大學生網民，他們的思想開放，接觸並接受新事物比較快，對於網上開店購物這種便捷的購物方式比較認同，所以在選擇商品的時候就要考慮學生的需求，比如書籍、服裝等，在商品風格上也要注意他們的審美。

另外，大部分網民都是白領或者準白領，根據這個基本特徵，就可以確定自己應該如何經營，到底應該撒下大網、打主流，還是獨闢蹊徑。這些都需要根據實際情況來具體分析。可以肯定的是，特色店鋪到哪裡都是受歡迎的，如果能尋找到切合時尚又獨特的商品，如自製飾品、玩具自己動手做（DIY）、服飾定做等商品或服務，將是網上店鋪的最佳選擇。

另外，商品自身的特點也對銷售有制約作用。一般而言，商品的價值高，收入也高，但投入相對較大。對於既無銷售經驗，又缺乏原始資金的創業族來講，確實是不小的負擔。一旦銷售不暢，商品就會積壓，這對網店經營者的資金流會夠成嚴重的威脅。網上交易地域範圍廣，有些體積較大、較重而又價格偏低的商品是不適合網上銷售的，因為在郵寄時商品的物流費用太高，如果將這筆費用攤到買家頭上，勢必會降

低賣家的購買欲。

在網上開店，除了可以賣物品外，還可以進行物品的代購服務，通過賺取手續費而經營。

5. 尋覓好貨源的渠道

（1）依靠批發市場

普通批量批發市場的商品價格一般比較便宜，這也是經營者選擇最多的貨源地。從批發市場進貨一般具有以下特點：

進貨時間、數量自由度很大；

品種繁多、數量充足，便於賣家挑選；

價格低，有利於薄利多銷。

新手賣家一定要多跑地區性的批發市場。在北京的網店經營者，可以多跑西直門、秀水街、紅橋；在上海可以多跑跑襄陽路、城隍廟等。多與批發商交往，不但可以拿到很便宜的批發價格，還能熟悉行情。通過和一些批發商建立良好的供求關係，能夠拿到第一手的流行貨品，而且能夠保證網上銷售的低價位。這不僅有利於商品的銷售，而且有利於賣家很快地累積信用。

（2）與實體店合作

網店的開辦者一般都沒有自己的實體店，這樣很難與大的地區代理商打交道。但可以與實體店合作，利用他們的現有資源，從他們那裡拿到比較實惠的價格。比如，網上一些化妝品買家與高檔化妝品專櫃的主管很熟悉，可以在新品上市前搶先拿到低至七折的商品，然後在網上按專櫃九折的價格賣出。因為化妝品售價較高，利潤也相應更加豐厚。與實體店合作主要有以下幾個方面的好處：

質量高、檔次高；

具有很強的競爭性；

利潤高；

有利於利用網上無地域的差異提高價格；

不會積壓貨物，可以隨時換貨。

與普通批發市場相比，雖然這種和實體店合作的產品檔次高、價格高，不利於累積信用，但這種商品的利潤遠比普通批發市場進的貨要高得多。可以按照經常性的打折時段定期與打折商場或廠家進行聯繫，建立一種長期的合作關係，為店鋪的經營尋找一個穩定的貨源地。

（3）關注外貿產品

貨源的尋找不僅局限於國內，還可以利用網路的無國界來銷售國外品牌。國外的世界一線品牌在換季或者節日前夕，價格非常便宜，可直接和國外的廠家聯繫。如果賣家在國外有親戚朋友，可請他們幫忙，拿到誘人的折扣價在網上銷售。即使售價是傳統商場的4~7折，也還有10%的利潤，多的甚至高達40%的利潤。目前，這種銷售方式正被一些留學生所青睞。

外貿產品因其質量、款式、面料、價格等優勢，一直是網上銷售的熱門品種。很多在國外售價上百美元的名牌商品，網上銷售只有幾百元人民幣，兩者的差別非常大，

也正是這種價差為網店經營者的盈利奠定了基礎，也使眾多買家趨之若鶩。在網店經營中比較有名氣的日本留學生「桃太郎」店鋪，該店鋪經營日本最新的化妝品和美容營養保健品，通過航空運輸送到國內甚至世界其他國家。其化妝品新鮮時尚，而且比國內專櫃上市更快、更便宜，因而收到追捧。此外，一些美國、歐洲的留學生也在網上出售「LV」「古奇（GUCCI）」等頂級品牌的服飾與箱包產品，其利潤均在 30% 以上。現在已經有很多依靠外貿產品打出品牌和特色的網店。易趣網的「大風外貿」「51clothes 外貿流行服飾」等信用度超過 2,000 點的大賣家都是以外貿服飾起家的。新的網上創業者如果有熟悉的外貿廠家，可以直接從工廠拿貨。在外貿訂單剩余產品中也有不少好東西，這些商品的款式常常是明年或現在最流行的，而價格只有商場的 4～7 折，市場潛力不可小覷。

（4）搜尋民族特色工藝品

民族工藝品價值很高，而且數量極其有限，有的甚至是國寶。雖然現已有不少人在網上賣民族特色工藝品，且民族藝術品存在地區性強、知名度低的缺點，但所具備的優點是其他產品無法取代的，這足以使它在琳琅滿目的商品中鶴立雞群。網路店主之所以願意讓這類產品來充實自己的店鋪，不僅是因為他們稀有、能夠吸引人的眼球，而且還具有以下其他產品無法取代的特點。

①具有很強的個性

在國內外，個性化早已成了現在的青少年爭相追逐的潮流。他們大多標新立異、標榜個性，這使民族工藝品有著一個龐大的需求市場。

②富有豐富的文化底蘊

文化底蘊只能品味，是獨一無二的，它是其他產品無法模仿、複製和取代的。

③富含淳樸氣息

民族工藝品富含著淳樸的氣息，他具有讓人們遠離大都市的紛擾、迴歸自然的少數民族獨有的氣息。

④奇特

不管是在網上還是網下，奇特產品永遠不會過時。雖然民族工藝品已經成了一些店主選擇的對象，但是它具備奇特的特點，依然能佔有一定的市場份額。

⑤富有民族特色和地域特色

民族工藝品表現了民族的內涵，而且還有很強的地域性，因為每個民族都有自己特有的語言、風俗、服飾和文化習慣。

（5）二手閒置與跳蚤市場淘金

在自己的網店出售二手閒置物品是網商的起跑點之一。雖然二手物品具有不合時宜、無法保證品質、價格低廉、不可退換等缺點，但它還是具有許多適合在網上銷售的優點。

①二手閒置物品不用擔心壓貨

二手閒置物品本來就是買來之后放在那裡沒有用的東西，賣不掉也無所謂。若賣掉不僅可以騰空空間，而且還可以掙點小錢。

②有利於改掉浪費的習慣

一旦把二手閒置物品處理掉之後，很多人都能認識到自己衝動購物的不良習慣，所以以後購物的時候會再三考慮。

③物盡其用，為他人行方便

也許對你來說，有些二手閒置物品是沒有用處，但是對需要的人來說卻是無價之寶，也許正是他們尋覓了好久而不可得的東西。

④源彈性大、經營方向不是固定不變的

二手閒置物品很容易就可以得到，除了自己本身有的之外，還可以收集親戚朋友的。而且這種貨源根本不考慮固定的經營方向，因為收集到什麼就賣什麼，而且成本低。但是這類二手商品是無法退換的，不容易評估價值，質量也無法保證。

(6) 尋找品牌積壓庫存

品牌商品在網上是備受關注的分類之一。很多買家都通過搜索的方式直接尋找自己心儀的品牌商品。由於銷售戰略和銷售方法的限制，加上企業為了控制銷售成本考慮，或者是由於其他一些原因，品牌廠家推出某新款后會產生一定的積壓和庫存。如果你能經常淘到積壓的品牌服裝、鞋等貨物，拿到網上來賣一定會從中賺取不少利潤。這主要是因為品牌積壓庫存有其自身的優勢。

（1）質量好、市場競爭力強；

（2）需求量大、市場前景好；

（3）利用網路的地域性差異提高價格。

有些品牌商品的庫存積壓很多，一些商家乾脆把庫存全部賣給專職網路銷售的賣家。不少品牌雖然在某一些地域屬於積壓品，但由於網路無界限的特性，完全可以使它在其他地域成為暢銷品。如果你有足夠的砍價本領，能以低廉的價格把他們手中的庫存買下來，一定能獲得豐厚的利潤。

(7) 深入換季、節后、拆遷與轉讓的清倉庫

常逛街的朋友很容易就會發現，隨處可見「拆遷、清倉賠本大甩賣」等標語。難道這些實體店的店家真的是在換季、節后、拆遷與轉讓的時候賠本清倉賣嗎？其實不然，在很多情況下，都是商家搞的一種促銷活動。然而，在實際生活中，確實存在商家因換季等原因而清倉的良機。因為這個時候他們回本了或者是賺夠了，剩下的能賣多少就賣多少，根本無關緊要。在這種時候，對網店的店主來說確實蘊含著無限商機，儘管如此，但是在進貨的時候也要小心謹慎，像以下幾類產品最好不要大量進貨：

①日用品

日用品隨處可見，在超市也很容易購買到。若在網上購買算上郵寄費用後與在超市購買的成本差不多，買家肯定是不願意購買的，他們更願意在超市購買，因為覺得那樣更有質量保障。此外，網上經營日用品的店鋪隨處可見，而且銷售量都不是很大。所以遇到這類產品換季、節后、拆遷與轉讓清倉的時候，最好少進或不進，以免難以銷售出去。

②高科技產品，像電腦、手機等

這類產品更新換代快，價格變化也快，所以最好還是小心為好，少進貨。

③有效期短的商品要謹慎

這類產品保質期限短，若進多了還沒有等到你賣完就過期了，肯定是不適合多進。像服裝、裝飾品等可以考慮在別人處理的時候多進些貨。

雖然換季、節后、拆遷與轉讓清倉商品有諸多的缺點，但是只要小心謹慎，充分瞭解市場還是能賺到錢，並贏得信譽的。

6. 拍攝吸引眼球的商品圖片

（1）網店需要的圖片

一張好圖勝千言，有經驗的賣家都明白這個道理。很多店主都想有張清晰、漂亮的好圖片來宣傳自己的貨品。網店不同於實體店，因為網店買家無法看到真實的實物，所以只有通過照片來看。為了提高瀏覽量、增加成交率，賣家就應該在圖片上下一番苦功。在拍攝的時候，網店的圖片無外乎有以下三個方面的要求：

①突出主題

這一點毋庸置疑，在拍攝的時候要盡量突出主題，背景則要簡單，不要把所有的圖片都填充到一張圖片裡，若確實需要可以把圖片放在寶貝描述裡面。看下圖10-28的幾個例子：

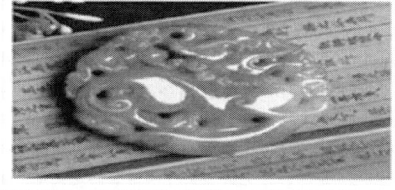

圖10-28　網上店鋪商鋪圖片

上圖的4件物品相比較而言，「R1 果敢翡翠A貨翡翠手鐲A/緬甸翡翠A貨手鐲/翡翠玉鐲子玉手鐲」的效果圖比其他幾個都要好一些，這與他突出主題，選擇背景簡單不無關係。

②注意圖片的放置、拍攝方式

拍攝的圖片無外乎分兩種：長方形和正方形。在這兩種形狀中，實物最好是居中間或者是放於黃金分割點上。如下圖10-29所示：

圖 10-29　網上店鋪商品圖片拍攝類型

③選擇拍攝器材

　　拍攝器材的選擇最主要就是選擇好的數碼相機。現在的數碼產品不斷推陳出新，面對著琳琅滿目、品種繁多、樣式新穎的數碼相機產品，究竟哪一款更適合我們呢？很多人對此產生了疑問。下面大致說說數碼相機的種類。

　　第一類：像素不高，價格從幾十元錢到幾百元不等的簡易相機。

　　第二類：目前數碼相機中的主流產品，價格在 1,000~5,000 元之間。它的主要使用對象是那些喜歡拍攝生活或者旅行照的普通攝影消費者。

　　第三類：價格在 5,000~10,000 元之間。這一類數碼相機適合攝影愛好者進行攝影創作。

　　對於拍攝網路商品來說，使用目前主流的數碼相機就足夠了。另外，在購買的時候，也有一些需要注意的方面。比如，不少相機拍出來的相片都有偏色的弊端，原因是多方面的，其主要原因是許多朋友在選購數碼相機時非常注重像素、鏡頭、光學變焦和價格等硬性指標，面對相機的成像質量卻重視不夠。不要以為數碼相機的像素高

就能拍攝出清晰的相片來，相片的清晰度包括對原色彩的還原度，優秀的數碼相機能將圖像的色彩非常真實地還原出來，而且有些數碼相機的像素儘管很高，但拍攝出來的相片不是偏紅就是偏綠、偏黃。

如何瞭解自己想購買的數碼相機的拍攝效果呢？可以從以下幾個方面入手，輕鬆地解決這幾個問題。

④盡量購買專業廠商生產的數碼相機

影響相機的成像效果除了像素、鏡頭等因素外，主要的因素還是廠商在成像質量方面的整體技術水平。目前，在相機整體成像技術做得比較專業的有佳能、富士、奧林巴斯、尼康、索尼等。所以如果想購買到成像效果好的數碼相機，還是應該選購這些專業品牌。

⑤購買時要在電腦裡觀看

在選購數碼相機時，相信許多朋友都會隨便拍攝幾張，在數碼相機的液晶屏上看過后覺得效果可以就算了，其實這種方法是不正確的，因為數碼相機的液晶屏很小，效果好壞並不能很清楚地看出。正確的方法是拍出來后在電腦屏幕上確認，並注意看相片有沒有偏色，最好能手拿被拍攝的原物進行對照，這樣才能看出真正的成效效果。因此，要盡量到配備了電腦的經銷處購買。

（2）分類拍攝技巧與實例

網上的商品琳琅滿目、種類繁多，下面主要介紹幾種常見商品的拍攝技巧。

①箱包

箱包的拍攝最主要的就是在拍前將包包塞得鼓鼓的就可以了。在拍攝的時候，可以直接把包包放在桌上、椅子上，從不同的側面展示其效果，也可以讓模特背著直接看其效果圖。

以上包包的圖片都是從不同的側面拍攝的，這樣拍都是為了讓買家通過不同的側面來瞭解包包以便看清楚效果。

②首飾

首飾的品種、造型繁多，所以在拍攝的時候只要突出其精美、別致即可。例如，要拍出水晶的玲瓏剔透，玉器則要拍出其反光面，等等。

③服飾

服飾的拍攝一般有穿拍、掛拍、平放三種形式。不管是何種方式拍攝，衣服一定要平整、整齊、乾淨。在拍攝服飾前，最好把各類衣服進行分類，然后把根據不同的類別一次性調整好相機即可。

④鞋子

鞋子最重要的就是把其美感恰如其分地表現出來，女鞋的跟也不例外。運動鞋拍的時候不要放得太正，當鞋子成45度角傾斜的時候是最美的。皮鞋的拍攝要成45度傾斜，並展現出鞋子的全貌。

7. 擴大店鋪的知名度

要想讓自己的網店脫穎而出，就要考慮如何打出自己的知名度。花錢做廣告，效果確實立竿見影，但付出的資金也大。實際上，網路上有各種免費的宣傳手段，利用

論壇及網路通訊軟件，如 QQ、MSN、電子郵件等，只要手法適宜，完全可以讓你的網店人氣不衰。

（1）搜索引擎、論壇（BBS）、博客推廣

有些人在購物之前，會直接到大的搜索網站直接進行搜索，若你的店鋪或者產品相關信息在搜索結果中出現的話，顯然會增加店鋪瀏覽量的。所以除了用論壇、電子郵件、各種聊天工具進行宣傳外，搜索引擎、博客也是推廣自己店鋪的選擇。

①搜索引擎

比較大的搜索引擎有百度、谷歌、雅虎、搜狐等。在每個搜索網站建立自己數據的方法都差不多，這裡主要介紹在百度建立自己數據庫的方法。直接打開百度 http://www.baidu.com 的網頁，在網站登錄這裡輸入自己的店鋪，即店鋪的網址，填寫驗證信息，並提交即可。同時也可以在谷歌、雅虎、搜狐等建立數據連結。遵循登錄提示、登錄規則就可在這些網站建立自己的數據信息。

②論壇（BBS）——搞宣傳的好地方

BBS 翻譯成中文為「電子布告欄系統」或者「電子公告牌系統」。BBS 是一種電子信息服務系統。它向用戶提供了一塊公共電子白板，每個用戶都可以在上面發布信息或者提出看法。早期的 BBS 由教育機構或研究機構管理，現在多數網站上都建立了自己的 BBS 系統，供網民通過網路來結交更多的朋友，表達更多的想法。目前，國內的 BBS 已經十分普遍，可以說是不計其數。其中 BBS 大致分為 5 類。

a. 校園 BBS

校園 BBS 自建立以來，發展勢頭很迅猛，目前，很多大學都有了 BBS，幾乎遍及全國上下。像清華大學、北京大學等都建立了自己的 BBS 系統，清華大學的水木清華深受學生和網民們的喜愛。大多數 BBS 是由各校的網路中心建立的，也是私人性質的 BBS。

b. 商業 BBS

這裡主要進行有關商業的商業宣傳、產品推薦等，目前，手機的商業網站、電腦的商業網站、房地產的商業網站比比皆是。

c. 專業 BBS

這裡所說的專業 BBS 是指部委和公司的 BBS，它主要用於建立地域性的文件傳輸和信息發布。

d. 情感 BBS

情感 BBS 主要用於交流感情，是許多娛樂網站的首選。

e. 個人 BBS

有些個人主頁的製作者在自己的個人主頁上建立了 BBS，用於接受別人的想法，也有利於與好友進行溝通。

可見 BBS 論壇不但地域特點明顯，同時對網民的職業、愛好區分也十分清楚。這就形成了一個很好的投放廣告的場所，你可以輕易地看出哪個論壇的人是你潛在的顧客。

③BBS 論壇的宣傳技巧

BBS 論壇也有很多個，國內的比如幾個大的門戶網站的論壇，包括新浪論壇、網

易論壇，還有一些有名的社區的論壇，比如，西祠胡同、天涯論壇及著名高校的論壇。要想瞭解這些論壇的受眾層次，不妨自己到這些論壇看看，這樣才能做到有的放矢。利用論壇進行宣傳，首先必須找到適合自己產品宣傳的論壇。將商品的目標群體進行細分，然后根據細分商品去尋找合適的論壇進行宣傳。一般來說，論壇宣傳一是要選擇有自己潛在客戶存在的論壇；二是要選擇人氣旺的論壇，但是人氣太旺也有弊病，因為帖子很快就被其他帖子淹沒了；三是要選擇有簽名功能的論壇；四是要選擇有連結功能的論壇；五是要選擇有修改功能的論壇。

就目前而言，BBS 論壇的商業氣息並不濃鬱。在論壇宣傳，一定要有策略，給人以巨大的親和力；如果商業性質太明顯，或者宣傳手法十分霸道，則會失去宣傳效果。

(2) QQ、MSN、電子郵件、微信推廣

① QQ

QQ 是目前國內使用人數最多的即時聊天工具，隨著騰訊自身的不斷發展，各種服務和產品的不斷推出，QQ 正受越來越多人的喜愛，從小學生到大學生，到上班族中的青年人，甚至是中老年人。這構成了龐大的使用群體，如果能很好地利用這個載體進行宣傳，效果將是不可估量的。

首先，打開 QQ 的個人設置，把自己的詳細資料改一下，把自己的網站地址、宣傳口號寫上。在個人簡介裡，可以比較詳細地介紹自己的網店。其次，在 QQ 群的設置中把自己的名字寫得有點特色，能吸引人，把群的名片重新設置。宣傳的時候，也可以利用 QQ 群發工具，將有用的信息或是共同感興趣的信息通過群發工具發送，只要是誠心發送的信息最終會產生效果。

② MSN

MSN 是網路銷售不可忽視的一個工具，最大的好處是其客戶群大多是公司白領，這些人恰好構成了電子商務的主流。MSN 是微軟的通訊軟件，類似騰訊 QQ。使用 MSN 可以通過文本、語音、移動電話甚至視頻對話適時地同朋友、家人或同事聯機聊天。可以通過傳情動漫和動態顯示圖片表現自己，或即時地共享照片、文件、搜索更多內容。還可以通過移動設備與自己的聯繫人聊天，MSN 可以通過微軟 hotmail 的郵箱用戶登錄，無需申請獨立的用戶名。與國內用戶最多的通訊軟件 QQ 相比，MSN 更實用，而 QQ 的娛樂功能要強一點。而且 MSN 升級的速度很快，全球的使用者數量早已躍居第一。對於想從事國際電子商務的網店開辦者來說，是一個很有用的工具。

在打開 MSN 的工具菜單選項后會彈出一個對話框，在個人信息這一欄的「我的個人信息」裡面輸入網店的簡稱和名字、網店的地址；在「鍵入讓聯繫人看到的信息」框裡輸入網店的最新廣告信息，這樣你與顧客們聊天的時候，顧客就可以看到，起到廣告宣傳的作用。

③電子郵件

在網路時代，每個人都擁有自己的電子郵件，利用電子郵件發送新聞、網頁或者電子報，是最準確而迅速的廣告宣傳手段。在網店銷售的開始及結束，向顧客發送郵件也是售后服務的手段之一。發送電子郵件，首先要準確地選擇客戶群，如果對方對你的商品不感興趣，那麼你辛苦製作的電子報就會被當作垃圾郵件。電子郵件標題要

引起用戶注意或突出主題，同時也要力求吸引力、簡單明瞭、不要欺騙人。內容方面，最好採用 HTML 格式，排版一定要清晰，如果廣告目的是促銷或活動，那麼標題最好帶有「免費」、「大獎」等字眼，雖然老套，但卻有一定的成效。郵件群發的廣告效果是非常有效的，而且成本不高，最適合個人及小店宣傳使用。

④聯合促銷推廣

聯合促銷是指兩家或更多企業，相互借用資源進行聯合促銷。這種聯合促銷實際上是戰略聯盟的一種——戰略行銷聯盟，是一種雙贏的促銷夥伴關係。聯合促銷其實是一種策略，體現在操作中就是一種方法，它更多地體現在組織形式上的創新。因此，如果策劃得力，控制到位，聯合促銷可以從多方面起到良好的效果。

聯合方式上，可以有以下幾種方式，一是橫向聯合。它是同類網店根據需要，本著利益共享、風險共擔的原則進行的合作。同類網店在市場爭奪過程中，難免會有利益衝突，但精明的網店經營者仍可在競爭中找到合作的機會，通過相互借勢，實現優勢互補；二是縱向聯合。縱向聯合指網店與它的上游供貨商和下游物流企業一道合作，聯合促銷；三是跨行業聯合。這是不同的行業商品經營者進行的合作促銷，這種促銷活動可以增加不同行業人員購買自身商品的可能性，有利於擴大顧客群體。

(四) 開微店的流程

微信已經成為人們日常生活中必不可少的一部分，可以查看朋友動態、獲得資訊內容，微信的重要性不言而喻。機會在這裡，那麼怎麼在微信開店賣東西呢？分享一下微信開微店的流程，希望能夠幫到大家。

第一步，使用搜索引擎搜索微店，可以看到各式各類的微店後臺，（我們以「微鋪寶微店」為例），開通一個微信店鋪，填入用戶名和手機號，幾秒就可以註冊完成，如圖 10-30 所示。

圖 10-30

第十章　創業實戰

第二步，使用註冊的帳號登錄店鋪管理，設置店鋪基本信息，比如店鋪名稱、客服微信等，還可以對店鋪進行一個簡短的介紹，如圖 10-31 所示。

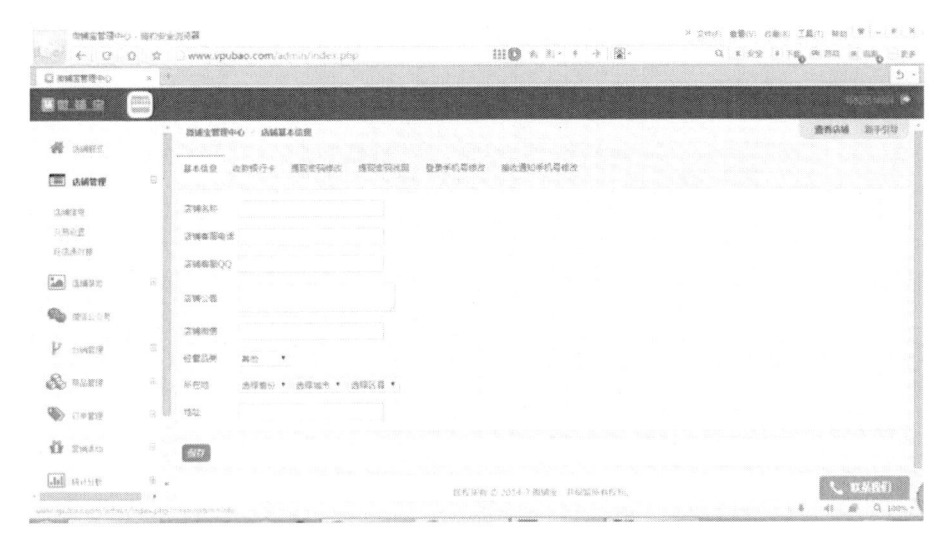

圖 10-31

第三步，對店鋪進行必要的裝修，可以使用默認的店鋪模板，如果有需求，也可以自己設計個性的店鋪（圖 10-32）。

圖 10-32

第四步，上傳商品，也可以從其他的店鋪中導入，手機微信上可展現的商品有限，所以商品貴精不貴多，一般 8~10 個就足夠（圖 10-33）。

287

圖 10-33

第五步，商品整好了，就可以分享給朋友，或者分享到朋友圈了（圖 10-34）。

圖 10-34

五、實訓結果分析

1. 網店實戰，是學生提升實踐能力的手段，記錄好每一個操作流程。
2. 每天做好總結，將產品進貨與銷售、市場管理、行銷策略、市場廣告投入、交

易額、交易量、客戶管理、客戶提出問題、物流與問題、現金結算等內容作好詳細記錄。

3. 每天對問題進行總結分析，經驗推廣。

六、注意事項

1. 實踐中注意自己項目的選擇，選擇有市場、有貨源和自己比較熟悉的行業進行；
2. 資金一定要有一定準備，要充分考慮好每期的資金需要，作好資金安排。
3. 對自己選擇的產品一定要瞭解，不要盲目追求時尚。
4. 對市場有一定瞭解，作好各方面的調研活動。
5. 客戶管理一定要到位。
6. 物流各個環節要充分考慮，保證客戶能及時收到產品。
7. 對廣告投入要多調研，做到有的放矢才能做到事半功倍。
8. 對自己的現金流一定做好，記好自己經營的帳目。

第三節　創業實踐——創業大賽

為了推動創業實踐活動，各級部門和行業協會舉辦了多種類型的創新創業大賽，給同學提供了多個平臺。我們這裡重點介紹有一定影響、學校認可的國家級比賽，便於同學們選擇參加。

一、「創青春」（挑戰杯）全國大學生創業大賽

全國性比賽，參加校內比賽的優勝者可以晉級省市級比賽，省市級優勝者可以晉級全國比賽。

1. 大賽背景

為貫徹落實習近平總書記系列重要講話和黨中央有關指示精神，適應大學生創業發展的形勢需要，在原有「挑戰杯」中國大學生創業計劃競賽的基礎上，共青團中央、教育部、人力資源社會保障部、中國科協、全國學聯決定，共同組織開展「創青春」全國大學生創業大賽，每兩年舉辦一次。

2. 主辦單位

主辦單位是共青團中央、教育部、人力資源社會保障部、中國科協、全國學聯。

3. 賽事安排（以 2014 年賽事為例）

2014 年大賽下設 3 項主體和 3 個專項比賽：第九屆「挑戰杯」大學生創業計劃競賽、創業實踐挑戰賽、公益創業賽。

大學生創業計劃競賽：大學生創業計劃競賽面向高等學校在校學生，以商業計劃書評審、現場答辯等作為參賽項目的主要評價內容。

創業實踐挑戰賽：創業實踐挑戰賽面向高等學校在校學生或畢業未滿 5 年且已投入實際創業 3 個月以上的高校畢業生，以經營狀況、發展前景等作為參賽項目的主要

評價內容。

公益創業賽：公益創業賽面向高等學校在校學生，以創辦非營利性質社會組織的計劃和實踐等作為參賽項目的主要評價內容。

以上 3 項主體賽事需通過組織省級預賽或評審后進行選拔報送。

工商管理（MBA）專項賽：參賽對象為就讀於工商管理專業的在校學生。

移動互聯網創業專項賽：通過提交基於移動互聯網領域的創業項目計劃書（是否已投入創業不限，鼓勵申報已創立小微企業、科技企業的項目，申報不區分具體組別）或 APP 應用程序等移動互聯網作品說明書參賽。

全國大學生「網路虛擬營運」：該賽事使用「創業之星」虛擬創業平臺「大學生創業專項賽」專版。全國預賽以學校為單位，通過賽事官方網站報名參加，每所學校最多報名 3 支團隊（可由校內選拔賽產生）；參賽成員須始終保持一致，不允許中途更換；不接受個人或團隊報名。

二、中國大學生服務外包創新創業大賽

1. 大賽背景

「中國大學生服務外包創新創業大賽」（以下簡稱服創大賽），是回應國家關於鼓勵服務外包產業發展、加強服務外包人才培養的相關戰略舉措與號召舉辦的每年一屆的全國性競賽。大賽均由中華人民共和國教育部、中華人民共和國商務部和無錫市人民政府聯合主辦，由國家服務外包人力資源研究院、無錫市商務局、無錫市教育局、江南大學承辦。

服創大賽的主題是：現代服務經濟和「三創」，即創新、創業、創富，只要是與這些主題緊密相關的方案或任務，都可以作為服創大賽的賽題內容。

2. 主辦單位

中華人民共和國教育部、商務部、無錫市人民政府聯合主辦，每年一屆。

3. 比賽

企業命題組。參賽團隊需選擇企業命題組賽題池中的任一賽題參賽。本組競賽重點考察參賽團隊的專業技能及專業競爭力水平。

自由命題組。參賽團隊自選項目參賽，但所選項目應當緊扣「信息技術」和「服務」的主題。服創大賽鼓勵參賽項目面向社會公眾福祉，著重於創意創新的設計表達和原型實現，突出創新精神與公益情懷，特別鼓勵具有社會服務、公益環保等具有公益性的項目。

創業實踐組。參賽團隊自選創業項目參賽，但所選項目應當緊扣「創業」「信息技術」和「服務」的主題。參賽團隊除要求具備創業意願和創業規劃外，還要求進行了一定程度的創業實踐。本組競賽重點考察團隊的整體創業能力，鼓勵湧現青年創業家。

全國高等學校（僅限本科類院校，不含高職高專院校）具有正式學籍的全日制在校學生的報名方式：（含應屆畢業生）允許組隊參加本屆服創大賽 A 組比賽。本屆大賽分為 A、B、C 三組（A 組：企業命題組；B 組：自由命題組；C 組：創業實踐組）展開競賽。除 A 組企業命題組不接受高職高專院校報名外，其他兩組沒有相應限制。A

組每校僅限一支參賽隊報名。參賽隊員以學校為單位，統一通過學校領隊老師集中報名。每隊隊員限 5 人（其中研究生不超過 2 人），每隊可增報指導老師（指導老師工作限於賽題與方案指導，不允許直接參與方案內容撰寫或負責某部分內容）1 名。

各參賽團隊可通過多種方式參賽：A 組在組委會公布的賽題池中選擇賽題參賽；B 組和 C 組上報符合大賽主題的自選題目參賽。

具體內容請參見大賽官方網站（http://www.fwwb.org.cn）通知。

報名參賽階段。參與 A 組競賽的參賽團隊報名確認並完成選題環節後即具參賽資格。

素質測評。完成素質測評環節的參賽團隊才有資格參與后續競賽環節。素質測評是基於現代服務業的要求對參賽者職業發展的潛在能力進行考察和評估，主要考察參賽者的能力和職業素養。參賽選手須在指定時間，登錄大賽官網，通過「素質測評通道」進行遠程測評。測評試題以單項選擇題為主，測評時間約為 90 分鐘。

預賽階段。

各參賽團隊自行分散完成預賽內容，組委會不提供軟硬體環境支持。

各參賽團隊可於指定時間通過兩種方式提交預賽材料。大賽組委會將組織評委對參賽團隊提交材料進行評審后，公布入圍決賽的團隊。

決賽階段。

所有入圍決賽的團隊將於 9 月下旬參加在江蘇無錫舉辦的決賽階段競賽。決賽期間參賽團隊須自備電腦及其他項目所需工具，具體情況詳見大賽官網 9 月發布的決賽通知。

三、中國「互聯網+」大學生創新創業大賽

中國「互聯網+」大學生創新創業大賽，以「『互聯網+』成就夢想，創新創業開闢未來」為主題，由教育部與有關部委和吉林省人民政府共同主辦。大賽旨在深化高等教育綜合改革，激發大學生的創造力，培養造就「大眾創業、萬眾創新」的生力軍；推動賽事成果轉化，促進「互聯網+」新業態形成，服務經濟提質增效升級；以創新引領創業、創業帶動就業，推動高校畢業生更高質量地創業就業。

參賽項目要能夠將移動互聯網、雲計算、大數據、物聯網等新一代信息技術與行業產業緊密結合，培育產生基於互聯網的新產品、新服務、新業態、新模式，以及推動互聯網與教育、醫療、社區等深度融合的公共服務創新。主要包括以下類型：

1. 參賽要求

（1）「互聯網+」傳統產業：新一代信息技術在傳統產業（含一二三產業）領域應用的創新創業項目。

（2）「互聯網+」新業態：基於互聯網的新產品、新模式、新業態創新創業項目，優先鼓勵人工智能產業、智能汽車、智能家居、可穿戴設備、互聯網金融、線上線下互動的新興消費、大規模個性定制等融合型新產品、新模式。

（3）「互聯網+」公共服務：互聯網與教育、醫療、社區等結合的創新創業項目。

（4）「互聯網+」技術支撐平臺：互聯網、雲計算、大數據、物聯網等新一代信息

技術創新創業項目。

2. 參賽對象

（1）參賽對象須以創新創業團隊為單位報名參賽，允許跨校組建團隊，每個參賽團隊不少於3人。

（2）大賽分為創意組和實踐組。

3. 賽事安排

大賽採用校級初賽、省級復賽、全國總決賽三級賽制。在校級初賽、省級復賽的基礎上，按照組委會配額擇優遴選項目進入全國決賽。全國共產生300個團隊入圍全國總決賽，其中創意組100個團隊，實踐組200個團隊。

比賽內容：

（1）項目計劃書評審

創意組根據團隊創意設計撰寫項目計劃書，實踐組根據公司實際經營情況撰寫創業項目計劃書。內容主要包括產品/服務介紹、市場分析及定位、商業模式、行銷策略、財務分析、風險控制、團隊介紹及其他說明。

（2）項目展示及答辯

參賽團隊進行創新創業項目展示並回答評委提問。項目展示內容主要包括產品/服務介紹、市場分析及定位、商業模式、行銷策略、財務分析、風險控制、團隊介紹等，可進行產品實物展示。展示及答辯過程中，語言表達要簡明扼要，條理清晰。

（3）投資人面談

參賽團隊與數位風險投資人進行逐一面談，並結合自身創業項目制定合理可行的風險投資方案，在規定時間內與投資人商議，確定投資意向。評委會通過各參賽團隊風險投資方案展示、答辯表現、獲得投資意向數量等幾個要素進行評分。

（4）項目互換互評

參賽團隊提前進行抽簽，兩兩分組，預先拿到對方項目計劃書進行準備。比賽現場各團隊對對方團隊創業項目進行評析，客觀評估對方項目優劣勢並提出改進建議。每隊20分鐘，共計40分鐘。評析過程中可向對方提問，對方一次性作答時間不得超過3分鐘。如未提問，對方不可主動發言。

獎項設置：

金獎30個、銀獎70個、銅獎200個。

集體獎：按照高校獲獎情況獎勵前20名。

優秀組織獎：按照省級競賽組織和獲獎情況獎勵8名。

四、「學創杯」全國大學生創新創業綜合模擬大賽

1. 大賽目的

在創業競賽中引入創業模擬實戰環境，通過賽前的學習訓練以及比賽交流，可以有效促進高校大學生創業意識的培養和創業能力的提升，交流院校創業教育課程與創業實驗實踐的經驗，使創業教育真正落地。

2. 主辦單位

教育部國家級實驗教學示範中心聯席會經管學科組。

3. 賽事

初賽：由各學校組織校內選拔賽，每個學校選拔不超過五支隊伍參加全國區域賽。

全國區域賽：全國區域賽採用軟件模擬競賽形式，以軟件模擬成績作為晉級條件。以省或直轄市為單位，部分區域視報名情況組成大區，晉級名額由報名情況和總決賽規模確定。入圍區域賽的團隊需提交創業計劃書至組委會。

全國總決賽：全國總決賽參賽規模為60~80支。

總決賽分為三個階段：

第一，創業計劃書評審階段：入圍總決賽的團隊需提交創業計劃書，滿分50分。

第二，軟件模擬階段：入圍總決賽團隊參與創業之星軟件模擬，滿分50分。

第三，現場評審階段：計劃書部分排名前12名的團隊進入現場評審階段，滿分100分。現場評審包括團隊及項目展示、現場答辯等環節，產生若干單項獎。

創業計劃書排名前10名進入「學創之星」評選，評選出5名命名「中國大學生學創之星」給予一定獎金和資金支持。

五、目前團中央、教育部、科協認可的全國主要大學生科技競賽

1. 「挑戰杯」全國大學生課外學術科技作品競賽
2. 「挑戰杯」全國大學生創業計劃競賽
3. 全國周培源大學生力學競賽；全國大學生數學建模競賽
4. 全國大學生電子設計競賽；全國大學生機械創新設計大賽
5. 全國大學生智能汽車設計大賽；全國大學生結構設計競賽
6. 全國大學生節能減排社會實踐與科技競賽

思考與討論

1. 互聯網是什麼？
2. 網上開店流程是什麼？你如果開店應該開什麼樣的店？預測一下經營狀況。
3. 討論：大學生怎樣利用互聯網創業？利弊是什麼？
4. 討論：大學生參加創業競賽活動與創業之間關係是什麼？

國家圖書館出版品預行編目(CIP)資料

創業綜合虛擬仿真實訓/ 張永智、羅勇、詹鐵柱 主編.-- 第一版.
-- 臺北市：崧燁文化，2018.08
　面；　公分
ISBN 978-957-681-594-2(平裝)
1.創業 2.企業管理
494.1　　　　107014492

書　名：創業綜合虛擬仿真實訓
作　者：張永智、羅勇、詹鐵柱 主編
發行人：黃振庭
出版者：崧博出版事業有限公司
發行者：崧燁文化事業有限公司
E-mail：sonbookservice@gmail.com
粉絲頁　　　　　　　網　址：
地　址：台北市中正區重慶南路一段六十一號八樓 815 室
8F.-815, No.61, Sec. 1, Chongqing S. Rd., Zhongzheng Dist., Taipei City 100, Taiwan (R.O.C.)
電　話：(02)2370-3310　傳　真：(02) 2370-3210
總經銷：紅螞蟻圖書有限公司
地　址：台北市內湖區舊宗路二段 121 巷 19 號
電　話：02-2795-3656　　傳真：02-2795-4100　網址：
印　刷：京峯彩色印刷有限公司（京峰數位）

　　本書版權為西南財經大學出版社所有授權崧博出版事業有限公司獨家發行
　　電子書繁體字版。若有其他相關權利及授權需求請與本公司聯繫。

定價：500元
發行日期：2018 年 8 月第一版
◎ 本書以POD印製發行